教育部高等农林院校理科基础课程
教学指导委员会推荐示范教材

高等农林教育"十三五"规划教材

概率论与数理统计
Probability and Statistics
第 2 版

吴坚　程靖　武东　主编

中国农业大学出版社
·北京·

内 容 简 介

本书是教育部高等农林院校理科基础课程教学指导委员会推荐示范教材,是教育部教学研究立项项目成果。本书突出随机数学思想,注重概率论与数理统计的通用知识和应用性,内容包括随机事件与概率、条件概率与独立性、一维随机变量及其分布、多维随机变量及其分布、随机变量的数字特征、大数定律和中心极限定理、数理统计的基本概念、参数估计、假设检验和方差分析与回归分析。本书通过视频讲解、电子教案、数学家小传、拓展练习等多种形式的数字资源对教学内容进行补充和拓展。

本书可作为高等农林院校农林类各专业的本科生教材,也可作为非数学类各专业该课程的参考教材以及科技人员的参考用书。

图书在版编目(CIP)数据

概率论与数理统计/吴坚,程靖,武东主编.—2 版 . —北京:中国农业大学出版社,2018.7
(2024.5 重印)

ISBN 978-7-5655-2064-8

I.①概… Ⅱ.①吴…②程…③武… Ⅲ.①概率论-高等学校-教材②数理统计-高等学校-教材 Ⅳ.①O21

中国版本图书馆 CIP 数据核字(2018)第 169386 号

书　　名	概率论与数理统计　第 2 版		
作　　者	吴坚　程靖　武东　主编		
策划编辑	张秀环	责任编辑	冯雪梅
封面设计	郑　川		
出版发行	中国农业大学出版社		
社　　址	北京市海淀区圆明园西路 2 号	邮政编码	100193
电　　话	发行部 010-62818525,8625	读者服务部	010-62732336
	编辑部 010-62732617,2618	出　版　部	010-62733440
网　　址	http://www.caupress.cn	E-mail	cbsszs@cau.edu.cn
经　　销	新华书店		
印　　刷	北京溢漾印刷有限公司		
版　　次	2018 年 7 月第 2 版　 2024 年 5 月第 5 次印刷		
规　　格	787×1 092　16 开本　 13.25 印张　 328 千字		
定　　价	36.00 元		

图书如有质量问题本社发行部负责调换

第 2 版编写人员

主　　编　吴　坚（安徽农业大学）
　　　　　　程　靖（安徽农业大学）
　　　　　　武　东（安徽农业大学）

副　主　编　刘爱国（安徽农业大学）
　　　　　　陈德玲（安徽农业大学）
　　　　　　秦志勇（安徽农业大学）
　　　　　　徐凤琴（北京林业大学）
　　　　　　张长勤（安徽农业大学）
　　　　　　姚贵平（内蒙古农业大学）
　　　　　　吴清太（南京农业大学）
　　　　　　鲁春铭（沈阳农业大学）
　　　　　　吕金凤（河北科技师范学院）
　　　　　　左振钊（河北北方学院）

编写人员　（按姓氏音序排列）

陈德玲（安徽农业大学）	吴　坚（安徽农业大学）
程　靖（安徽农业大学）	吴清太（南京农业大学）
高瑞平（河北科技师范学院）	武　东（安徽农业大学）
李　坦（安徽农业大学）	徐凤琴（北京林业大学）
刘爱国（安徽农业大学）	许海洋（青岛农业大学）
鲁春铭（沈阳农业大学）	杨晓霞（北京林业大学）
吕金凤（河北科技师范学院）	姚贵平（内蒙古农业大学）
马　敏（安徽农业大学）	张长勤（安徽农业大学）
秦志勇（安徽农业大学）	张好治（青岛农业大学）
孙　燕（内蒙古民族大学）	张录达（中国农业大学）
王　萍（安徽农业大学）	赵培玉（沈阳农业大学）
王建楷（安徽农业大学）	左振钊（河北北方学院）

第1版编写人员

主　编　吴　坚（安徽农业大学）
　　　　张录达（中国农业大学）

副主编　徐凤琴（北京林业大学）
　　　　张长勤（安徽农业大学）
　　　　姚贵平（内蒙古农业大学）
　　　　吴清太（南京农业大学）
　　　　鲁春铭（沈阳农业大学）
　　　　吕金凤（河北科技师范学院）
　　　　左振钊（河北北方学院）

编　者　（按姓氏拼音排序）
　　　　高瑞平（河北科技师范学院）
　　　　葛　立（河南科技学院）
　　　　李　辉（北华大学）
　　　　刘郁文（湖南农业大学）
　　　　鲁春铭（沈阳农业大学）
　　　　吕金凤（河北科技师范学院）
　　　　孙　燕（内蒙古民族大学）
　　　　吴　坚（安徽农业大学）
　　　　吴清太（南京农业大学）
　　　　徐凤琴（北京林业大学）
　　　　许海洋（青岛农业大学）
　　　　杨晓霞（北京林业大学）
　　　　姚贵平（内蒙古农业大学）
　　　　张长勤（安徽农业大学）
　　　　张好治（青岛农业大学）
　　　　张录达（中国农业大学）
　　　　赵培玉（沈阳农业大学）
　　　　左振钊（河北北方学院）

出 版 说 明

在教育部高教司农林医药处的关怀指导下,由教育部高等农林院校理科基础课程教学指导委员会(以下简称"基础课教指委")推荐的本科农林类专业数学、物理、化学基础课程系列示范性教材现在与广大师生见面了。这是近些年全国高等农林院校为贯彻落实"质量工程"有关精神,广大一线教师深化改革,积极探索加强基础、注重应用、提高能力、培养高素质本科人才的立项研究成果,是具体体现"基础课教指委"组织编制的相关课程教学基本要求的物化成果。其目的在于引导深化高等农林教育教学改革,推动各农林院校紧密联系教学实际和培养人才需求,创建具有特色的数理化精品课程和精品教材,大力提高教学质量。

课程教学基本要求是高等学校制定相应课程教学计划和教学大纲的基本依据,也是规范教学和检查教学质量的依据,同时还是编写课程教材的依据。"基础课教指委"在教育部高教司农林医药处的统一部署下,经过批准立项,于2007年底开始组织农林院校有关数学、物理、化学基础课程专家成立专题研究组,研究编制农林类专业相关基础课程的教学基本要求,经过多次研讨和广泛征求全国农林院校一线教师意见,于2009年4月完成教学基本要求的编制工作,由"基础课教指委"审定并报教育部农林医药处审批。

为了配合农林类专业数理化基础课程教学基本要求的试行,"基础课教指委"统一规划了名为"教育部高等农林院校理科基础课程教学指导委员会推荐示范教材"(以下简称"推荐示范教材")的项目。"推荐示范教材"由"基础课教指委"统一组织编写出版,不仅确保教材的高质量,同时也使其具有比较鲜明的特色。

一、"推荐示范教材"与教学基本要求并行 教育部专门立项研究制定农林类专业理科基础课程教学基本要求,旨在总结农林类专业理科基础课程教育教学改革经验,规范农林类专业理科基础课程教学工作,全面提高教育教学质量。此次农林类专业数理化基础课程教学基本要求的研制,是迄今为止参与院校和教师最多、研讨最为深入、时间最长的一次教学研讨过程,使教学基本要求的制定具有扎实的基础,使其具有很强的针对性和指导性。通过"推荐示范教材"的使用推动教学基本要求的试行,既体现了"基础课教指委"对推行教学基本要求的决心，又体现了对"推荐示范教材"的重视。

二、规范课程教学与突出农林特色兼备　长期以来各高等农林院校数理化基础课程在教学计划安排和教学内容上存在着较大的趋同性和盲目性，课程定位不准，教学不够规范，必须科学地制定课程教学基本要求。同时由于农林学科的特点和专业培养目标、培养规格的不同，对相关数理化基础课程要求必须突出农林类专业特色。这次编制的相关课程教学基本要求最大限度地体现了各校在此方面的探索成果，"推荐示范教材"比较充分地反映了农林类专业教学改革的新成果。

三、教材内容拓展与考研统一要求接轨　2008年教育部实行了农学门类硕士研究生统一入学考试制度。这一制度的实行，促使农林类专业理科基础课程教学要求作必要的调整。"推荐示范教材"充分考虑了这一点，各门相关课程教材在内容上和深度上都密切配合这一考试制度的实行。

四、多种辅助教材与课程基本教材相配　为便于导教导学导考，我们以提供整体解决方案的模式，不仅提供课程主教材，还将逐步提供教学辅导书和教学课件等辅助教材，以丰富的教学资源充分满足教师和学生的需求，提高教学效果。

乘着即将编制国家级"十二五"规划教材建设项目之机，"基础课教指委"计划将"推荐示范教材"整体运行，以教材的高质量和新型高效的运行模式，力推本套教材列入"十二五"国家级规划教材项目。

"推荐示范教材"的编写和出版是一种尝试，赢得了许多院校和老师的参与和支持。在此，我们衷心地感谢积极参与的广大教师，同时真诚地希望有更多的读者参与到"推荐示范教材"的进一步建设中，为推进农林类专业理科基础课程教学改革，培养适应经济社会发展需要的基础扎实、能力强、素质高的专门人才做出更大贡献。

中国农业大学出版社

2009 年 8 月

2

第 2 版前言

本书第 1 版根据教育部高等农林院校理科基础课程教学指导委员会(以下简称"基础课教指委")2008 年 11 月北京会议的精神,同时按照"基础课教指委"2009 年 4 月组织讨论制定的《高等农林院校农林类专业数理化基础课程教学基本要求》编写,是"基础课教指委"首次在全国高等农林院校中推荐使用的示范教材。第 2 版以第 1 版为基础,结合安徽农业大学统计系教学科研成果及经验重新修订编写的数字化教材。与第 1 版相比,第 2 版主要具有以下几个特点:

1. 采用纸质教材和数字资源相结合的出版方式。纸质教材对第 1 版的内容进行了较大程度的删减,突出数字化教材内容精练的特点,通过数字资源对教学内容进行补充和拓展。

2. 纸质教材纠正了第 1 版中的疏漏及排版印刷错误,并以《全国硕士生入学统一考试大纲》中概率论与数理统计部分为标准进一步规范记号,调整内容体系,注重教材体系的逻辑性和层次感。

3. 补充了较为丰富的数字资源,包括视频讲解、电子教案、数学家小传、拓展练习等多种形式。期望通过数字资源的设计和支持帮助学生扎实数学基础、提高学习效率和学习兴趣,同时促进教学方法和手段的改进和创新。

本书第 2 版由吴坚、程靖、武东任主编,主要修订人员有王建楷、马敏、陈德玲、刘爱国、程靖、秦志勇、武东、李坦、王萍。全书由吴坚教授定稿。

十分感谢中国农业大学出版社对本书的出版给予的大力支持。

由于编者水平有限,书中还有许多不足之处,期待广大专家、同行和读者指正。

编　者
2018 年 4 月

第 1 版前言

本书是根据教育部高等农林院校理科基础课程教学指导委员会(以下简称"基础课教指委")2008 年 11 月北京会议的精神,同时按照"基础课教指委"2009 年 4 月组织讨论制定的《高等农林院校农林类专业数理化基础课程教学基本要求》编写的。本书是"基础课教指委"首次在全国高等农林院校中推荐使用的示范教材,也是教育部组织的教学研究立项课题成果。

本书适用学时为 48~56 学时。为了该课程教学内容的系统性和高等农林院校的教学实际,也为了适应读者对该课程更多知识的需求和自学,本书适当增加了若干带有" * "的章节,可供教师在教学中选用和读者选学。

概率论与数理统计是高等农林院校本科数学教育中的一门主要课程。它的理论和方法是学习和从事其他学科研究的重要基础,并在农林、经济、管理、金融、工程技术以及诸多学科领域中有着广泛的应用。本课程属于随机数学范畴,讲授研究随机现象规律性的概率论基础知识和以处理统计试验数据为主的数理统计基本理论和方法。虽然学习该门课程主要是着眼于应用,但对于该课程的基本概念、基本理论和基本方法的认识也很重要,在讲授和学习中应力求做到理论与实际的相结合。本书的例题与习题较为丰富,可供教师和学生适当选择。

本书由吴坚教授(安徽农业大学)担任第一主编,张录达教授(中国农业大学)担任第二主编,担任副主编的有徐凤琴(北京林业大学)、张长勤(安徽农业大学)、姚贵平(内蒙古农业大学)、鲁春铭(沈阳农业大学)、吴清太(南京农业大学)和吕金凤(河北科技师范学院)、左振钊(河北北方学院),参与该教材的其他编写人员有许海洋(青岛农业大学)、刘郁文(湖南农业大学)、孙燕(内蒙古民族大学)、李辉(北华大学)、杨晓霞(北京林业大学)、高瑞平(河北科技师范学院)和葛立(河南科技学院)。

全书由安徽农业大学吴坚教授统稿。

编者十分感谢"基础课教指委"和中国农业大学出版社对该教材的出版给予的大力支持,还感谢安徽农业大学研究生王洁、史婕在原稿打字方面的工作。

囿于学识,书中难免存在不妥之处,期待广大读者和教师指正。

编 者
2009 年 11 月

C目录
ONTENTS

随机事件与概率
Random Events and Probability

概率论是研究随机现象规律性的数学学科,是数学的一个重要分支,在科学技术、工程技术、经济管理以及社会科学等诸多领域有着广泛的应用.本章主要介绍概率论中的一些基本概念,如随机试验及其样本空间、随机事件及其概率,并进一步讨论随机事件之间的关系与运算、概率的定义及计算方法.本章的重点是事件之间的关系与运算、概率的基本性质,难点是相对复杂的古典概率、几何概率的计算.

1.1 随机事件及其运算

1.1.1 随机现象与随机试验

在自然界及人类社会中广泛存在着两类不同的现象.有些现象在一定的条件下一定会出现(或不出现),这类现象我们称为**确定性现象**(或**必然现象**).例如,平面图形三角形的内角和一定是 180°;在标准大气压下,将一壶水加热至 100℃,水一定会沸腾;太阳一定不会从西边升起;纯种紫花碗豆的后代一定不会开白花.这些都是确定性现象.许多数学分支研究的是确定性现象的数量规律.

与确定性现象不同,在自然界及人类社会中更多地存在着另一类现象:在一定的条件下,可能出现也可能不出现,我们称这类现象为**随机现象**.例如,随意抛掷一枚硬币,结果可能会正面朝上,也可能会反面朝上.又如,随意抛掷一粒骰子,出现 1 点、2 点、3 点、4 点、5 点、6 点都是有可能的.再如,某地今年冬暖可能导致明年小麦赤霉病流行严重,但也可能不会.这些随机现象的共同特点是:在基本条件不变的情况下,不同的观察或试验往往会得到不同的结果,呈现出一种偶然性、不确定性或者称为随机性.

随机现象的不确定性往往只是表现在少数次的观察或试验中,在大量次观察或试验中,随机现象往往会表现出某种较强的规律性,这种规律性称为**随机现象的统计规律性**.例如,重复地抛掷一枚质地均匀的硬币,会发现:随着抛掷次数越来越多,正面朝上的次数与抛掷的总次数之比会越来越稳定地在 0.5 附近波动.又如,若多次测量同一个物体,其结果虽略有差异,但当测量次数越来越多时,就会发现,各次测量值的平均值越来越稳定地在某固定常数附近波动,诸测量值在此常数两边的分布是大致对称的.

数字资源 1-1　高尔顿钉板介绍　　　　　　　　　　　　数字资源 1-2　高尔顿钉板演示

随机现象的统计规律性往往反映了事物的某种本质属性.例如,在上述抛硬币的例子中,究竟是什么原因导致了正面朝上的次数与抛掷的总次数之比越来越稳定地在 0.5 附近波动?原因就是硬币是质地均匀的.研究随机现象,发现其统计规律性,有助于我们透过现象,抓住事物的本质.这正是概率论这门学科的基本任务.概率论是从数量层面研究随机现象规律性的数学学科.

数字资源 1-3　概率论的
历史、现状与未来

为了研究随机现象的规律性,需要进行试验.这里试验的含义是广泛的,它不局限于实验室中的科学实验,也可以指对某种事物或现象的观察.一般地,如果一个试验具备以下特征:

1. 可以在相同的条件下重复进行;

2. 试验的所有可能结果是明确的,并且不止一个;

3. 每次试验必然出现这些可能结果中的一个,并且只会出现一个,但事先无法预知会出现哪一个结果.

这样的试验就称为**随机试验**,简称**试验**,常用字母 E 表示.

例如,抛掷一枚硬币,抛掷一粒骰子,向目标射击一次,观察某日天气,看一场足球赛,买一注彩票,这些都可以看作一次随机试验.

1.1.2　样本点与样本空间

我们将随机试验的每个可能结果称为该试验的一个**样本点**.例如,设 E_1 表示随意抛掷一粒骰子,可以认为 E_1 的所有样本点是 ω_1、ω_2、ω_3、ω_4、ω_5、ω_6,其中 ω_i 表示"得到 i 点"($i=1,2,3,4,5,6$).又如,设 E_2 表示一射手进行射击,观察其弹着点距目标的偏差,则可以认为任一非负实数都是 E_2 的样本点.

我们将某随机试验的所有样本点构成的集合称为该试验的**样本空间**(或称**基本事件空间**),常用 Ω 表示.例如上述两例中,E_1 的样本空间是 $\Omega_1=\{\omega_1,\omega_2,\omega_3,\omega_4,\omega_5,\omega_6\}$;$E_2$ 的样本空间是 $\Omega_2=[0,+\infty)$.可见,样本空间可以是有限集合,也可以是无限集合.

需要注意,一个随机试验的样本空间的描述方式往往不是唯一的.也就是说,我们对样本空间的描述可以有不同的看法,只要有助于正确地解决实际问题即可.例如,在上述掷骰子试验 E_1 中,也可认为其样本空间是{奇,偶},这里"奇"表示"得到奇数点","偶"表示"得到偶数点".

1.1.3　随机事件

下面通过一个例子引入随机事件的概念.

例 1.1.1 某袋中装有 4 只白球和 2 只黑球,从中依次随意摸出两球,考虑所有可能出现的结果.

解 假设对球进行了编号,4 只白球分别编为 1、2、3、4 号,2 只黑球编为 5、6 号.若用数对 (i,j) 来表示第一次摸得 i 号球,第二次摸得 j 号球,则所有可能出现的结果是

$$(1,2),(1,3),(1,4),(1,5),(1,6),$$
$$(2,1),(2,3),(2,4),(2,5),(2,6),$$
$$(3,1),(3,2),(3,4),(3,5),(3,6),$$
$$(4,1),(4,2),(4,3),(4,5),(4,6),$$
$$(5,1),(5,2),(5,3),(5,4),(5,6),$$
$$(6,1),(6,2),(6,3),(6,4),(6,5).$$

这 30 种可能结果组成的集合就构成了试验的样本空间 Ω.但很多时候,我们会对试验的一些可能发生的结果感兴趣,如:

A:第一次摸出黑球;

B:第二次摸出黑球;

C:第一次及第二次都摸出黑球.

这些可能结果是部分样本点的集合.例如,A 是由下列样本点组成的集合:

$$(5,1),(5,2),(5,3),(5,4),(5,6),$$
$$(6,1),(6,2),(6,3),(6,4),(6,5).$$

也可以说,A 是样本空间 Ω 的一个子集.今后,我们就将随机试验的样本空间的一个子集称为该随机试验的一个**随机事件**,简称**事件**.通常用大写字母 A、B、C 等表示随机事件.在每次试验中,当且仅当这一子集中的一个样本点出现时,称该**事件发生**.

特别地,只包含一个样本点的单点集称为**基本事件**.如掷骰子试验中 {出现 i 点}($i=1,2,3,4,5,6$)是 6 个基本事件.另外,由于样本空间 Ω 是其自身的一个子集合,故 Ω 也表示一个事件,由于每次试验中它都会发生,所以称 Ω 为**必然事件**.空集 $\varnothing$ 也是 Ω 的一个子集,故 $\varnothing$ 也表示一个事件,它在每次试验中都不会发生,所以称 $\varnothing$ 为**不可能事件**.

例 1.1.2 设 E 表示"抛掷一粒骰子",A 表示得到奇数点,B 表示得到的点数不小于 4,C 表示得到的点数小于或等于 6,D 表示得到的点数大于 6,试写出 E 的样本空间 Ω,并将 A、B、C、D 表示为 Ω 的子集合.

解 用数字 i 表示掷骰子"得到 i 点"($i=1,2,3,4,5,6$),则:

$$\Omega=\{1,2,3,4,5,6\},A=\{1,3,5\},B=\{4,5,6\},C=\Omega,D=\varnothing.$$

例 1.1.3 设 E 表示"随意抛掷三枚硬币甲、乙、丙",用 HHH 表示"甲、乙、丙都正面朝上",HHT 表示"甲正面朝上、乙正面朝上、丙反面朝上",依此类推.(1)试写出 E 的样本空间 Ω.(2)设 $A=\{$恰有一枚正面朝上$\}$,$B=\{$至少二枚正面朝上$\}$,$C=\{$三枚都正面朝上$\}$,试将 A、B、C 表示为 Ω 的子集合.

解 (1)$\Omega=\{HHH,HHT,HTH,THH,HTT,THT,TTH,TTT\}$.

(2)$A=\{HTT,THT,TTH\};B=\{HHH,HHT,HTH,THH\};C=\{HHH\}$.

1.1.4 事件之间的关系与运算

事件之间存在着各种关系,可以进行各种运算.既然事件是样本空间 Ω 的子集,事件之间的关系与运算也可按照集合论中集合之间的关系与运算来处理.

设随机试验 E 的样本空间是 Ω ,而 A 、B 、C 、$A_k(k=1,2,\cdots)$ 是随机事件.

1. **事件的包含**

若在一次试验中,只要事件 A 发生,事件 B 就一定发生,则称**事件 A 包含于事件 B**,或**事件 B 包含事件 A**,记为 $A \subset B$.

例如,随意抛掷一粒骰子,设 $A=\{$得到的点数不超过 $2\}$,$B=\{$得到的点数不超过 $3\}$,则 $A \subset B$.

2. **事件的相等**

若 $A \subset B$ 且 $B \subset A$,则称事件 A 与 B **相等**,或事件 A 与 B **等价**,记为 $A=B$.

3. **事件的和**

对事件 A 和事件 B ,称事件" A 与 B 至少有一个发生"为事件 A 与事件 B 的**和**或 A 与 B 的**并**,记为 $A \cup B$.

例如,随意抛掷一粒骰子,设 $A=\{$得到的点数为偶数$\}$,$B=\{$得到的点数不超过 $3\}$,则 $A \cup B=\{1,2,3,4,6\}$.

事件的和的概念可以推广到有限多个事件的情形:

$$\bigcup_{i=1}^{n} A_i = A_1 \cup A_2 \cup \cdots \cup A_n = \{A_1,A_2,\cdots,A_n \text{ 至少有一个发生}\},$$

也可以推广到可列无穷多个事件的情形:

$$\bigcup_{i=1}^{\infty} A_i = A_1 \cup A_2 \cup \cdots = \{A_1,A_2,\cdots \text{ 至少有一个发生}\}.$$

4. **事件的积**

对事件 A 和事件 B ,称事件" A 与 B 同时发生"为 A 与 B 的**积**或 A 与 B 的**交**,记为 $A \cap B$ 或 AB.

例如;随意抛掷一粒骰子,设 $A=\{$得到的点数为偶数$\}$,$B=\{$得到的点数不超过 $3\}$,则 $A \cap B=\{2\}$.

事件的积的概念同样可以推广到有限多个事件的情形:

$$\bigcap_{i=1}^{n} A_i = A_1 \cap A_2 \cap \cdots \cap A_n = \{A_1,A_2,\cdots,A_n \text{ 同时发生}\},$$

也可以推广到可列无穷多个事件的情形:

$$\bigcap_{i=1}^{\infty} A_i = A_1 \cap A_2 \cap \cdots = \{A_1,A_2,\cdots \text{ 同时发生}\}.$$

5. **事件的差**

对事件 A 和事件 B ,称事件" A 发生但 B 不发生"为 A 与 B 的**差**,记为 $A-B$.

例如,随意抛掷一粒骰子,设 $A=\{$得到的点数为偶数$\}$,$B=\{$得到的点数不超过 $3\}$,

则 $A-B=\{4,6\}$.

6. 事件的互斥

若 $A\cap B=\varnothing$,则称事件 A 与 B **互斥**或 A 与 B **互不相容**.

例如,随意抛掷一粒骰子,设 $A=\{$得到的点数不超过 2$\}$,$B=\{$得到的点数至少为 4$\}$,则 $A\cap B=\varnothing$. 又如,随机试验的基本事件是两两互斥的.

7. 事件的互逆

若 $A\cap B=\varnothing$ 且 $A\cup B=\Omega$,称事件 A 与 B **互逆**或 A 与 B 互为**对立事件**. 通常记为 $\overline{A}=B$ 或 $\overline{B}=A$.

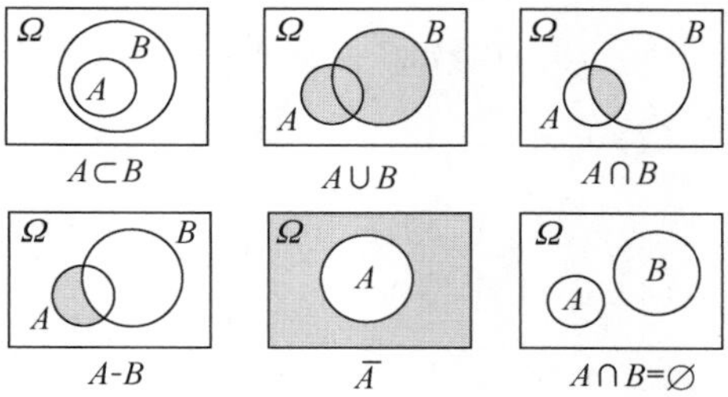

例如,随意抛掷一粒骰子,设 $A=\{$得到的点数不超过 2$\}$,$B=\{$得到的点数至少为 3$\}$,则 A 与 B 互为对立事件.

根据两个事件互逆、互斥的含义不难知道,两个事件若互逆则必然互斥,但反之未必.

图 1.1.1 直观地表达了上述事件之间的关系和运算.

图 1.1.1

数字资源 1-4 事件之间的运算

数字资源 1-5 事件之间的关系

随机事件作为样本空间的子集,事件之间的关系运算也满足集合之间的关系和运算. 下面介绍事件之间关系与运算的几条性质:

(1)恒等关系:$\overline{\overline{A}}=A$;$\overline{\Omega}=\varnothing$;$\overline{\varnothing}=\Omega$;$A\cap\overline{A}=\varnothing$;$A\cup\overline{A}=\Omega$.

(2)包含关系:$\varnothing\subset A\subset\Omega$;$AB\subset A\subset A\cup B$;$AB\subset B\subset A\cup B$.

(3)吸收律:若 $A\subset B$,则 $AB=A$,$A\cup B=B$.

(4)差化积:$A-B=A\cap\overline{B}$.

(5)交换律:$A\cup B=B\cup A$,$A\cap B=B\cap A$.

(6)结合律:$(A\cup B)\cup C=A\cup(B\cup C)$,
$$(A\cap B)\cap C=A\cap(B\cap C).$$

(7)分配律:$(A\cup B)\cap C=(A\cap C)\cup(B\cap C)$,
$$(A\cap B)\cup C=(A\cup C)\cap(B\cup C).$$

(8)对偶律:$\overline{A\cup B}=\overline{A}\cap\overline{B}$,$\overline{A\cap B}=\overline{A}\cup\overline{B}$.

其中交换律、结合律、分配律、对偶律皆可推广到多个事件的情形. 即
$$A\cap(A_1\cup A_2\cup\cdots\cup A_n)=(A\cap A_1)\cup(A\cap A_2)\cup\cdots\cup(A\cap A_n);$$

$$A \cup (A_1 \cap A_2 \cap \cdots \cap A_n) = (A \cup A_1) \cap (A \cup A_2) \cap \cdots \cap (A \cup A_n);$$

$$\overline{A_1 \cup A_2 \cup \cdots \cup A_n} = \overline{A}_1 \cap \overline{A}_2 \cap \cdots \cap \overline{A}_n;$$

$$\overline{A_1 \cap A_2 \cap \cdots \cap A_n} = \overline{A}_1 \cup \overline{A}_2 \cup \cdots \cup \overline{A}_n.$$

例 1.1.4 某人连续射击 3 次,记 A_i 为"第 i 次射击命中目标",$i=1,2,3$,试用 A_i 表示下列事件:(1)仅在第二次命中;(2)恰好命中了两次;(3)至少命中了两次;(4)至少有一次命中;(5)至少有一次没有命中;(6)3 次都没有命中.

解 (1)$\overline{A}_1 A_2 \overline{A}_3$,也可写成:$A_2 - A_1 - A_3$.

(2)$A_1 A_2 \overline{A}_3 \cup A_1 \overline{A}_2 A_3 \cup \overline{A}_1 A_2 A_3$.

(3)$A_1 A_2 \overline{A}_3 \cup A_1 \overline{A}_2 A_3 \cup \overline{A}_1 A_2 A_3 \cup A_1 A_2 A_3$.

(4)$A_1 \cup A_2 \cup A_3$.

(5)$\overline{A}_1 \cup \overline{A}_2 \cup \overline{A}_3$,也表示为 $\overline{A_1 \cap A_2 \cap A_3}$ 或 $\overline{A_1 A_2 A_3}$.

(6)$\overline{A}_1 \overline{A}_2 \overline{A}_3$,也表示为 $\overline{A}_1 \cap \overline{A}_2 \cap \overline{A}_3$ 或 $\overline{A_1 \cup A_2 \cup A_3}$.

例 1.1.5 设 A、B、C 是 3 个随机事件,则以下命题中正确的是(　　　).

(A)$(A \cup B) - B = A - B$; 　　　　(B)$(A - B) \cup B = A$;

(C)$A - (B - C) = (A - B) \cup C$; 　　(D)$(A \cup B) - C = A \cup (B - C)$;

解 (A)正确,因为

$$(A \cup B) - B = (A \cup B) \cap \overline{B} = A\overline{B} \cup B\overline{B} = A\overline{B} \cup \varnothing = A\overline{B} = A - B.$$

(B)不正确,因为

$$左边 = (A \cap \overline{B}) \cup B = (A \cup B) \cap (\overline{B} \cup B) = (A \cup B) \cap \Omega = A \cup B.$$

(C)不正确,因为

$$左边 = A \cap \overline{B \cap \overline{C}} = A \cap (\overline{B} \cup C) = A\overline{B} \cup AC,右边 = A\overline{B} \cup C.$$

(D)不正确,因为

$$左边 = (A \cup B) \cap \overline{C} = A\overline{C} \cup B\overline{C},右边 = A \cup B\overline{C}.$$

例 1.1.6 求事件"甲产品滞销,且乙产品畅销"的对立事件.

解 记 A 为"甲产品畅销",B 为"乙产品畅销",则

$$\overline{\overline{A} \cap B} = \overline{\overline{A}} \cup \overline{B} = A \cup \overline{B},$$

其含义是"甲产品畅销或乙产品滞销".

数字资源1-6　本节课件

1.2　概率的定义与性质

1.2.1　概率的统计定义

设 E 是一个随机试验，A 是 E 的某个事件．将试验 E 重复 n 次，引入记号：

$$f_n(A) = \frac{n_A}{n}, \tag{1.2.1}$$

其中，n_A 表示 n 次试验中 A 发生的次数．称 $f_n(A)$ 为 n 次试验中 A 发生的**频率**.

由频率的定义不难验证：

(1) $0 \leqslant f_n(A) \leqslant 1$；

(2) $f_n(\Omega) = 1$；

(3) 若 A 与 B 互不相容，则 $f_n(A \cup B) = f_n(A) + f_n(B)$.

其中第三条性质可以推广至任意有限个事件的场合，即：若 $A_1, A_2, \cdots, A_k$ 是 E 的任意有限个两两互不相容的事件，则

$$f_n\left(\bigcup_{i=1}^{k} A_i\right) = \sum_{i=1}^{k} f_n(A_i).$$

当试验次数 n 较小时，$f_n(A)$ 具有较大的不确定性．但当 n 越来越大时，$f_n(A)$ 往往会越来越稳定地在某个常数附近摆动．这种现象称为随机事件的频率稳定性，它是随机现象的统计规律性的重要体现．

一个比较典型的例子是抛硬币的例子．历史上，有几位著名的统计学家曾进行过大量次抛掷硬币的试验，结果如表 1.2.1 所示．$f_n(A)$ 表示正面朝上的频率．

表 1.2.1

试验者	掷硬币次数	正面朝上的次数	频率 $f_n(A)$
德摩根	2 048	1 061	0.518 1
蒲丰	4 040	2 048	0.506 9
皮尔逊	12 000	6 019	0.501 6
皮尔逊	24 000	12 012	0.500 5

当 n 越来越大时，$f_n(A)$ 会越来越稳定地在某个常数附近摆动，我们就将此常数定义为事件 A 的概率，记为 $P(A)$．这就是**概率的统计定义**．概率的统计定义为我们提供了大量次试验的场合下概率的计算方法．然而在实际中，我们不可能经常进行大量次试验．我们从频率的性质得到启发，给出概率的公理化定义．

数字资源 1-7　数学家简介

数字资源 1-8　小笑话一则

1.2.2 概率的公理化定义

定义 1.2.1 设随机试验 E 的样本空间为 Ω，对于 E 的任一事件 A，赋予一个实数 $P(A)$，如果它满足以下 3 条性质：

1. **非负性**：$P(A)\geqslant 0$；
2. **规范性**：$P(\Omega)=1$；
3. **可列可加性**：对于可列无限个两两互不相容的事件 $A_i(i=1,2,\cdots)$，有

$$P\Big(\bigcup_{i=1}^{\infty}A_i\Big)=\sum_{i=1}^{\infty}P(A_i).$$

则称 $P(A)$ 为事件 A 的**概率**.

该定义一般称为**概率的公理化定义**. 概率的公理化定义是前苏联著名数学家柯尔莫哥洛夫(A. H. Колмогоров)在 1933 年首次提出的，这是概率论发展历史上的一个里程碑，第一次将概率论建立在严密的逻辑基础之上. 自此之后，概率论得到了迅速的发展.

1.2.3 概率的基本性质

由概率的公理化定义，可以推出概率满足下列基本性质.

性质 1.2.1 不可能事件的概率为 0，即 $P(\varnothing)=0$.

证明 因为 $\Omega=\Omega\cup\varnothing\cup\varnothing\cup\cdots$，故由概率的可列可加性，

$$P(\Omega)=P(\Omega)+P(\varnothing)+P(\varnothing)+\cdots,$$

因此 $P(\varnothing)=0$.

性质 1.2.2(有限可加性) 设 $A_1,A_2,\cdots,A_n$ 是两两互不相容的随机事件，即 $A_iA_j=\varnothing,i\neq j,i,j=1,2,\cdots,n$，则

$$P\Big(\bigcup_{i=1}^{n}A_i\Big)=\sum_{i=1}^{n}P(A_i). \tag{1.2.2}$$

证明 因为 $\bigcup_{i=1}^{n}A_i=A_1\cup A_2\cup\cdots\cup A_n\cup\varnothing\cup\varnothing\cup\cdots$，故由概率的可列可加性及性质 1.2.1，有

$$P\Big(\bigcup_{i=1}^{n}A_i\Big)=\sum_{i=1}^{n}P(A_i)+P(\varnothing)+P(\varnothing)+\cdots=\sum_{i=1}^{n}P(A_i).$$

性质 1.2.3 对任意事件 A，有

$$P(\overline{A})=1-P(A) \tag{1.2.3}$$

证明 由于

$$A\cup\overline{A}=\Omega,A\cap\overline{A}=\varnothing,$$

所以

$$1=P(\Omega)=P(A\cup\overline{A})=P(A)+P(\overline{A}),$$

故
$$P(\overline{A}) = 1 - P(A).$$

性质 1.2.4(减法公式) 对于两个事件 A 与 B,若 $A \subset B$,则有

$$P(B - A) = P(B) - P(A). \tag{1.2.4}$$

证明 由于 $A \subset B$,由图 1.1.1 可知

$$B = A \cup (B - A), \text{且} A \cap (B - A) = \varnothing.$$

故由性质 1.2.2,得

$$P(B) = P(A \cup (B - A)) = P(A) + P(B - A),$$

从而(1.2.4)式成立.

推论 1.2.1 若 $A \subset B$,则 $P(A) \leqslant P(B)$.

本推论请读者根据性质 1.2.4 自行证明. 由于任意事件 $A \subset \Omega$,由推论 1.2.1 得 $P(A) \leqslant 1$.

性质 1.2.5 对任意两个事件 A 与 B,有

$$P(A - B) = P(A) - P(AB). \tag{1.2.5}$$

证明 由图 1.1.1 可知 $A - B = A - AB$,且 $AB \subset A$,故由性质 1.2.4,

$$P(A - B) = P(A - AB) = P(A) - P(AB).$$

性质 1.2.6(加法公式) 对任意两个事件 A 与 B,有

$$P(A \cup B) = P(A) + P(B) - P(AB). \tag{1.2.6}$$

证明 由图 1.1.1 知 $A \cup B = A \cup (B - AB)$,且 $A \cap (B - AB) = \varnothing$,$AB \subset B$,故由性质 1.2.2 与性质 1.2.4,得

$$P(A \cup B) = P(A) + P(B - AB) = P(A) + P(B) - P(AB).$$

加法公式还可推广到有限个事件的场合. 特别地,对三个事件 A, B, C,有

$$P(A \cup B \cup C) = P(A) + P(B) + P(C) - P(AB) - P(AC)$$
$$- P(BC) + P(ABC). \tag{1.2.7}$$

例 1.2.1 设 $P(A) = \dfrac{1}{3}$,$P(B) = \dfrac{1}{2}$,分别在下列 3 种情况下求 $P(\overline{A}B)$:

(1)A, B 互不相容;(2)$A \subset B$;(3)$P(AB) = \dfrac{1}{8}$.

解 由

$$P(\overline{A}B) = P(B\overline{A}) = P(B - A) = P(B) - P(BA). \tag{1.2.8}$$

(1)由于 A, B 互不相容,故 $BA = \varnothing$,所以由(1.2.8)式,

$$P(\overline{A}B) = P(B) - P(\varnothing) = \frac{1}{2} - 0 = \frac{1}{2}.$$

(2)由于 $A \subset B$，故 $BA = B \cap A = A$，所以由(1.2.8)式，

$$P(\overline{A}B) = P(B) - P(A) = \frac{1}{2} - \frac{1}{3} = \frac{1}{6}.$$

(3)由于 $P(AB) = \frac{1}{8}$，故由(1.2.8)式，

$$P(\overline{A}B) = P(B) - P(AB) = \frac{1}{2} - \frac{1}{8} = \frac{3}{8}.$$

例 1.2.2 已知事件 A, B 满足 $P(AB) = P(\overline{A}\,\overline{B})$，且 $P(A) = p$，求 $P(B)$.

解 因为

$$P(AB) = P(\overline{A}\,\overline{B}) = P(\overline{A \cup B}) = 1 - P(A \cup B) = 1 - P(A) - P(B) + P(AB),$$

所以
$$1 - P(A) - P(B) = 0,$$

因此
$$P(B) = 1 - P(A) = 1 - p.$$

数字资源 1-9 概率
性质的例题

例 1.2.3 某人外出旅游两天. 根据气象预报，第一天下雨的概率为 0.6，第二天下雨的概率为 0.3，两天都下雨的概率为 0.1. 试求：

(1)第一天下雨而第二天不下雨的概率；

(2)第一天不下雨而第二天下雨的概率；

(3)至少有一天下雨的概率；

(4)两天都不下雨的概率；

(5)至少有一天不下雨的概率.

解 设事件 A_i 表示"第 i 天下雨"，$i = 1, 2$. 由题意，

$$P(A_1) = 0.6, P(A_2) = 0.3, P(A_1 A_2) = 0.1.$$

(1)记 B："第一天下雨而第二天不下雨"，则

$$P(B) = P(A_1 \overline{A_2}) = P(A_1 - A_2) = P(A_1) - P(A_1 A_2) = 0.6 - 0.1 = 0.5.$$

(2)记 C："第一天不下雨而第二天下雨"，则

$$P(C) = P(\overline{A_1} A_2) = P(A_2 - A_1) = P(A_2) - P(A_1 A_2) = 0.3 - 0.1 = 0.2.$$

(3)记 D："至少有一天下雨"，则 $D = A_1 \cup A_2$，于是

$$P(D) = P(A_1 \cup A_2) = P(A_1) + P(A_2) - P(A_1 A_2) = 0.6 + 0.3 - 0.1 = 0.8.$$

(4)记 E："两天都不下雨"，则

$$P(E) = P(\overline{A_1 A_2}) = P(\overline{A_1 \cup A_2}) = 1 - P(A_1 \cup A_2) = 1 - 0.8 = 0.2.$$

(5)记 F："至少有一天不下雨"，则

$$P(F) = P(\overline{A_1 A_2}) = 1 - P(A_1 A_2) = 1 - 0.1 = 0.9.$$

例 1.2.4 某公司购进一批电视机,经开箱检验,外观有缺陷的占 5%,显像管有缺陷的占 6%,其他部分有缺陷的占 8%,外观及显像管均有缺陷的占 0.3%,显像管及其他部分有缺陷的占 0.5%,外观及其他部分均有缺陷的占 0.4%,3 种缺陷都有的占 0.02%. 现从中任取一件,问至少有一种缺陷的概率是多少?

解 设事件 A 为"外观有缺陷",B 为"显像管有缺陷",C 为"其他部分有缺陷". 由题意知

$$P(A)=0.05,P(B)=0.06,P(C)=0.08,P(AB)=0.003,$$
$$P(BC)=0.005,P(AC)=0.004,P(ABC)=0.000\,2.$$

由(1.2.7)式,得所求的概率为

$$P(A \bigcup B \bigcup C)=P(A)+P(B)+P(C)-P(AB)-P(AC)-P(BC)+P(ABC)$$
$$=0.05+0.06+0.08-0.003-0.004-0.005+0.000\,2=0.178\,2.$$

1.3　古典概率与几何概率

在概率的公理化结构中只是规定了概率所应满足的性质,没有给出具体的计算方法或公式. 本节介绍古典概率和几何概率这两种具有广泛应用背景的概率计算方法.

数字资源 1-10
本节课件

1.3.1　古典概率

若随机试验 E 的样本空间 $\Omega=\{\omega_1,\omega_2,\cdots,\omega_n\}$,$n$ 为有限正整数,且各个样本点发生的可能性相等,即 $P(\omega_1)=P(\omega_2)=\cdots=P(\omega_n)=\dfrac{1}{n}$,则称 E 是个**古典概型试验**,简称**古典概型**.

设 E 是古典概型,E 的事件 A 是由 E 的 m 个不同的样本点组成的,则事件 A 发生的概率为

$$P(A)=\frac{m}{n}=\frac{A \text{ 包含的样本点个数}}{E \text{ 的样本点总数}} \tag{1.3.1}$$

按(1.3.1)定义计算出的概率称为**古典概率**.

例 1.3.1 将一枚均匀的硬币抛掷 3 次,观察正反面出现的情况,试求恰有一次出现正面的概率.

解 用 H 表示"出现正面",T 表示"出现反面",则此试验的样本空间是

$$\Omega=\{HHH,HHT,HTH,THH,HTT,THT,TTH,TTT\}.$$

设 A 表示事件"恰有一次出现正面",则

$$A=\{HTT,THT,TTH\}.$$

这里 $n=8,m=3$,由(1.3.1)式,$P(A)=\dfrac{m}{n}=\dfrac{3}{8}$.

例 1.3.2(产品抽样问题) 设某批产品中有 a 件次品和 b 件正品,我们采用有放回抽样以及不放回抽样方式从中随机抽取 n 件产品,问恰有 k 次取到次品的概率分别是多少?

解 (有放回抽样)从 $a+b$ 个产品中有放回地抽取 n 件,样本空间包含的样本点总数为 $(a+b)^n$,次品恰好出现 k 次的样本点数为 $C_n^k a^k b^{n-k}$,故所求概率为

$$d_k = \frac{C_n^k a^k b^{n-k}}{(a+b)^n} = C_n^k \left(\frac{a}{a+b}\right)^k \left(\frac{b}{a+b}\right)^{n-k}.$$

(无放回抽样)从 $a+b$ 个产品中无放回地取出 n 个产品,样本空间中的样本点总数为 C_{a+b}^n,而次品恰好出现 k 次的样本点总数为 $C_a^k C_b^{n-k}$,故所求概率为

$$h_k = \frac{C_a^k C_b^{n-k}}{C_{a+b}^n}.$$

读者可以验证,当产品总数很大而抽样数目不大$\left(即抽样比 \frac{n}{a+b} \ll 1\right)$时,有 $d_k \approx h_k$. 因此在实际工作中,当抽样总体很大时经常采用不放回抽样.

数字资源 1-11 无放回抽样之例

数字资源 1-12 有放回抽样之例

例 1.3.3(摸球问题) 袋中有 a 只黑球,b 只白球,它们除颜色不同外,其他方面没有区别. 现将球随机地一只只摸出来,求第 k 次摸出的球是黑球的概率($1 \leqslant k \leqslant a+b$).

解 (方法一)把 a 只黑球与 b 只白球视为互不相同的(如设想把它们编号),若把摸出的球依次放在排列成一直线的 $a+b$ 个位置上,则样本点总数就是 $(a+b)!$. 若记 A_k 为"第 k 次摸出黑球",这相当于在第 k 个位置上放一黑球,再在其余的 $a+b-1$ 个位置上放另外的 $a+b-1$ 个球,因此 A_k 包含的基本事件个数为 $a \cdot (a+b-1)!$. 故所求概率为

$$P(A_k) = \frac{a \cdot (a+b-1)!}{(a+b)!} = \frac{a}{a+b}.$$

(方法二)还是将球视作互不相同的,只考虑前 k 次摸球. 此时样本空间包含的样本点总数为 A_{a+b}^k. 而 A_k 这个事件相当于在第 k 个位置上放一只黑球(有 a 种方法),在其余 $k-1$ 个位置上摆放从余下的 $a+b-1$ 只球中随意取出的 $k-1$ 只球(有 A_{a+b-1}^{k-1} 种方法). 故所求概率为

$$P(A_k) = \frac{a \cdot A_{a+b-1}^{k-1}}{A_{a+b}^k} = \frac{a}{a+b}.$$

注意到本例中所求概率与 k 无关. 类似本例,可以证明一个概率常识——抽签原理.

抽签原理 设 n 个签中有 m 个好签,现有若干个人依次抽签,每人抽一个,抽后不放回,则每个人抽到好签的概率都是 $\frac{m}{n}$.

数字资源1-13　摸球问题

数字资源1-14　抽签原理

例1.3.4(分房问题)　有 n 个人,每个人都以同样的概率 $\frac{1}{N}$ 被分到 $N(n\leqslant N)$ 间房中的某一间中,每间房可以分进多人,试求没有任何两人被分配到同一房间内的概率.

解　由于每一个人可被分配到 N 间房中的任意一间,故样本点总数是 N^n. 事件"没有任何两个人分配到一个房间"中包含的样本点数为 $C_N^n \cdot n!$. 故所求的概率为 $\frac{C_N^n \cdot n!}{N^n}$.

该例是古典概型中的一个典型问题,不少实际问题与本例本质上是相同的. 例如概率论历史上有一个颇有名的问题:计算参加某次聚会的 40 个人中没有任何两个人生日相同的概率. 若把一年的 365 天作为房间,则 $N=365$,而 $n=40$,此时可计算出 $P\approx0.109$,这个概率是意外得小.

例1.3.5(相邻问题)　n 个男孩,m 个女孩($m\leqslant n+1$),随机地排成一列,求任意两个女孩都不相邻的概率.

解　设事件 A 为"任意两个女孩都不相邻". 将 $n+m$ 个孩子随意排列,总共有 $(n+m)!$ 种不同的排法. A 中包含的样本点数可计算如下:先把 n 个男孩随意排成一列,总共有 $n!$ 种方法. 排好以后,每两个男孩之间有一位置,共有 $n-1$ 个,再加上头尾两个位置,共有 $n+1$ 个位置. 为使任意两个女孩都不相邻,必须从这 $n+1$ 个位置中选出 m 个位置安排女孩,方法有 C_{n+1}^m 种. 选定位置后,m 个女孩在这 m 个位置上随意排列,有 $m!$ 种方法. 故事件 A 中包含的样本点数为:$n! \cdot C_{n+1}^m \cdot m!$. 所求概率为

$$P(A)=\frac{n! \cdot C_{n+1}^m \cdot m!}{(n+m)!}=\frac{C_{n+1}^m}{C_{n+m}^m}.$$

1.3.2　几何概率

设随机试验 E 的样本空间 Ω 是一个测度有限的区域,若样本点随机落在 Ω 内任何子区域 A 内的可能性大小只与 A 的测度成正比,而与 A 的形状、位置无关,称 E 是一个**几何概型试验**,简称**几何概型**.

数字资源1-15　几个相对复杂的古典概型问题

设 E 是上述几何概型,我们仍用 A 表示"样本点落入 Ω 的某一子区域 A 内"这一事件,则 A 发生的概率为

$$P(A)=\frac{A\text{ 的测度}}{\Omega\text{ 的测度}}. \tag{1.3.2}$$

按(1.3.2)定义计算出的概率称为**几何概率**.

例1.3.6　从 $(0,1)$ 中随机地取出两个数,求两数之和小于 1.2 的概率.

解　设这两个数分别为 x 与 y，则 x 与 y 都随机、等可能地落在 $(0,1)$ 内，故 (x,y) 随机、等可能地落在图 1.3.1 中的单位正方形之内．而两数之和小于 1.2，意味着点 (x,y) 落在直线 $x+y=1.2$ 的下方．由几何概率计算公式，所求概率等于图中阴影部分面积除以整个正方形的面积，即 $\left(1-\dfrac{1}{2}\times 0.8\times 0.8\right)/1=0.68.$

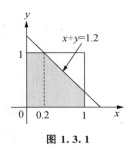

图 1.3.1　　　　　　　　　　　图 1.3.2

例 1.3.7　甲、乙两艘轮船驶向一个不能同时停泊两艘轮船的码头，它们在一天内到达的时间是等可能的．如果甲船停泊的时间是 1 小时，乙船停泊的时间是 2 小时，求它们中任何一艘都不需要等待码头空出的概率．

解　设甲、乙两船到达码头的时刻（单位：小时）分别为 x 与 y，则 x 与 y 都随机、等可能地落在 $(0,24)$ 内，故 (x,y) 随机、等可能地落在图 1.3.2 中的正方形内．两艘轮船都不需要等待码头空出，意味着以下两种情况发生其一：

（1）甲船先到码头且乙船不需要等待，此时 $x<y$ 且 $y-x>1$．

（2）乙船先到码头且甲船不需要等待，此时 $y<x$ 且 $x-y>2$．

这样就容易知道，两艘船都不需要等待码头空出的充要条件是：(x,y) 落在图 1.3.2 中的阴影部分．由概率的几何定义，本题所求的概率是图 1.3.2 中阴影部分的面积除以整个正方形的面积，即：

$$p=\frac{\dfrac{1}{2}\times 23^2+\dfrac{1}{2}\times 22^2}{24^2}=\frac{1\,013}{1\,152}\approx 87.9\%.$$

数字资源 1-16　蒲丰投针
问题与蒙特卡罗方法

数字资源 1-17　本节课件

第 1 章习题

1. 某人连续射击 3 次，记 A_i 为"第 i 次射击命中目标"，$i=1,2,3$，试用 A_i 表示下列事件：
   （1）恰好命中了两次；（2）恰好在第二次命中；（3）只有第三次命中；（4）只有一次没有命中；（5）至少命中了两次．

2. 设样本空间

$$\Omega=\{1,2,3,4,5,6,7,8,9,10\},A=\{2,3,4\},B=\{3,4,5\},C=\{5,6,7\},$$

求：(1)$\overline{A\,B}$；(2)$\overline{A(\overline{A\,C})}$.

3. 若随机事件 A、B、C 满足：

$$P(A)=P(B)=P(C)=\frac{1}{4},P(AB)=0,P(AC)=P(BC)=\frac{1}{16},$$

求 A、B、C 都不发生的概率.

4. 设 A, B 是两个随机事件,已知 $P(A)=0.4,P(AB)=P(\overline{A}\,\overline{B})$,求 $P(B)$.

5. 设 A, B 是两个随机事件,已知 $P(A)=0.8,P(B)=0.3,P(A\bigcup B)=0.9$,求：
(1)$P(A\overline{B})$；(2)$P(\overline{AB})$；(3)$P(\overline{A}\,\overline{B})$；(4)$P(\overline{A}\bigcup \overline{B})$；(5)$P(\overline{A}-B)$.

6. 设事件 $A\subset B$,且 $P(A)=0.1,P(B)=0.5$,求 $P(AB),P(A\bigcup B),P(\overline{A}\,\overline{B})$ 和 $P(A\overline{B})$.

7. 设 A, B 是任意两个随机事件,证明：
(1)$P(AB)\geqslant P(A)+P(B)-1$；(2)$P(AB)=1-P(\overline{A})-P(\overline{B})+P(\overline{A}\,\overline{B})$.

8. 甲、乙两炮同时向一架敌机射击,已知甲炮的命中率是 0.5,乙炮的命中率是 0.6,甲、乙两炮都命中的概率是 0.3,问飞机被击中的概率是多少？

9. 若 W 表示昆虫出现残翅,E 表示昆虫有退化性眼睛,且

$$P(W)=0.125,P(E)=0.075,P(WE)=0.025.$$

求下列事件的概率：
(1)昆虫出现残翅或退化性眼睛；
(2)昆虫出现残翅,但没有退化性眼睛；
(3)昆虫未出现残翅,也无退化性眼睛.

10. 一部 6 卷的文集按任意次序放到书架上去,试求下列事件的概率：(1)该文集自右向左或自左向右恰成顺序；(2)第一卷及第五卷出现在两边；(3)指定的两卷放在一起.

11. 一个学生宿舍有 6 名学生,试求下列事件的概率：(1)6 个人的生日都在星期日；(2)6 个人的生日都不在星期日；(3)6 个人的生日不都在星期日.

12. 有 3 个小球,将它们随机地投入 4 个杯子中去,求各个杯子中的球数最大值分别为 1,2,3 的概率.

13. 袋中装有 8 个黑球,12 个白球,它们除了颜色不同外,其他方面没有区别.现将球随机地一只只摸出来,求第 10 次摸出黑球的概率.

14. 一批产品中有 8 个正品和 2 个次品,现在不放回地任意抽取 4 次,求第 4 次抽出的产品为次品的概率.

15. 一幢 10 层的楼房中有一部电梯,在底层登上 7 名乘客.电梯在每一层都停,乘客从第二层起陆续离开电梯.假设乘客在各层离开电梯是等可能的,求没有两位或两位以上乘客在同一层离开的概率.

16. 现有两封信,将它们随机地投向标号为Ⅰ,Ⅱ,Ⅲ,Ⅳ的4个邮筒里,求第Ⅱ号邮筒恰好投入一封信的概率.

17. 从 $0,1,2,\cdots,9$ 中无重复地任取 4 个数排成一行,求排成一个四位奇数的概率.

18. 从一副 52 张扑克牌中任取 4 张,求其中至少有两张牌花色相同的概率.

19. 在 10 把钥匙中有 3 把能打开门,今任取 2 把,求能打开门的概率.

20. 现有 9 枚奖牌,其中 3 枚是金牌,6 枚是银牌.将它们随机地分装在 3 个盒子内,每盒 3 枚,求恰好每盒内都是 1 金 2 银的概率.

21. 某人发现他的表停了,他打开收音机,想收听电台报准点报时,试求他等待的时间不超过 10 分钟的概率.

22. 在正方形 $\{(p,q)\,|-1\leqslant p\leqslant 1,-1\leqslant q\leqslant 1\}$ 中任意取一点 (p,q),求方程 $x^2+px+q=0$ 有实根的概率.

条件概率与独立性
Conditional Probability and Independence

条件概率是概率论中的一个重要而实用的概念,它与独立性有着紧密的联系.本章主要介绍条件概率以及条件概率的几个重要公式,并介绍事件的独立性与试验的独立性,同时引进了一个重要的概型——伯努利概型.

本章的重点是对条件概率与独立性概念的理解,难点是全概率公式和贝叶斯公式的应用.

2.1 条件概率

第1章中介绍的概率通常是无条件概率,而在实际问题中经常会遇到"已知某一事件 B 已经发生的条件下,求另一个事件 A 发生的概率",这种概率记为 $P(A|B)$.由于是在已知事件 B 发生的条件下所求的概率,故 $P(A|B)$ 通常称为条件概率,它与无条件概率 $P(A)$ 一般是不同的,也不同于 $P(AB)$.

例 2.1.1 掷一枚骰子,观察其出现的点数,设事件 A 为"出现点数2",事件 B 为"出现的点数为偶数".现在求已知事件 B 发生的条件下事件 A 发生的概率.

解 这里样本空间 $\Omega=\{1,2,3,4,5,6\}$,由于已知 B 事件已经发生,所以样本空间可缩减为 $\Omega_B=\{2,4,6\}$,于是 $P(A|B)=1/3$.可以发现

$$P(A\mid B)=\frac{1}{3}\neq P(A)=\frac{1}{6}.$$

另外, $P(B)=1/2$, $P(AB)=P(A)=1/6$, $P(A|B)=1/3$,故有

$$P(A\mid B)=\frac{P(AB)}{P(B)}.$$

实际上,这个结果具有一般性,我们将上述关系作为条件概率的定义.

定义 2.1.1 设 A, B 是两个事件,且 $P(B)>0$,称

$$P(A\mid B)=\frac{P(AB)}{P(B)} \tag{2.1.1}$$

为在事件 B 发生的条件下事件 A 发生的**条件概率**.

不难验证,条件概率 $P(\cdot \mid B)$ 满足概率公理化定义的 3 个基本条件,即

1. 对于每一事件 A,有 $P(A \mid B) \geqslant 0$;

2. $P(\Omega \mid B) = 1$;

3. 设 $A_1, A_2, \cdots$ 是两两不相容的事件序列,则

$$P\left\{\left(\bigcup_{i=1}^{\infty} A_i\right) \mid B\right\} = \sum_{i=1}^{\infty} P(A_i \mid B).$$

故概率所具有的性质都适用于条件概率.

例 2.1.2　现有形状为圆形和方形产品共 150 件,正品 135 件. 已知方形产品 90 件,其中正品 80 件;圆形产品 60 件,其中正品 55 件. 现从中任取一件,发现是圆形的,问这件产品是正品的概率是多少?

解　(方法一)设事件 A 为"取到的产品为正品",事件 B 为"取到的产品是圆形的",这里的问题就是求 $P(A \mid B)$. 由题设知

$$P(B) = \frac{60}{150} = \frac{2}{5}, P(AB) = \frac{55}{150} = \frac{11}{30}.$$

由条件概率定义

$$P(A \mid B) = \frac{P(AB)}{P(B)} = \frac{55}{60} = \frac{11}{12}.$$

(方法二)由题意知原来的样本空间 Ω 所含样本点总数为 150,已知事件 B 发生,则缩减的样本空间 Ω_B 中含有 60 件圆形产品,而其中含有正品 55 件. 故

$$P(A \mid B) = \frac{55}{60} = \frac{11}{12}.$$

综上所述,计算 $P(A \mid B)$ 的方法,通常有如下两种:

(1)在样本空间 Ω 中,求出 $P(B)$,$P(AB)$,再由定义式(2.1.1)求出 $P(A \mid B)$.

(2)由已知事件 B 发生所提供的信息,将原来的样本空间 Ω 缩减到 Ω_B(即事件 B 所含的样本点全体),再在 Ω_B 中直接计算 A 发生的概率,即得 $P(A \mid B)$.

例 2.1.3　某种动物出生之后活到 20 岁的概率为 0.7,活到 25 岁的概率为 0.56,求现年为 20 岁的这种动物活到 25 岁的概率.

解　设 A 表示"这种动物活到 20 岁",B 表示"这种动物活到 25 岁",则由题意知 $P(A) = 0.7$,$P(B) = 0.56$,且 $B \subset A$,所以

$$P(B \mid A) = \frac{P(AB)}{P(A)} = \frac{P(B)}{P(A)} = \frac{0.56}{0.7} = 0.8.$$

数字资源 2-1　本节课件

2.2　乘法公式　全概率公式　贝叶斯公式

2.2.1　乘法公式

由条件概率的定义式(2.1.1)立即可以得到下面的定理.

定理 2.2.1　设 A,B 为两个随机事件,则

$$P(AB) = \begin{cases} P(B) \cdot P(A \mid B), P(B) > 0 \\ P(A) \cdot P(B \mid A), P(A) > 0 \end{cases} \tag{2.2.1}$$

(2.2.1)式称为**乘法公式**.

定理 2.2.1 可推广到多个事件的情形. 设 $A_1, A_2, \cdots, A_n(n \geqslant 2)$ 为 n 个事件,满足 $P(A_1 A_2 \cdots A_{n-1}) > 0$,则有

$$P(A_1 A_2 \cdots A_n) = P(A_1) \cdot P(A_2 \mid A_1) \cdot P(A_3 \mid A_1 A_2) \cdots P(A_n \mid A_1 A_2 \cdots A_{n-1}). \tag{2.2.2}$$

例 2.2.1　一批零件共 100 件,其中有 10 件次品,每次从中任取一件,取出的零件不放回,求第 3 次才取到合格品的概率.

解　设 A_i 表示"第 i 次取到合格品",$i = 1, 2, 3$,于是,所求概率为

$$P(\overline{A_1 A_2} A_3) = P(\overline{A_1}) \cdot P(\overline{A_2} \mid \overline{A_1}) \cdot P(A_3 \mid \overline{A_1}\,\overline{A_2}) = \frac{10}{100} \cdot \frac{9}{99} \cdot \frac{90}{98} = 0.008\ 3.$$

2.2.2　全概率公式

概率论中,在计算一个复杂事件的概率时,常需要将该事件分解为若干个互不相容的简单事件之和,再计算出这些简单事件的概率之和. 这就要用到计算概率的一个重要公式——全概率公式.

数字资源 2-2　一种
传染病模型

定义 2.2.1　设 Ω 为随机试验 E 的样本空间,$B_1, B_2, \cdots, B_n$ 为 E 的一组事件,若

(1) $B_i B_j = \varnothing, i \neq j, i, j = 1, 2, \cdots, n$;

(2) $\bigcup\limits_{i=1}^{n} B_i = \Omega$.

则称 $B_1, B_2, \cdots, B_n$ 为样本空间 Ω 的一个**划分**或**完备事件组**.

定理 2.2.2　设 $B_1, B_2, \cdots, B_n$ 是随机试验 E 的样本空间 Ω 的一个划分,且 $P(B_i) > 0, i = 1, 2, \cdots, n$,$A$ 是 E 的任一事件,则

$$P(A) = \sum_{i=1}^{n} P(B_i) \cdot P(A \mid B_i). \tag{2.2.3}$$

(2.2.3)式称为**全概率公式**,又称为**分解公式**.

证明　因为 $B_1, B_2, \cdots, B_n$ 为 Ω 的一个划分,故

$$A = A\Omega = A(B_1 \bigcup B_2 \bigcup \cdots \bigcup B_n) = AB_1 \bigcup AB_2 \bigcup \cdots \bigcup AB_n.$$

由 $B_i B_j = \varnothing$，则 $(AB_i)(AB_j) = \varnothing, i \neq j, i, j = 1, 2, \cdots, n$. 又 $P(B_i) > 0 (i = 1, 2, \cdots, n)$，故

$$P(A) = P(AB_1) + P(AB_2) + \cdots + P(AB_n)$$
$$= P(B_1) \cdot P(A \mid B_1) + P(B_2) \cdot P(A \mid B_2) + \cdots + P(B_n) \cdot P(A \mid B_n)$$
$$= \sum_{i=1}^{n} P(B_i) \cdot P(A \mid B_i).$$

在全概率公式中，我们可以把事件 A 看作"结果"，把事件 $B_1, B_2, \cdots, B_n$ 看作影响事件 A 是否发生的"原因". 有时直接计算 A 的概率比较困难是因为影响 A 发生的因素较多，但是限定了"原因"B_i 之后事件 A 发生的条件概率 $P(A \mid B_i)$ 易于求出，再通过对 $P(A \mid B_i)$ 的加权平均即可求出 $P(A)$. 全概率公式提供了计算复杂事件概率的一种有效方法.

例 2.2.2 一工厂有甲、乙、丙三个车间，生产同一种电子元件，每个车间的产量分别占总产量的 20%、30%、50%. 如果每个车间成品的次品率分别为 6%、3%、2%. 现任意从全厂生产的元件中抽取一件，求它恰为次品的概率.

解 设 A 表示"抽取到的元件是次品"；

B_1 表示"抽取到的元件是甲车间生产的"；

B_2 表示"抽取到的元件是乙车间生产的"；

B_3 表示"抽取到的元件是丙车间生产的".

显然，B_1、B_2、B_3 为样本空间的一个划分. 由全概率公式得

$$P(A) = \sum_{i=1}^{3} P(B_i) \cdot P(A \mid B_i) = 0.2 \times 0.06 + 0.3 \times 0.03 + 0.5 \times 0.02 = 0.031.$$

例 2.2.3 设有甲、乙两袋，甲袋中装有 n 只白球，m 只红球；乙袋中装有 N 只白球，M 只红球. 现从甲袋中任取一球放入乙袋，再从乙袋中任取一球. 问从乙袋中取出的是白球的概率.

解 设 A 表示事件"从乙袋中取出的是白球"，B 表示事件"从甲袋中取出并放入乙袋的是白球"，则

$$P(B) = \frac{n}{n+m}, P(A \mid B) = \frac{N+1}{N+M+1}, P(\overline{B}) = \frac{m}{n+m}, P(A \mid \overline{B}) = \frac{N}{N+M+1}.$$

显然，$B \bigcup \overline{B} = \Omega, B\overline{B} = \varnothing$. 由全概率公式得

$$P(A) = P(B) \cdot P(A \mid B) + P(\overline{B}) \cdot P(A \mid \overline{B})$$
$$= \frac{n}{n+m} \cdot \frac{N+1}{N+M+1} + \frac{m}{n+m} \cdot \frac{N}{N+M+1}$$
$$= \frac{n(N+1) + mN}{(n+m)(N+M+1)}.$$

例 2.2.4 某工厂生产的产品以 100 件为一批，假定每一批产品中的次品数最多不超过 4 件，且有如下概率：

一批产品中的次品数	0	1	2	3	4
概　率	0.1	0.2	0.4	0.2	0.1

现进行抽样检验,从每批中随机取出 10 件来检验,如果发现其中有次品,则认为该批产品不合格. 求一批产品通过检验的概率.

解　设 A 表示"一批产品通过检验",B_i 表示"一批产品中含有 i 个次品"($i=1,2,3,4$),则有

$$P(B_0)=0.1, P(A\mid B_0)=1;$$

$$P(B_1)=0.2, P(A\mid B_1)=\frac{C_{99}^{10}}{C_{100}^{10}}=0.900;$$

$$P(B_2)=0.4, P(A\mid B_2)=\frac{C_{98}^{10}}{C_{100}^{10}}=0.809;$$

$$P(B_3)=0.2, P(A\mid B_3)=\frac{C_{97}^{10}}{C_{100}^{10}}=0.727;$$

$$P(B_4)=0.1, P(A\mid B_4)=\frac{C_{96}^{10}}{C_{100}^{10}}=0.652.$$

由全概率公式得

$$P(A)=\sum_{i=0}^{4}P(B_i)\cdot P(A\mid B_i)$$
$$=0.1\times1+0.2\times0.900+0.4\times0.809+0.2\times0.727+0.1\times0.652$$
$$=0.8142.$$

例 2.2.5(摸奖游戏)　现有 3 扇门,有一扇门背后有大奖. 观众随机选中一扇门,主持人知道哪扇门后面有奖,并且总会打开另外两扇中的某个没奖的. 现在有一次换的机会,观众应该选择换、不换还是换不换都一样? 并说明理由.

解　现将 3 扇门依次编号为 1,2,3,不妨假设大奖在门 1 背后. 记 A 表示事件"不换且中奖",B 表示事件"选择换且最终中奖",C_k 表示事件"一开始选择第 k 号门". 由题设知,$P(C_k)=1/3,k=1,2,3.$ 于是,$P(A)=1/3,$

$$P(B)=\sum_{k=1}^{3}P(B\mid C_k)\cdot P(C_k)=\frac{1}{3}\times0+\frac{1}{3}\times1+\frac{1}{3}\times1=\frac{2}{3}.$$

因此,选择换中奖的概率大于不换中奖的概率.

2.2.3　贝叶斯公式

定理 2.2.3　设 $B_1,B_2,\cdots,B_n$ 是随机试验 E 的样本空间 Ω 的一个划分,且 $P(B_i)>0$ ($i=1,2,\cdots,n$),A 是 E 的任一事件,则

$$P(B_i\mid A)=\frac{P(B_i)\cdot P(A\mid B_i)}{\sum_{j=1}^{n}P(B_j)\cdot P(A\mid B_j)}, i=1,2,\cdots,n. \tag{2.2.4}$$

（2.2.4）式称为**贝叶斯(Bayes)公式**.

证明 由条件概率的定义和全概率公式有

$$P(B_i \mid A) = \frac{P(B_iA)}{P(A)} = \frac{P(B_i) \cdot P(A \mid B_i)}{\sum\limits_{j=1}^{n} P(B_j) \cdot P(A \mid B_j)}, i = 1, 2, \cdots, n.$$

与全概率公式一样,贝叶斯公式也是一个计算概率的重要公式.全概率公式是"由因及果",贝叶斯公式则是"由果索因".(2.2.4)式中 $P(B_i)$ 可看作在"结果"A 发生之前我们对"原因"B_i 的认识,称为**先验概率**;一旦"结果"A 发生,我们对"原因"B_i 有新的认识,称 $P(B_i \mid A)$ 为**后验概率**.

数字资源 2-3
教育测量

例 2.2.6 发报机分别以概率 0.7 和 0.3 发出信号 0 和 1. 由于通信系统受到干扰,当发出信号 0 时,接收机不一定收到 0,而是以概率 0.8 和 0.2 收到信号 0 和 1;同样地,当发报机发出信号 1 时,接收机以概率 0.9 和 0.1 收到信号 1 和 0. 当接收机收到信号 0 时,求发报机确实发出信号 0 的概率.

解 设 A 表示事件"接收机收到信号 0",B 表示事件"发报机发出信号 0",则 $\overline{B}$ 表示事件"发报机发出信号 1",且 $B \cup \overline{B} = \Omega, \overline{B}B = \varnothing$. 则有

$$P(B) = 0.7, P(A \mid B) = 0.8, P(\overline{B}) = 0.3, P(A \mid \overline{B}) = 0.1.$$

由贝叶斯公式得

$$P(B \mid A) = \frac{P(B) \cdot P(A \mid B)}{P(B) \cdot P(A \mid B) + P(\overline{B}) \cdot P(A \mid \overline{B})}$$
$$= \frac{0.7 \times 0.8}{0.7 \times 0.8 + 0.3 \times 0.1} = 0.949.$$

例 2.2.7 设某一工厂有 A、B、C 三个车间生产同一型号的螺钉,每个车间的产量分别为占该厂螺钉总产量的 25%、35%、40%,每个车间成品中的次品分别为各车间产量的 5%、4%、2%. 如果从全厂总产品中抽取一螺钉发现为次品,问该螺钉最可能是哪个车间生产的?

解 用 D 表示"任取一螺钉为次品";

A 表示"取到的螺钉是 A 车间生产";

B 表示"取到的螺钉是 B 车间生产";

C 表示"取到的螺钉是 C 车间生产".

显然,A、B 和 C 是样本空间 Ω 的一个划分. 由贝叶斯公式

$$P(A \mid D) = \frac{P(A) \cdot P(D \mid A)}{P(A) \cdot P(D \mid A) + P(B) \cdot P(D \mid B) + P(C) \cdot P(D \mid C)}$$
$$= \frac{0.25 \times 0.05}{0.25 \times 0.05 + 0.35 \times 0.04 + 0.4 \times 0.02} = \frac{25}{69}.$$

同理可得

$$P(B \mid D) = \frac{28}{69}, \qquad P(C \mid D) = \frac{16}{69}.$$

通过比较知,该次品最有可能是乙车间生产的.

2.3　独立性

数字资源 2-4
本节课件

2.3.1　事件的独立性

设 A、B 为随机试验 E 的两个事件,一般情况下 B 事件的发生对 A 事件发生的概率会有影响,此时 $P(A \mid B) \neq P(A)$. 如果没有影响,也即 B 的发生对于 A 的发生不提供任何信息,那么此时 A 的(无条件)概率等于 A 在已知 B 发生的情况下的条件概率,即 $P(A) = P(A \mid B)$,这时有

$$P(AB) = P(B) \cdot P(A \mid B) = P(B) \cdot P(A).$$

由此引出事件相互独立的概念.

定义 2.3.1　设 A、B 为两个随机事件,若满足等式

$$P(AB) = P(A) \cdot P(B),$$

则称事件 A 与事件 B **相互独立**.

由定义 2.3.1 容易看出 $P(A) > 0, P(B) > 0$ 时,A、B 相互独立与 A、B 互不相容不能同时成立.

定理 2.3.1　设 A、B 是两个事件,且 $P(B) > 0$. 若 A 与 B 相互独立,则 $P(A \mid B) = P(A)$,反之亦然.

定理 2.3.1 的结论是显然的.

定理 2.3.2　若 A 与 B 独立,则下列各对事件 $\bar{A}$ 与 B,A 与 $\bar{B}$,$\bar{A}$ 与 $\bar{B}$ 也相互独立.

我们可将事件独立性的概念推广到 3 个事件的情形.

数字资源 2-5　定理
2.3.2 证明

定义 2.3.2　设 A、B、C 为 3 个事件,若满足等式

$$\left. \begin{aligned} P(AB) &= P(A) \cdot P(B) \\ P(AC) &= P(A) \cdot P(C) \\ P(BC) &= P(B) \cdot P(C) \end{aligned} \right\} \tag{2.3.1}$$

$$P(ABC) = P(A) \cdot P(B) \cdot P(C). \tag{2.3.2}$$

称事件 A、B、C **相互独立**. 若仅满足(2.3.1)式,则称事件 A、B、C **两两独立**.

一般地,设 $A_1, A_2, \cdots, A_n (n > 2)$ 是 n 个事件,如果对于任意 $k(2 \leqslant k \leqslant n)$ 和 $1 \leqslant i_1 < i_2 \leqslant \cdots \leqslant i_k \leqslant n$ 都有

$$P(A_{i_1}A_{i_2}\cdots A_{i_k})=P(A_{i_1})P(A_{i_2})\cdots P(A_{i_k}),$$

成立,则称事件 $A_1,A_2,\cdots,A_n$ **相互独立**.

事件 $A_1,A_2,\cdots,A_n$ 相互独立,具有以下两条性质:

性质 2.3.1 若事件 $A_1,A_2,\cdots,A_n(n\geqslant2)$ 相互独立,则其中任意 $k(2\leqslant k\leqslant n)$ 个事件也相互独立.

性质 2.3.2 若 n 个事件 $A_1,A_2,\cdots,A_n(n\geqslant2)$ 相互独立,则将 $A_1,A_2,\cdots,A_n$ 中任意 $m(1\leqslant m\leqslant n)$ 个事件换成它们的对立事件,所得的 n 个事件仍相互独立.

可以注意到:若事件间具有相互独立性,则概率的计算会变得简单. 例如,事件 $A_1,A_2,\cdots,A_n$ 相互独立,则有

(1) $P(A_1\cup A_2\cup\cdots\cup A_n)=1-P(\overline{A_1})\cdot P(\overline{A_2})\cdots P(\overline{A_n})$;

(2) $P(A_1-A_2)=P(A_1\overline{A_2})=P(A_1)\cdot P(\overline{A_2})=P(A_1)\cdot[1-P(A_2)]$.

例 2.3.1 加工某一零件共需四道工序,设第一、二、三、四道工序的次品率分别是 2%、3%、5%、3%,假设各道工序是互不影响的,求加工出来的零件是次品的概率.

解 设 B 表示"加工出来的零件是次品",记 A_1,A_2,A_3,A_4 分别表示第一、二、三、四道工序发生次品的事件,则 $B=A_1\cup A_2\cup A_3\cup A_4$,且有

$$\overline{B}=\overline{(A_1\cup A_2\cup A_3\cup A_4)}=\overline{A_1}\,\overline{A_2}\,\overline{A_3}\,\overline{A_4},$$
$$P(B)=1-P(\overline{B})=1-P(\overline{A_1}\,\overline{A_2}\,\overline{A_3}\,\overline{A_4})$$
$$=1-P(\overline{A_1})\cdot P(\overline{A_2})\cdot P(\overline{A_3})\cdot P(\overline{A_4})$$
$$=1-0.98\times0.97\times0.95\times0.97=0.124.$$

例 2.3.2 甲、乙、丙三门大炮向一艘敌船射击,设击中的概率分别是 0.4、0.5、0.7. 如果只有一门炮击中,则敌船被击沉的概率为 0.2;如果有两门炮击中,则敌船被击沉的概率为 0.6;如果三门炮都击中,则敌船一定被击沉. 求敌船被击沉的概率.

解 设 A_1,A_2,A_3 分别表示甲、乙、丙大炮击中敌船的事件,则它们是相互独立的. 记 B_i 表示"有 i 门炮击中敌船"($i=1,2,3$),事件 A 表示"敌船被击沉". 显然

$$A\subset\bigcup_{i=1}^{3}B_i,\quad A=A\left(\bigcup_{i=1}^{3}B_i\right)=\bigcup_{i=1}^{3}AB_i.$$

则由全概率公式可得

$$P(A)=\sum_{i=1}^{3}P(B_i)\cdot P(A\mid B_i).$$

这里 A_1,A_2,A_3 相互独立,且 $P(A_1)=0.4,P(A_2)=0.5,P(A_3)=0.7$,所以

$$P(B_1)=P(A_1\overline{A_2}\,\overline{A_3}\cup\overline{A_1}A_2\overline{A_3}\cup\overline{A_1}\,\overline{A_2}A_3)$$
$$=P(A_1)P(\overline{A_2})P(\overline{A_3})+P(\overline{A_1})P(A_2)P(\overline{A_3})+P(\overline{A_1})P(\overline{A_2})P(A_3)$$
$$=0.4\times0.5\times0.3+0.6\times0.5\times0.3+0.6\times0.5\times0.7$$

$$=0.36,$$

$$P(B_2)=P(A_1A_2\overline{A_3} \bigcup A_1\overline{A_2}A_3 \bigcup \overline{A_1}A_2A_3)$$

$$=P(A_1)P(A_2)P(\overline{A_3})+P(A_1)P(\overline{A_2})P(A_3)+P(\overline{A_1})P(A_2)P(A_3)$$

$$=0.4\times0.5\times0.3+0.4\times0.5\times0.7+0.6\times0.5\times0.7$$

$$=0.41,$$

$$P(B_3)=P(A_1A_2A_3)=P(A_1)P(A_2)P(A_3)$$

$$=0.4\times0.5\times0.7=0.14,$$

又由题设

$$P(A\mid B_1)=0.2, P(A\mid B_2)=0.6, P(A\mid B_3)=1,$$

故有

$$P(A)=0.36\times0.2+0.41\times0.6+0.14\times1=0.458.$$

2.3.2 试验的独立性

在实际问题中事件的独立性常常伴随着独立随机试验序列而出现.

定义 2.3.3 设 $\{E_i, i=1,2,\cdots\}$ 是一系列随机试验, E_i 的样本空间为 Ω_i, 设 A_k 是 E_k 中任一事件, 即 $\forall A_k \subset \Omega_k$, 如果 A_k 发生的概率不依赖于其他各次试验的试验结果, 则称 $\{E_i, i=1,2,\cdots\}$ 是一个**独立试验序列**.

例如, 射手向目标射击 n 次、抛掷 n 次硬币或进行 n 次有放回抽样都是独立试验序列. 它们都是"在同样条件下重复试验"的数学模型, 是一类重要的独立试验序列, 并且 $\Omega_1 = \Omega_2 = \cdots = \Omega_n$.

例 2.3.3 从 $1,2,\cdots,10$ 共 10 个数字中任取一个, 取后放回, 连取 k 次, 独立进行, 于是得到 k 个随机数字, 试求"此 k 个数字中最大的数字是 m"的事件 A_m 的概率 ($m \leqslant 10$).

解 以 B_m 表示事件"此 k 个数字中最大数字不超过 m". 为使 B_m 发生, 必须也只须第一次取得数字不超过 m (概率为 $m/10$), 第二次取得数字不超过 m (概率仍为 $m/10$), ……, 一直到第 k 次取得数字不超过 m. 由于随机试验序列是独立的, 故

$$P(B_m)=\left(\frac{m}{10}\right)^k, k\geqslant 1.$$

容易看到, $B_m \supset B_{m-1}$, 而且 $A_m=B_m-B_{m-1}$, 于是

$$P(A_m)=P(B_m-B_{m-1})=P(B_m)-P(B_{m-1})=\frac{m^k-(m-1)^k}{10^k}.$$

下面我们来介绍伯努利(Bernoulli)概型.

设随机试验 E 只有两种可能的结果:事件 A 发生或事件 A 不发生(即 $\overline{A}$ 发生), 则称这样的试验为**伯努利试验**. 将伯努利试验在相同条件下独立地重复进行 n 次, 称这一组重复的独立试验为 **n 重伯努利试验**, 或简称为**伯努利概型**.

定理 2.3.3(伯努利定理) 设在一次伯努利试验中, 事件 A 发生的概率为 p ($0<p<1$), 则在 n 重伯努利试验中, 事件 A 恰好发生 k 次的概率为

$$b(x;n,p)=C_n^k p^k q^{n-k}, k=0,1,\cdots,n. \tag{2.3.3}$$

其中，$q=1-p$.

证明　因为

$$\{\text{事件 } A \text{ 恰好出现 } k \text{ 次}\}=(A\cdots A\bar{A}\cdots\bar{A})\bigcup\cdots\bigcup(\bar{A}\cdots\bar{A}A\cdots A),$$

上式右边的每一项表示在某 k 次试验中出现 A，而另外 $n-k$ 次试验中出现 $\bar{A}$，这种组合项共有 C_n^k 个，且两两互不相容. 再由试验的独立性知，右边的每一项的概率值均等于 $p^k q^{n-k}$. 于是

$$P\{\text{事件 } A \text{ 恰好出现 } k \text{ 次}\}=C_n^k p^k q^{n-k}.$$

例 2.3.4　假设每个人在每个月出生是等可能的，求 8 个学生中恰有 2 人出生于元月的概率.

解　由于每个人出生于元月的概率均为 $1/12$，并且互不影响，因此可将每次出生看成一次独立试验. 用 A 表示事件"8 个学生中恰有 2 人出生于元月"，于是由伯努利定理得

$$P(A)=C_8^2\left(\frac{1}{12}\right)^2\left(\frac{11}{12}\right)^6=0.115.$$

例 2.3.5　设在家畜中感染某种疾病的概率为 0.3，新发现一种血清可能对预防此病有效，为此对 20 只健康动物注射了这种血清，若注射后只有一只动物受感染，应对此种血清的作用做何评价？

解　假设血清毫无作用，那么注射后的动物受感染的概率仍为 0.3，则这 20 只动物中有 k 只受感染的概率为 $b(k;20,0.3)$，那么不多于一只动物受感染的概率为

数字资源 2-6
本节课件

$$b(0;20,0.3)+b(1;20,0.3)=0.008+0.006\ 8=0.007\ 6.$$

这个概率很小，小概率在一次观察或试验中发生，矛盾，因此我们认为血清对预防该种疾病是有作用的.

□ 第 2 章习题

1. 掷三粒骰子，已知所得 3 个点数都不一样，求这 3 个点数含有 1 点的概率.

2. n 个人排成一队，已知甲总是排在乙的前面，求乙恰好紧跟在甲后面的概率.

3. 设一批产品中一、二、三等品各占 60%、30%、10%，从中任取一件，结果不是三等品，则该产品是一等品的概率是多少？

4. 已知 $P(A)=a$，$P(B|A)=b$，求 $P(\bar{A}B)$.

5. 已知 $P(\bar{A})=0.3$，$P(B)=0.4$，$P(A\bar{B})=0.5$，求 $P(B|A\cup\bar{B})$.

6. 一批产品 100 件，其中有次品 10 件，合格品 90 件，现从中每次任取一件，取后不放回，接连取三次，试求第三次才取得合格品的概率.

7. 已知 5 把钥匙中有一把能打开房门,因开门者忘记是哪把能打开门,于是逐把试开,求前三次能打开门的概率.

8. 已知事件 A 与 B 相互独立,且 $P(A) = P(\overline{B}) = a - 1$,$P(A \bigcup B) = 7/9$,求数值 a.

9. 设 $P(A) = 0.7$,$P(A - B) = 0.3$,求 $P(\overline{AB})$.

10. 甲袋中有 3 个白球,2 个黑球,乙袋中有 2 个白球,5 个黑球,任选一袋,并从中任取一球,此球为白球的概率是多少?

11. 有两只口袋,甲袋中有 2 只白球,1 只黑球,乙袋中有 1 只白球,2 只黑球,现从甲袋中任取一球放入乙袋中,再从乙袋中任取一球,此球为白球的概率是多少?

12. 有一批产品,其中甲车间产品占 70%,乙车间产品占 30%,甲车间产品的合格率为 95%,乙车间产品的合格率为 90%,求从这批产品中任取一件是合格品的概率.

13. 袋中有 12 只网球,其中 9 只是没有用过的新球,第一次比赛时任取 3 只使用,用完放回,第二次比赛时也任取 3 只球,求第二次比赛时 3 只球都没有用过的概率.

14. 有两台车床生产同一型号零件,甲车床的产量是乙车床的 1.5 倍,甲车床的废品率为 2%,乙车床的废品率为 1%,现任取一零件检查是废品,问该废品是由甲车床生产的概率是多少?

15. 一批产品中 96% 是合格品,检查产品时,一件合格品被误认为是次品的概率是 0.02,一件次品被误认为是合格品的概率是 0.05,求在被检查后认为是合格品的产品确是合格品的概率.

16. 盒内有 12 个大小相同的球,其中 5 个是红球,4 个是白球,3 个是黑球,第一次任取 2 个球,第二次从余下的 10 个球中再任取 3 个球(均为不重复抽取). 如果发现第二次取到的 3 个球中有 2 个是红球,比较第一次取到几个红球的概率最大?

17. 某种型号电灯泡使用寿命在 1 000 小时以上的概率为 0.2,求 3 只灯泡在使用 1 000 小时后,至多只有一只损坏的概率.

18. 一大楼装有 5 个同类型的独立供水设备,调查表明在任一时刻,每个设备被使用的概率为 0.1,问同一时刻
    (1)恰有两个设备被使用的概率;
    (2)至少有 3 个设备被使用的概率;
    (3)至多有 3 个设备被使用的概率;
    (4)至少有一个设备被使用的概率.

数字资源2-7 拓展练习

第 3 章
一维随机变量及其概率分布
One-dimensional Random Variables and Probability Distributions

前文中我们用样本空间的子集来表示随机试验的各种可能结果,这种表达方式对全面讨论随机试验的统计规律性及其他数学工具的运用都有较大的局限性.本章引入随机变量的概念,使用随机变量的取值范围来表示随机事件,并运用数学分析的方法来讨论随机试验.运用随机变量描述随机现象是概率论中重要的方法,它可以全面地揭示随机现象的统计规律性.

本章主要内容有随机变量的概念及其分布函数;离散型随机变量的分布律及常见分布(如二项分布、泊松分布、超几何分布等);连续型随机变量的概率密度函数及常见分布(如均匀分布、指数分布、正态分布等).重点是随机变量的概念,离散型随机变量的分布律、连续型随机变量的概率密度函数,难点是分布函数和随机变量函数的分布.

3.1　随机变量及其分布函数

3.1.1　随机变量的概念

前文的讨论发现,有一些随机试验的结果是可以直接用数量来表示的,如掷骰子出现的点数、检验产品时的废品数、电子元件的寿命等.有些则不然,如检验产品看是否合格时,试验的结果是"合格"或"不合格";抛均匀硬币时的结果是"正面"或"反面"等.此时如果给随机试验的每个结果赋予一个数值,例如在产品抽样检查中,可以记结果"不合格"为"1","合格"为"0",如此就在样本空间 Ω 和实数集合的子集之间建立了一种对应关系.

例 3.1.1　投掷一颗骰子一次,试验的样本空间是 $\Omega = \{1,2,3,4,5,6\}$,规定出现点数 1 得 0 分,出现点数 2 或点数 3 得 1 分,出现其他点数得 2 分.以 X 记得到的分数,那么对样本空间 $\Omega = \{\omega\}$ 中的每个样本点 ω,X 都有一个实数与之对应,此对应关系可表示为

$$X = X(\omega) = \begin{cases} 0, & \omega = 1, \\ 1, & \omega = 2,3, \\ 2, & \omega = 4,5,6. \end{cases}$$

这里 X 是定义在样本空间 $\Omega = \{1,2,3,4,5,6\}$ 上的实值函数,它的定义域是样本空间,值域

是实数集$\{0,1,2\}$.

例 3.1.2　从某新品种水稻试验田中任选一株秧苗 ω,记录下其苗高 $X=X(\omega)$,显然 $X(\omega)$ 随所选的秧苗 ω 的不同而取不同的实数值,故 X 为样本空间 $\Omega=\{\omega:\omega$ 为该试验田秧苗$\}$上的实值函数.

下面引入随机变量的概念.

定义 3.1.1　设 $\Omega=\{\omega\}$ 是随机试验 E 的样本空间,若对样本空间 Ω 中的任意一个样本点 ω,皆存在唯一的实数 $X(\omega)$ 与之对应,称 $X=X(\omega)$ 为**随机变量**,即 $X=X(\omega)$ 是定义在样本空间 Ω 上的单值实值函数. 随机变量通常用 X,Y,Z 等表示,用 x,y,z 等表示实数.

数字资源 3-1　概念解析
随机变量的概念

例 3.1.3　随意抛掷一枚均匀硬币 3 次,样本空间是

$$\Omega=\{HHH,HHT,HTH,THH,HTT,THT,TTH,TTT\}$$

其中,H 表示出现正面,T 表示出现反面. 令 X 表示出现反面的次数,则有

$$X=\begin{cases}0,\text{当}\ \omega=HHH;\\1,\text{当}\ \omega=HHT,HTH,THH;\\2,\text{当}\ \omega=HTT,THT,TTH;\\3,\text{当}\ \omega=TTT.\end{cases}$$

所以 X 是一个随机变量,它的全部可能取值为 $0,1,2,3$.

由随机变量的定义可知,随机事件可以用随机变量的取值或取值范围来表示. 如在例 3.1.3 中,事件 $A=\{HTT,THT,TTH\}$ 中的样本点都对应 X 取值是 2,X 取值是 2 记为 $\{X=2\}$,所以

$$A=\{HTT,THT,TTH\}=\{X=2\}.$$

同理,事件

$$B=\{HHH,HHT,HTH,THH,HTT,THT,TTH\}=\{X\leqslant2\}.$$

随机变量是定义在样本空间上的函数,所以随机变量的取值范围由试验结果确定. 而试验结果的出现是有随机性的,相应的随机变量的取值范围也有随机性. 如在例 3.1.3 中,

$$P(X=2)=P(A)=\frac{3}{8},P(X\leqslant2)=P(B)=\frac{7}{8}.$$

3.1.2　随机变量的分布函数

设 X 是一个随机变量,那么对实数 x,随机事件 $\{X\leqslant x\}$ 的概率 $P(X\leqslant x)$ 随 x 变化而不同,易见 $P(X\leqslant x)$ 是定义在实数集上的一个函数,这个函数可以刻画随机变量 X 取值的随机规律性.

定义 3.1.2　设 X 为一随机变量,称函数

$$F_X(x)=P(X\leqslant x),-\infty<x<+\infty,\tag{3.1.1}$$

为随机变量 X 的**分布函数**. $F_X(x)$ 常常简记为 $F(x)$，即 $F(x)=P(X\leqslant x)$.

从几何角度说，若将 X 看作是数轴上随机点的坐标，则分布函数 $F(x)$ 在 x 处的函数值就表示随机变量 X 落在区间 $(-\infty, x]$ 上的概率.

由 (3.1.1) 式得，对于任意两个实数 $x_1, x_2 (x_1 < x_2)$，有

$$P(x_1 < X \leqslant x_2) = P(X \leqslant x_2) - P(X \leqslant x_1)$$
$$= F(x_2) - F(x_1). \tag{3.1.2}$$

事实上，对于任意两个实数 $x_1, x_2 (x_1 < x_2)$，有

$$\{x_1 < X \leqslant x_2\} = \{X \leqslant x_2\} - \{X \leqslant x_1\},$$

且 $\{X \leqslant x_1\} \subset \{X \leqslant x_2\}$，因此

$$P(x_1 < X \leqslant x_2) = P(\{X \leqslant x_2\} - \{X \leqslant x_1\})$$
$$= P(X \leqslant x_2) - P(X \leqslant x_1) = F(x_2) - F(x_1).$$

因此，若已知 X 的分布函数 $F(x)$，由式 (3.1.2) 就可以确定 X 落在任一区间 $(x_1, x_2]$ 上的概率. 在这个意义上说，分布函数就完整地描述了随机变量的统计规律性.

例 3.1.4 在喷施病毒防治害虫的田间试验中，害虫的病死时间是一随机变量 X. 已知某害虫被喷施病毒后，逐日病死时间 X 的分布函数是

$$F(x) = \begin{cases} 0, & x < 0, \\ 1 - e^{(-x/9)^3}, & x \geqslant 0. \end{cases}$$

求在喷施病毒 6 天后害虫病死的概率和 6 天后但不超过 10 天的害虫死亡概率.

解 喷施病毒 6 天以后害虫病死的概率

$$P(X > 6) = 1 - P(X \leqslant 6) = 1 - F(6) = 1 - (1 - e^{(-6/9)^3}) = e^{(-2/3)^3} = 0.743\,6.$$

喷施病毒 6 天以后但不超过 10 天的害虫死亡概率是

$$P(6 < X \leqslant 10) = P(X \leqslant 10) - P(X \leqslant 6) = F(10) - F(6)$$
$$= (1 - e^{(-10/9)^3}) - (1 - e^{(-6/9)^3}) = e^{(-2/3)^3} - e^{(-10/9)^3} = 0.489\,9.$$

分布函数 $F(x)$ 具有如下性质：

性质 3.1.1 $0 \leqslant F(x) \leqslant 1$，且 $F(-\infty) = \lim\limits_{x \to -\infty} F(x) = 0, F(+\infty) = \lim\limits_{x \to +\infty} F(x) = 1$.

性质 3.1.2 $F(x)$ 单调不减：对 $\forall x_1 < x_2$，则 $F(x_1) \leqslant F(x_2)$.

性质 3.1.3 $F(x)$ 右连续：$\lim\limits_{x \to x_0^+} F(x) = F(x_0)$.

反之，同时满足上述 3 条性质的函数一定是某个随机变量的分布函数.

数字资源 3-2 知识点
详解分布函数性质

例 3.1.5 下列各函数是某随机变量的分布函数是（   ）.

(A) $F(x) = \dfrac{1}{1+x^2}$,   (B) $F(x) = \sin x$,

$$(C)F(x)=\begin{cases}\dfrac{1}{1+x^{2}}, & x<0, \\ 1, & x\geqslant 0.\end{cases} \qquad (D)F(x)=\begin{cases}0, & x<0, \\ 2, & x=0, \\ 1, & x>0.\end{cases}$$

解　答案是(C)，简要分析如下：

(A)不正确，虽然 $0\leqslant F(x)\leqslant 1$，但 $F(x)$ 在 $(0,+\infty)$ 是减函数，且

$$F(+\infty)=\lim_{x\to+\infty}\frac{1}{1+x^{2}}=0\neq 1,$$

故 $F(x)$ 不是分布函数.

(B)不正确，由于 $\sin x$ 可以取负值，故 $F(x)$ 不是分布函数.

(C)正确，由于 $F(x)$ 为单调不减函数，且

$$F(-\infty)=\lim_{x\to-\infty}\frac{1}{1+x^{2}}=0,F(+\infty)=\lim_{x\to+\infty}1=1,$$

$F(x)$ 右连续是显然的，故 $F(x)$ 是某随机变量的分布函数.

(D)不正确，由 $F(0)=2>1$ 知，故 $F(x)$ 不是分布函数.

例 3.1.6　设随机变量 X 的分布函数为

$$F(x)=a+b\arctan x\,(-\infty<x<+\infty),$$

试求：(1)系数 a 与 b；(2)X 落在 $(-1,1]$ 内的概率.

解　(1)由分布函数性质 $F(-\infty)=0,F(+\infty)=1$，可得

$$\begin{cases}a+b\left(-\dfrac{\pi}{2}\right)=0, \\ a+b\left(\dfrac{\pi}{2}\right)=1,\end{cases}$$

解得

$$a=\frac{1}{2},b=\frac{1}{\pi}.$$

于是

$$F(x)=\frac{1}{2}+\frac{1}{\pi}\arctan x\,(-\infty<x<+\infty).$$

(2)由式(3.1.2)知所求概率为：

$$\begin{aligned}P(-1<x\leqslant 1)&=F(1)-F(-1) \\ &=\left[\frac{1}{2}+\frac{1}{\pi}\arctan1\right]-\left[\frac{1}{2}+\frac{1}{\pi}\arctan(-1)\right] \\ &=\frac{1}{2}+\frac{1}{\pi}\cdot\frac{\pi}{4}-\frac{1}{2}-\frac{1}{\pi}\left(-\frac{\pi}{4}\right)=\frac{1}{2}.\end{aligned}$$

3.2　离散型随机变量

在实际应用中，通常遇到的随机变量主要有两类，一类是

数字资源 3-3
本节课件

离散型随机变量,如花药、籽粒等器官的颜色,麦穗的粒数等,另一类是连续型随机变量,如植株高度、谷穗长度和产量等. 本节介绍离散型随机变量.

3.2.1 离散型随机变量及其分布律

定义 3.2.1 若随机变量 X 可能取到的值是有限或可列个,则称随机变量 X 为**离散型随机变量**.

容易看出,要了解一个离散型随机变量 X 的统计规律,只需知道 X 的所有可能取值及取每一个可能值的概率.

定义 3.2.2 设 X 为离散型随机变量,其可能取值为有限个值 $x_1, x_2, \cdots, x_n$ 或可列个值 $x_1, x_2, \cdots, x_n, \cdots$,称

$$P(X = x_k) = p_k, k = 1, 2, \cdots, n. (\text{或} k = 1, 2, \cdots)$$

为离散型随机变量 X 的**概率分布律**或**分布律**. X 的分布律也可用如下表格来表示,即

X	x_1	x_2	$\cdots$
p_k	p_1	p_2	$\cdots$

其中 $p_k (k = 1, 2, \cdots)$ 满足:

1. **非负性**:$p_k \geqslant 0 (k = 1, 2, \cdots)$;

2. **规范性**:$\sum\limits_{k=1}^{n} p_k = 1$ 或 $\sum\limits_{k=1}^{\infty} p_k = 1$.

例 3.2.1 设离散型随机变量 X 的分布律是

$$P(X = k) = C(k^2 + k), k = 1, 2, 3, 4.$$

求:(1)常数 C;(2)$P(0 \leqslant X \leqslant 3)$.

解 (1)由 X 的分布律的非负性和规范性有:$C \geqslant 0$;$\sum\limits_{k=1}^{4} C(k^2 + k) = 1$,

解得 $$40C = 1, C = \frac{1}{40}.$$

(2)由(1)得 X 的分布律为 $P(X = k) = \frac{1}{40}(k^2 + k), k = 1, 2, 3, 4$,于是

$$P(0 \leqslant X \leqslant 3) = P(X = 1) + P(X = 2) + P(X = 3) = \frac{2}{40} + \frac{6}{40} + \frac{12}{40} = \frac{1}{2}.$$

例 3.2.2 设离散型随机变量 X 的分布律是

X	0	1	2
p_k	$\frac{1}{6}$	$\frac{1}{3}$	$\frac{1}{2}$

求:(1)概率 $P\left(\frac{1}{2} < X \leqslant 2\right)$;$P(0 \leqslant X \leqslant 2)$;(2)$X$ 的分布函数 $F(x)$.

解 (1)所求概率分别为

$$P\left(\frac{1}{2}<X\leqslant 2\right)=P(X=1)+P(X=2)=\frac{1}{2}+\frac{1}{3}=\frac{5}{6};$$

$$P(0\leqslant X\leqslant 2)=P(X=0)+P(X=1)+P(X=2)$$

$$=\frac{1}{6}+\frac{1}{3}+\frac{1}{2}=1.$$

(2)因 X 的分布函数为 $F(x)=P(X\leqslant x)$,故

当 $x<0$ 时,$F(x)=P(\varnothing)=0$;

当 $0\leqslant x<1$ 时,$F(x)=P(X=0)=\frac{1}{6}$;

当 $1\leqslant x<2$ 时,$F(x)=P(X=0)+P(X=1)=\frac{1}{6}+\frac{1}{3}=\frac{1}{2}$;

当 $2\leqslant x$ 时,$F(x)=P(X=0)+P(X=1)+P(X=2)$

$$=\frac{1}{6}+\frac{1}{3}+\frac{1}{2}=1.$$

即 X 的分布函数为
$$F(x)=\begin{cases}0,x<0,\\ \dfrac{1}{6},0\leqslant x<1,\\ \dfrac{1}{2},1\leqslant x<2,\\ 1,2\leqslant x.\end{cases}$$

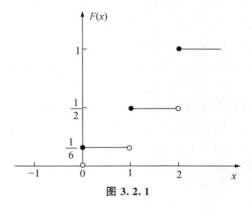

图 3.2.1

$F(x)$ 的图形如图 3.2.1 所示,它是一条阶梯形的曲线,有 3 个跳跃间断点,分别是 $x=0,x=1,x=2$,在各间断点的跳跃度分别为 $\frac{1}{6},\frac{1}{3},\frac{1}{2}$,在这 3 个间断点处 $F(x)$ 都不左连续.

3.2.2　离散型随机变量的分布函数

设离散型随机变量 X 的分布律是

$$P(X=x_k)=p_k,k=1,2,\cdots$$

则 X 的分布函数为

$$F(x)=P(X\leqslant x)=\sum_{k:x_k\leqslant x}P(X=x_k)=\sum_{k:x_k\leqslant x}p_k,-\infty<x<\infty.$$

它是**阶梯函数**,在每个 $x_k(k=1,2,\cdots)$ 处跳跃间断,跳跃度为 $p_k(k=1,2,\cdots)$.

3.2.3　几种常见的离散型随机变量

定义 3.2.3　若随机变量 X 的分布律为

$$P(X=k)=C_n^k p^k q^{n-k},k=0,1,2,\cdots,n.\qquad(3.2.1)$$

其中,$0<p<1,p+q=1$. 则称 X 服从参数为 n,p 的**二项分布**,记为 $X\sim B(n,p)$.

特别地,当 $n=1$ 时,式(3.2.1)即为

$$P(X=k)=p^k q^{1-k}, k=0,1.$$

这正是参数为 p 的 0-1 分布,记为 $X \sim B(1,p)$.

二项分布产生于 n 重伯努利试验,它是一种重要的离散型随机变量的概率分布,有广泛的应用.

例 3.2.3 袋中有 30 只红球、70 只白球,有放回抽取 5 次,求:(1)恰好取出 2 只红球的概率;(2)至少取出 2 只红球的概率.

解 把每取一球看作一次试验,每次试验都是相同的两个可能结果:取出的是红球和白球,且取出的是红球的概率是 0.3. 由于试验是有放回地取球,所以每次试验的结果相互独立. 于是有放回地取 5 球就是 5 重伯努利试验. 设 X 表示"5 次取球中取到的红球个数",则 $X \sim B(5,0.3)$,由式(3.2.1)知所求概率是

(1)$P(X=2)=C_5^2 (0.3)^2 (0.7)^3 = 0.308\ 7$;

(2)$P(X \geqslant 2)=1-P(X=0)-P(X=1)=1-\sum_{k=0}^{1} C_5^k (0.3)^k (0.7)^{5-k}$
$=1-0.168\ 07-0.360\ 15=0.471\ 78.$

例 3.2.4 设一次试验中事件 A 发生的概率 $P(A)=p$,现进行 n 次独立试验,求:(1)事件 A 至少发生一次的概率;(2)事件 A 至多发生一次的概率.

解 以 X 记在 n 独立试验中事件 A 发生的次数,则 $X \sim B(n,p)$,由式(3.2.1)得
(1)$P(X \geqslant 1)=1-P(X=0)=1-(1-p)^n$;
(2)$P(X \leqslant 1)=P(X=0)+P(X=1)=(1-p)^n + np(1-p)^{n-1}.$

例 3.2.5(寿命保险问题) 有 2 500 个同一年龄和同社会阶层的人参加了某保险公司的某种人寿保险. 在一年内每个人死亡的概率为 0.002,每个参加保险的人在 1 月 1 日须付 1 200 元保险费,一旦死亡其家属可从公司获得 200 000 元的赔偿金. 求:(1)保险公司亏本的概率;(2)保险公司获利分别不少于 1 000 000 元、2 000 000 元的概率分别是多少.

解 以 X 表示"这参保的 2 500 个人中在一年内死亡的人数". 我们可以把考察"参加保险的一个人在一年中是否死亡"看成一次伯努利试验. 因为 2 500 个人参加保险,所以 $X \sim B(2\ 500,0.002)$. 根据题意,保险公司此种寿险的年收入为

$$2\ 500 \times 1\ 200 = 3\ 000\ 000(元).$$

(1)当一年中死亡人数不超过 15 个人时,则保险公司不亏本. 于是保险公司亏本的概率是

$$P(X>15)=\sum_{k=16}^{2\ 500} C_{2\ 500}^k (0.002)^k (0.998)^{2\ 500-k}$$

$$=1-\sum_{k=0}^{15} C_{2\ 500}^k (0.002)^k (0.998)^{2\ 500-k}.$$

(2)保险公司获利不少于 1 000 000 元、2 000 000 元,意味着一年中死亡人数不超过 10 人、5 人,于是所求概率分别是

$$P(X \leqslant 10) = \sum_{k=0}^{10} C_{2\,500}^k (0.002)^k (0.998)^{2\,500-k},$$

$$P(X \leqslant 5) = \sum_{k=0}^{5} C_{2\,500}^k (0.002)^k (0.998)^{2\,500-k}.$$

要计算上述两个概率的精确值是比较困难的,下面介绍一种近似的计算方法.

泊松(Poisson)定理 设 $X \sim B(n, p_n)$,又 $np_n = \lambda(\lambda > 0$ 是常数),则对任一固定的非负整数 k,有

$$\lim_{n \to \infty} C_n^k p_n^k (1 - p_n)^{n-k} = \frac{\lambda^k}{k!} e^{-\lambda}.$$

证明 由 $\lambda = np_n$,则 $p_n = \dfrac{\lambda}{n}$,于是有

$$C_n^k p_n^k (1 - p_n)^{n-k} = \frac{n(n-1)(n-2)\cdots(n-k+1)}{k!} \left(\frac{\lambda}{n}\right)^k \left(1 - \frac{\lambda}{n}\right)^{n-k}$$

$$= \frac{\lambda^k}{k!} \left(1 - \frac{1}{n}\right) \left(1 - \frac{2}{n}\right) \cdots \left(1 - \frac{k-1}{n}\right) \left(1 - \frac{\lambda}{n}\right)^{n-k},$$

由于对固定的 k,有

$$\lim_{n \to \infty} \left(1 - \frac{\lambda}{n}\right)^{n-k} = e^{-\lambda},$$

及

$$\lim_{n \to \infty} \left(1 - \frac{1}{n}\right) \left(1 - \frac{2}{n}\right) \cdots \left(1 - \frac{k-1}{n}\right) = 1.$$

因此

$$\lim_{n \to \infty} C_n^k p_n^k (1 - p_n)^{n-k} = \frac{\lambda^k}{k!} e^{-\lambda}.$$

定理的条件 $np_n = \lambda(\lambda > 0$ 是常数)说明当 n 较大 p_n 必然较小. 那么在实际应用中,当 n 较大,p 较小(一般当 $p \leqslant 0.1$ 时),有计算二项分布的概率的近似公式

$$C_n^k p^k (1-p)^{n-k} \approx \frac{\lambda^k}{k!} e^{-\lambda}. \tag{3.2.2}$$

其中,$\dfrac{\lambda^k}{k!} e^{-\lambda}$ 的值有表可查(见书后附表1).

例 3.2.5(续) 由于 $n = 2\,500, p = 0.002$,则 $\lambda = np = 2\,500 \times 0.002 = 5$,由式(3.2.2)得

$$P(X > 15) \approx 1 - \sum_{k=0}^{15} \frac{\lambda^k}{k!} e^{-\lambda} \approx 0.000\,069,$$

$$P(X \leqslant 10) \approx \sum_{k=0}^{10} \frac{\lambda^k}{k!} e^{-\lambda} \approx 0.986\,305,$$

$$P(X \leqslant 5) \approx \sum_{k=0}^{5} \frac{\lambda^k}{k!} e^{-\lambda} \approx 0.615\,961.$$

从上面的结果可以看出,在一年中,保险公司亏本的概率是非常非常小的,而保险公司获利不少于 1 000 000 元和 2 000 000 元的概率分别在 98% 和 61% 以上.

3. 泊松(Poisson)分布

我们注意到
$$\frac{\lambda^k}{k!}e^{-\lambda} > 0(\lambda > 0, k = 0, 1, 2, \cdots)$$

$$\sum_{k=0}^{\infty} \frac{\lambda^k}{k!}e^{-\lambda} = e^{-\lambda} \sum_{k=0}^{\infty} \frac{\lambda^k}{k!} = e^{-\lambda} \cdot e^{\lambda} = 1,$$

所以可将其作为一个离散型随机变量的概率分布律.

数字资源 3-4 知识拓展
二项分布的最可能次数

定义 3.2.4 若随机变量 X 的分布律为

$$P(X = k) = \frac{\lambda^k}{k!}e^{-\lambda}, k = 0, 1, 2, \cdots$$

其中,$\lambda > 0$ 是常数. 则称 X 服从参数为 λ 的**泊松分布**,记为 $X \sim P(\lambda)$.

数字资源 3-5 泊松
(Poisson)小传

例 3.2.6 某批铸件每件的缺陷数服从泊松分布 $P(1.5)$,若规定缺陷数不超过一个为一等品;大于一个不多于 4 个的为二等品;有 5 个及以上缺陷数为次品,求产品为一等品、二等品、次品的概率.

解 以 X 表示每件铸件的缺陷数,则 $X \sim P(1.5)$,所求概率分别为

$$P(\text{产品为一等品}) = P(X \leqslant 1) = e^{-1.5}\left(1 + \frac{1.5}{1}\right) = 0.558;$$

$$P(\text{产品为二等品}) = P(1 < X \leqslant 4) = e^{-1.5}\left(\frac{1.5^2}{2!} + \frac{1.5^3}{3!} + \frac{1.5^4}{4!}\right) = 0.424;$$

$$P(\text{产品为次品}) P(X \geqslant 5) = 1 - P(X \leqslant 4) = 1 - P(X \leqslant 1) - P(1 < X \leqslant 4)$$
$$= 1 - 0.558 - 0.424 = 0.018.$$

例 3.2.7 设随机变量 $X \sim P(\lambda)$,且 $P(X = 1) = P(X = 2)$,求 $P(X = 4)$.

解 因为 $X \sim P(\lambda)$,则

$$P(X = k) = \frac{\lambda^k}{k!}e^{-\lambda}, (\lambda > 0) k = 0, 1, 2, \cdots.$$

由 $P(X = 1) = P(X = 2)$,即
$$\lambda e^{-\lambda} = \frac{\lambda^2}{2!}e^{-\lambda},$$

解得 $\lambda = 2$,从而

$$P(X = 4) = \frac{2^4}{4!}e^{-2} \approx 0.090\ 2.$$

4. 超几何分布

定义 3.2.5 从 N 件产品(其中有 M 件次品)中任意取出 n 件,取出的 n 件产品中的次品数 X 的分布律为

$$P(X=k)=\frac{C_M^k C_{N-M}^{n-k}}{C_N^n},$$

这里 k 取 $[\max(0,M+n-N),\min(M,n)]$ 内的一切整数. 则称 X 服从**超几何分布**,记为 $X\sim H(M,N,n)$.

　　例 3.2.8　设有一批产品共 1 000 件. 假定该批产品的次品率为 1%,若从中任意取出 150 件,求取出的 150 件产品中次品数不多于 2 件的概率.

　　解　设取出的 150 件产品中次品数为 X,由定义 3.2.5 和题意知 X 服从 $N=1\,000$, $M=1\,000\times0.01=10,n=150$ 的超几何分布,即

$$P(X=k)=\frac{C_{10}^k C_{990}^{150-k}}{C_{1\,000}^{150}},k=0,1,2,\cdots10.$$

于是所求概率为

$$P(X\leqslant2)=\sum_{k=0}^{2}\frac{C_{10}^k C_{990}^{150-k}}{C_{1\,000}^{150}}=0.195\,3+0.348\,3+0.277\,4=0.821\,0.$$

　　5. 几何分布
　　例 3.2.9　某射手连续向一目标独立射击,直到命中为止. 已知他每发命中的概率是 0.2,求所需射击次数 X 的概率分布律.

　　解　显然,X 可能取值是 $1,2,\cdots$,且 X 的分布律为

$$P(X=k)=0.8^{k-1}0.2,k=1,2,\cdots.$$

此分布可推广到一般情形.

　　定义 3.2.6　若随机变量 X 的分布律为

$$P(X=k)=q^{k-1}p,k=1,2,\cdots$$

其中,$0<p<1,p+q=1$. 则称 X 服从参数为 p 的**几何分布**,记为 $X\sim G(p)$.

　　在独立重复试验序列中,如果事件 A 在单次试验中发生的概率为 p. 设 X 为事件 A 在独立重复试验中首次发生时的试验的次数,则 $X\sim G(p)$.

数字资源 3-6
本节课件

3.3　连续型随机变量

3.3.1　连续型随机变量的概率密度

　　除了离散型随机变量之外,还存在另一类随机变量,这类随机变量可以取某一个区间上的一切值,如晶体管的寿命、合肥地区冬季的降雪量、上海高空臭氧的含量、某块土地上棉花纤维的长度或农作物产量等.

　　本节介绍这类重要的随机变量——连续型随机变量,定义如下:
　　定义 3.3.1　设 $F(x)$ 是随机变量 X 的分布函数,若存在一个非负可积函数 $f(x)$,使得

对任意实数 x,有

$$F(x) = \int_{-\infty}^{x} f(t)\mathrm{d}t \tag{3.3.1}$$

则称 X 是**连续型随机变量**,称 $f(x)$ 为 X 的**概率密度函数**或**密度函数**,也称**概率密度**.

由定义知连续型随机变量密度函数 $f(x)$ 具有非负性和规范性:

1. **非负性**:$f(x) \geqslant 0, -\infty < x < +\infty$.

2. **规范性**:$\int_{-\infty}^{+\infty} f(x)\mathrm{d}x = 1$.

因为 $F(+\infty) = 1$,由(3.3.1)式得

$$F(+\infty) = \int_{-\infty}^{+\infty} f(x)\mathrm{d}x = 1.$$

规范性的几何意义是:介于曲线 $f(x)$ 与 Ox 轴之间的平面区域的面积等于 1(图 3.3.1).

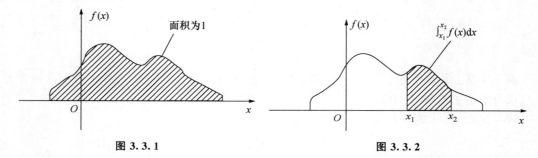

图 3.3.1   图 3.3.2

反之,对于定义在 $(-\infty, +\infty)$ 上的可积函数 $f(x)$,若它满足上述两条性质,则可视其为一个连续型随机变量的概率密度函数.

由定义易证连续型随机变量的概率密度函数还满足(3.3.2)式、(3.3.3)式和(3.3.4)式.

$$P(x_1 < X \leqslant x_2) = F(x_2) - F(x_1) = \int_{x_1}^{x_2} f(x)\mathrm{d}x. \tag{3.3.2}$$

若 $f(x)$ 在点 x 处连续,则

$$F'(x) = f(x). \tag{3.3.3}$$

对任一实数值 x_0,有

$$P(X = x_0) = 0. \tag{3.3.4}$$

数字资源 3-7
公式详解

连续型随机变量取某个确定值的概率为零,这与离散型随机变量截然不同.因此用列举连续型随机变量取某个值的概率来描述随机变量不但做不到,而且也毫无意义.据此,对于连续型随机变量 X,在计算 X 落在某区间的概率时不必区分区间的开闭,即

$$P(x_1 < X \leqslant x_2) = P(x_1 \leqslant X \leqslant x_2) = P(x_1 \leqslant X < x_2)$$
$$= P(x_1 < X < x_2) = \int_{x_1}^{x_2} f(x)\mathrm{d}x.$$

这里事件$\{X=x_0\}$并非一定是不可能事件. 如设X为被测试的灯泡的寿命,若灯泡的寿命都在 1 000 小时以上,则事件$\{X=1\ 100\}$是有可能会发生的,但$P(X=1\ 100)=0$. 由此可见,一个事件的概率等于零,这事件并不一定是不可能事件;同样地,一个事件的概率等于 1,这个事件也不一定是必然事件.

例 3.3.1 当随机变量X的可能值充满区间_____,则$f(x)=\cos x$可以成为随机变量X的概率密度函数.

(A) $\left[0,\dfrac{\pi}{2}\right]$;　　(B) $\left[\dfrac{\pi}{2},\pi\right]$;　　(C) $[0,\pi]$;　　(D) $\left[\dfrac{3}{2}\pi,\dfrac{7}{4}\pi\right]$.

解 由概率密度的非负性知(B),(C)不应入选. 又

$$\int_{-\infty}^{+\infty}f(t)\mathrm{d}t=\int_0^{\frac{\pi}{2}}\cos x\,\mathrm{d}x=\sin x\ \Big|_0^{\frac{\pi}{2}}=1,$$

$$\int_{-\infty}^{+\infty}f(t)\mathrm{d}t=\int_{\frac{3\pi}{2}}^{\frac{7\pi}{4}}\cos x\,\mathrm{d}x=\sin x\ \Big|_{\frac{3\pi}{2}}^{\frac{7\pi}{4}}=1-\frac{\sqrt{2}}{2}.$$

则由概率密度的规范性,可知应选(A).

例 3.3.2 设X是连续型随机变量,其概率密度函数为

$$f(x)=\begin{cases}k(4x-2x^2), & 0<x<2;\\ 0, & \text{其他}.\end{cases}$$

试求:(1)常数k的值;(2)$P(-2<X\leqslant 1)$;$P(X>1)$;(3)X的分布函数$F(x)$.

解 (1) 由$\int_{-\infty}^{+\infty}f(x)\mathrm{d}x=1$, 即

$$1=\int_{-\infty}^{+\infty}f(x)\mathrm{d}x=\int_0^2 k(4x-2x^2)\mathrm{d}x=\frac{8}{3}k,$$

所以 $$k=\frac{3}{8}.$$

(2) $P(-2<X\leqslant 1)=P(0<X\leqslant 1)=\int_0^1 f(x)\mathrm{d}x=\int_0^1\frac{3}{8}(4x-2x^2)\mathrm{d}x=\frac{1}{2}$;

$$P(X>1)=\int_1^{+\infty}f(x)\mathrm{d}x=\int_1^2\frac{3}{8}(4x-2x^2)\mathrm{d}x=\frac{1}{2}.$$

(3) $$F(x)=\int_{-\infty}^x f(t)\mathrm{d}t,\ -\infty<x<+\infty,$$

当$x<0$时, $$F(x)=\int_{-\infty}^x 0\mathrm{d}t=0;$$

当$0\leqslant x<2$时,

$$F(x)=\int_{-\infty}^x f(t)\mathrm{d}t=\int_0^x\frac{3}{8}(4t-2t^2)\mathrm{d}t=\frac{3}{8}\left(2x^2-\frac{2}{3}x^3\right);$$

当$x\geqslant 2$时,

$$F(x) = \int_{-\infty}^{x} f(t)\,\mathrm{d}t = \int_{-\infty}^{0} 0\mathrm{d}t + \int_{0}^{2} \frac{3}{8}(4t - 2t^2)\,\mathrm{d}t + \int_{2}^{x} 0\mathrm{d}t = 1;$$

因此 X 的分布函数为

$$F(x) = \begin{cases} 0, & x < 0; \\ \dfrac{3}{8}\left(2x^2 - \dfrac{2x^3}{3}\right), & 0 \leqslant x < 2; \\ 1, & x \geqslant 2. \end{cases}$$

例 3.3.3 设连续型随机变量 X 的分布函数为

$$F(x) = \begin{cases} 1 - (1 + x)\mathrm{e}^{-x}, & x \geqslant 0; \\ 0, & x < 0. \end{cases}$$

试求：$(1) P(X \geqslant 1)$；$(2) X$ 的密度函数 $f(x)$.

解 (1)由于 X 是连续型随机变量，故

$$P(X \geqslant 1) = P(X > 1) = 1 - P(X \leqslant 1) = 1 - F(1) = 2\mathrm{e}^{-1}.$$

(2)由分布函数与密度函数的关系，有

$$f(x) = F'(x) = \begin{cases} x\mathrm{e}^{-x}, & x \geqslant 0; \\ 0, & x < 0. \end{cases}$$

3.3.2 几种常见的连续型随机变量

下面介绍一些在应用中较为重要的连续型随机变量及其分布.

1. 均匀分布

定义 3.3.2 设 a, b 为实数，$a < b$，若随机变量 X 的概率密度函数为

$$f(x) = \begin{cases} \dfrac{1}{b - a}, & a \leqslant x \leqslant b; \\ 0, & \text{其他}. \end{cases}$$

则称 X 服从区间 $[a, b]$ 上的**均匀分布**，记为 $X \sim U[a, b]$.

显然，$f(x) \geqslant 0$ 且

$$\int_{-\infty}^{+\infty} f(x)\,\mathrm{d}x = \int_{a}^{b} f(x)\,\mathrm{d}x = 1.$$

相应的 X 的分布函数为

$$F(x) = \begin{cases} 0, & x < a; \\ \dfrac{x - a}{b - a}, & a \leqslant x < b; \\ 1, & x \geqslant b. \end{cases}$$

均匀分布含有两个参数 $a, b (a < b)$，当它们完全确定时这个分布就完全确定了. 均匀分布的密度函数与分布函数的图形分别见图 3.3.3 与图 3.3.4.

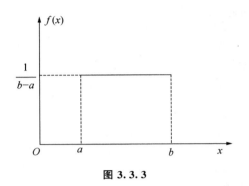

图 3.3.3

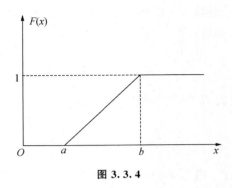

图 3.3.4

在区间$[a,b]$上服从均分布的随机变量 X,具有下述意义的**均匀性**:随机变量 X 落在区间 $[a,b]$内任意等长度的子区间的概率是相等的,或者说它落在子区间内的概率只依赖于子区间的长度而与子区间的位置无关. 事实上,对于任一长度为 l 的子区间$(c,c+l)$,$a \leqslant c < c+l \leqslant b$,有

$$P(c < X < c+l) = \int_c^{c+l} f(x)\,\mathrm{d}x = \int_c^{c+l} \frac{1}{b-a}\,\mathrm{d}x = \frac{l}{b-a}.$$

例如 $X \sim U[-1,4]$,则

$$P(0 \leqslant X \leqslant 3) = P(1 \leqslant X \leqslant 4) = P\left(-\frac{1}{2} \leqslant X \leqslant \frac{5}{2}\right) = P(-2 \leqslant X \leqslant 2) = \frac{3}{5}.$$

例 3.3.4 设 $X \sim U[0,6]$,求关于 t 的方程 $t^2 + 2tX + 5X - 4 = 0$ 有实根的概率.

解 因 $X \sim U[0,6]$,所以 X 的密度函数为

$$f(x) = \begin{cases} \dfrac{1}{6}, & 0 \leqslant x \leqslant 6; \\ 0, & \text{其他}. \end{cases}$$

方程有实根的充要条件是$(2X)^2 - 4(5X-4) \geqslant 0$,整理得

$$(X-1)(X-4) \geqslant 0,$$

即 $X \geqslant 4$ 或 $X \leqslant 1$. 因此,方程有实根的概率为

$$P(X \geqslant 4 \text{ 或 } X \leqslant 1) = P(X \geqslant 4) + P(X \leqslant 1)$$
$$= \int_4^{+\infty} f(x)\,\mathrm{d}x + \int_{-\infty}^1 f(x)\,\mathrm{d}x$$
$$= \int_4^6 \frac{1}{6}\,\mathrm{d}x + \int_0^1 \frac{1}{6}\,\mathrm{d}x = 0.5.$$

2. 指数分布

定义 3.3.3 若随机变量 X 的概率密度函数为

$$f(x) = \begin{cases} \lambda \mathrm{e}^{-\lambda x}, & x > 0; \\ 0, & x \leqslant 0. \end{cases}$$

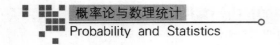
其中,参数 $\lambda > 0$. 则称 X 服从参数为 λ 的**指数分布**,记为 $X \sim E(\lambda)$.

显然,$f(x) \geqslant 0$ 且

$$\int_{-\infty}^{+\infty} f(x)\mathrm{d}x = \int_0^{+\infty} \lambda \mathrm{e}^{-\lambda x}\mathrm{d}x = -\mathrm{e}^{-\lambda x}\Big|_0^{+\infty} = 1.$$

相应的 X 的分布函数为

$$F(x) = \begin{cases} 1-\mathrm{e}^{-\lambda x}, & x \geqslant 0; \\ 0, & x < 0. \end{cases}$$

事实上,由于 $f(x)$ 是分段函数. 若 $x < 0$,则

$$F(x) = \int_{-\infty}^x 0\mathrm{d}t = 0,$$

若 $x \geqslant 0$,则

$$F(x) = \int_{-\infty}^x f(t)\mathrm{d}t = \int_{-\infty}^0 f(t)\mathrm{d}t + \int_0^x f(t)\mathrm{d}t$$

$$= \int_{-\infty}^0 0\mathrm{d}t + \int_0^x \lambda \mathrm{e}^{-\lambda t}\mathrm{d}t = 1-\mathrm{e}^{-\lambda x}.$$

所以 X 的分布函数为

$$F(x) = \begin{cases} 1-\mathrm{e}^{-\lambda x}, & x \geqslant 0; \\ 0, & x < 0. \end{cases}$$

指数分布密度函数 $f(x)$ 与分布函数 $F(x)$ 的图形见图 3.3.5 与图 3.3.6.

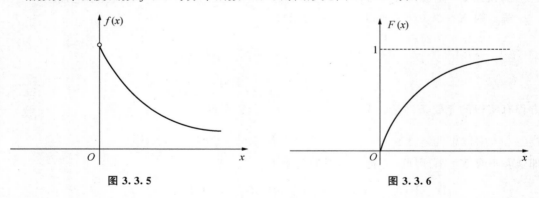

图 3.3.5　　　　　　　　　　　　　图 3.3.6

指数分布 $E(\lambda)$ 早在电话系统和寿命试验中得到了应用,尤其常用它来作为各种"寿命"分布的近似. 例如无线电元件的寿命,动物的寿命,电话系统中的通话时间,随机服务系统中的服务时间等都常假定服从指数分布.

例 3.3.5　设随机变量 $X \sim E(\lambda)$,且 $P(X \leqslant 1) = \dfrac{1}{2}$,求参数 λ.

解　已知 $X \sim E(\lambda)$,其分布函数为

$$F(x) = \begin{cases} 1-\mathrm{e}^{-\lambda x}, & x \geqslant 0; \\ 0, & x < 0. \end{cases}$$

由
$$P(X \leqslant 1) = F(1) = 1 - \mathrm{e}^{-\lambda} = \frac{1}{2},$$

解得
$$\lambda = \ln 2.$$

例 3.3.6　设顾客在某银行窗口等待服务的时间 X（单位：分钟）服从参数为 $\dfrac{1}{5}$ 的指数分布,若等待时间超过 10 分钟,则他就离开.设他在一个月要来银行 5 次,以 Y 表示一个月内他没有等到服务而离开窗口的次数,求 Y 的分布律及至少有一次没有等到服务的概率 $P(Y \geqslant 1)$.

解　X 服从参数为 $\dfrac{1}{5}$ 的指数分布,其密度函数为

$$f(x) = \begin{cases} \dfrac{1}{5}\mathrm{e}^{-\frac{x}{5}}, & x \geqslant 0; \\ 0, & x < 0. \end{cases}$$

易见,事件"没有等到服务而离开窗口"等价于 $\{X > 10\}$,故

$$p = P(X > 10) = \int_{10}^{+\infty} f(x)\,\mathrm{d}x = \int_{10}^{+\infty} \frac{1}{5}\mathrm{e}^{-\frac{x}{5}}\,\mathrm{d}x = -\mathrm{e}^{-\frac{x}{5}} \Big|_{10}^{+\infty} = \mathrm{e}^{-2}.$$

由题意知 $Y \sim B(5, \mathrm{e}^{-2})$,$Y$ 的分布律为

$$P(Y = k) = C_5^k (\mathrm{e}^{-2})^k (1 - \mathrm{e}^{-2})^{5-k}, k = 0, 1, 2, \cdots, 5.$$

于是
$$P(Y \geqslant 1) = 1 - P(X = 0) = 1 - (1 - \mathrm{e}^{-2})^5 \approx 0.516\ 7.$$

3. 正态分布

正态分布在概率论中起着非常重要的作用,在各种分布中,它居于首要地位.我们在实际中常常遇到的一些随机变量,它们的分布均近似于正态分布.例如,在生产条件不变的前提下,许多产品的度量（如砖的抗压

数字资源 3-8　指数分布的无记忆性

强度,细纱的强力,加工零件的尺寸,钢的含碳量等）,都服从或近似地服从正态分布.再如,热力学中理想气体分子的速度分量,物理学中测量同一物体的测量误差,生物学中同一种生物机体的某一量度（如身长、体重）,某一地区一年中的降水量,射击目标的水平或垂直偏差等,都服从或近似地服从正态分布.

定义 3.3.4　若随机变量 X 的概率密度为

$$f(x) = \frac{1}{\sqrt{2\pi}\,\sigma} \mathrm{e}^{-\frac{(x-\mu)^2}{2\sigma^2}}, \quad -\infty < x < +\infty. \tag{3.3.5}$$

其中,σ 和 μ 都是参数,$\sigma > 0$,μ 可取任意实数.则称 X 服从参数为 μ、σ^2 的**正态分布**,记为 $X \sim N(\mu, \sigma^2)$.正态分布也称**常态分布**或**高斯(Gauss)分布**.

显然,$f(x) > 0$,且可以验证 $\displaystyle\int_{-\infty}^{+\infty} f(x)\,\mathrm{d}x = 1$.

数字资源 3-9　高斯小传

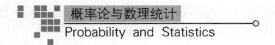

数字资源 3-10 验证正态分布

规范性 $\int_{-\infty}^{+\infty} f(x)\mathrm{d}x = 1$

设 $X \sim N(\mu, \sigma^2)$，X 的分布函数为

$$F(x) = \frac{1}{\sqrt{2\pi}\,\sigma} \int_{-\infty}^{x} \mathrm{e}^{-\frac{(t-\mu)^2}{2\sigma^2}} \mathrm{d}t,$$
$$-\infty < x < +\infty. \qquad (3.3.6)$$

特别当 $\mu = 0$，$\sigma = 1$ 时，则称 X 服从**标准正态分布**，记为 $X \sim N(0,1)$，标准正态分布的概率密度和分布函数分别记为 $\varphi(x)$ 和 $\Phi(x)$，并有

$$\varphi(x) = \frac{1}{\sqrt{2\pi}} \mathrm{e}^{-\frac{x^2}{2}}, \quad -\infty < x < +\infty, \qquad (3.3.7)$$

$$\Phi(x) = \frac{1}{\sqrt{2\pi}} \int_{-\infty}^{x} \mathrm{e}^{-\frac{t^2}{2}} \mathrm{d}t, \quad -\infty < x < +\infty. \qquad (3.3.8)$$

函数 $\varphi(x)$ 和 $\Phi(x)$ 的图形如图 3.3.7 与图 3.3.8 所示.

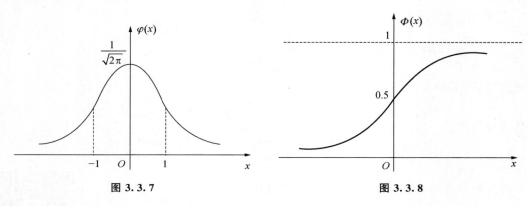

图 3.3.7   图 3.3.8

标准正态分布的概率密度 $\varphi(x)$ 和分布函数 $\Phi(x)$ 具有下列性质：

性质 3.3.1 $\varphi(x)$ 的关于 y 轴对称，且在点 $x=0$ 处取最大值 $\varphi(0) = 1/\sqrt{2\pi}$.

性质 3.3.2 $\Phi(0) = 0.5$，$\Phi(-x) = 1 - \Phi(x)$.

证明 事实上 $\Phi(-x) = \int_{-\infty}^{-x} \varphi(t)\mathrm{d}t = \int_{-\infty}^{-x} \frac{1}{\sqrt{2\pi}} \mathrm{e}^{-\frac{t^2}{2}} \mathrm{d}t,$

令 $t = -u$，则

$$\Phi(-x) = \int_{-\infty}^{-x} \frac{1}{\sqrt{2\pi}} \mathrm{e}^{-\frac{t^2}{2}} \mathrm{d}t = \int_{x}^{+\infty} \frac{1}{\sqrt{2\pi}} \mathrm{e}^{-\frac{u^2}{2}} \mathrm{d}u$$

$$= \int_{-\infty}^{+\infty} \frac{1}{\sqrt{2\pi}} \mathrm{e}^{-\frac{u^2}{2}} \mathrm{d}u - \int_{-\infty}^{x} \frac{1}{\sqrt{2\pi}} \mathrm{e}^{-\frac{u^2}{2}} \mathrm{d}u$$

$$= 1 - \Phi(x).$$

在微积分中已指出，$\varphi(x)$ 的原函数不能用初等函数表示，那么 $\Phi(x)$ 的函数值就不能用牛顿-莱布尼兹公式计算. 为使用方便，人们已借助微积分的知识（如级数等）将 $\Phi(x)$ 的近似值编制成表（见附表 2），可供查用.

例如,设 $X \sim N(0,1)$,查附表 2 可得

$$P(X \leqslant 1.24) = \Phi(1.24) = 0.892\ 5;$$
$$P(-1.5 < X \leqslant 1.64) = \Phi(1.64) - \Phi(-1.5)$$
$$= \Phi(1.64) - (1 - \Phi(1.5))$$
$$= 0.949\ 5 + 0.933\ 2 - 1 = 0.882\ 7.$$

正态分布 $N(\mu, \sigma^2)$ 的密度函数 $f(x)$ 及分布函数 $F(x)$ 的图形分别如图 3.3.9 和图 3.3.10 所示.

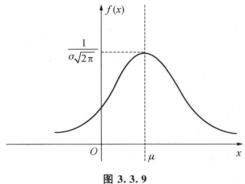

图 3.3.9

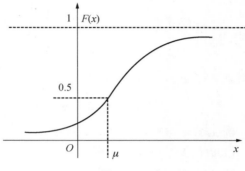

图 3.3.10

正态分布 $N(\mu, \sigma^2)$ 的密度函数 $f(x)$ 及分布函数 $F(x)$ 具有下列基本性质:

性质 3.3.3 $f(x)$ 关于 $x = \mu$ 对称,且在 $x = \mu$ 处取得最大值 $f(\mu) = \dfrac{1}{\sigma\sqrt{2\pi}}$.

性质 3.3.4 $F(\mu) = 0.5$,$F(\mu - x) = 1 - F(\mu + x)$.

性质 3.3.5 对任何 $h > 0$,有 $P(\mu - h < X \leqslant \mu) = P(\mu < X \leqslant \mu + h)$,如图 3.3.11 所示.

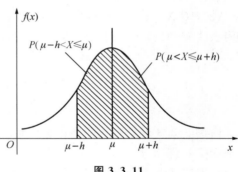

图 3.3.11

性质 3.3.6 $X \sim N(\mu, \sigma^2)$,则

$$F(x) = \Phi\left(\frac{x - \mu}{\sigma}\right);$$

$$P(x_1 < X \leqslant x_2) = \Phi\left(\frac{x_2 - \mu}{\sigma}\right) - \Phi\left(\frac{x_1 - \mu}{\sigma}\right). \qquad (3.3.9)$$

由于 $X \sim N(\mu, \sigma^2)$,则

$$F(x) = \frac{1}{\sqrt{2\pi}\,\sigma} \int_{-\infty}^{x} e^{-\frac{(t-\mu)^2}{2\sigma^2}} \, dt,$$

令 $y = \dfrac{t - \mu}{\sigma}$,则得

$$F(x) = \frac{1}{\sqrt{2\pi}} \int_{-\infty}^{\frac{x-\mu}{\sigma}} e^{-\frac{y^2}{2}} dy = \Phi\left(\frac{x-\mu}{\sigma}\right),$$

进而有

$$P(x_1 < X \leqslant x_2) = F(x_2) - F(x_1) = \Phi\left(\frac{x_2-\mu}{\sigma}\right) - \Phi\left(\frac{x_1-\mu}{\sigma}\right).$$

例 3.3.7 设 $X \sim N(1,4)$,求 $P(0 < X \leqslant 1.6)$.

解 由(3.3.9)式得

$$P(0 < X \leqslant 1.6) = \Phi\left(\frac{1.6-1}{2}\right) - \Phi\left(\frac{0-1}{2}\right) = \Phi(0.3) - \Phi(-0.5)$$

$$= \Phi(0.3) - (1 - \Phi(0.5)),$$

查附表 2 有 $\Phi(0.3) = 0.617\,9, \Phi(0.5) = 0.691\,5$ 代入上式得

$$P(0 < X \leqslant 1.6) = 0.617\,9 - (1 - 0.691\,5) = 0.309\,4.$$

例 3.3.8 设 $X \sim N(\mu, \sigma^2)$,求:

(1) $P(|X-\mu| < \sigma)$;(2) $P(|X-\mu| < 2\sigma)$;(3) $P(|X-\mu| < 3\sigma)$.

解 (1) $P(|X-\mu| < \sigma) = P(\mu-\sigma < X < \mu+\sigma) = \Phi(1) - \Phi(-1) = 2\Phi(1) - 1$;

(2) $P(|X-\mu| < 2\sigma) = P(\mu-2\sigma < X < \mu+2\sigma) = \Phi(2) - \Phi(-2) = 2\Phi(2) - 1$;

(3) $P(|X-\mu| < 3\sigma) = P(\mu-3\sigma < X < \mu+3\sigma) = \Phi(3) - \Phi(-3) = 2\Phi(3) - 1$.

查附表 3 有 $\Phi(1) = 0.841\,3, \Phi(2) = 0.977\,2, \Phi(3) = 0.998\,7$ 代入上述几式得

$$P(|X-\mu| < \sigma) = 0.682\,7;$$

$$P(|X-\mu| < 2\sigma) = 0.954\,5;$$

$$P(|X-\mu| < 3\sigma) = 0.997\,4.$$

由例 3.3.8 可见服从标准正态分布的随机变量 X 落在区间 $(\mu-3\sigma, \mu+3\sigma)$ 内的概率高达 $0.997\,4$,即 X 几乎必然落在区间 $(\mu-3\sigma, \mu+3\sigma)$ 内. 这个性质在标准制定和质量管理等方面有着广泛的应用,通常称为"**3σ 原则**".

例 3.3.9 设 $X \sim N(3, \sigma^2)$,且 $P(3 < X < 6) = 0.4$,求概率 $P(X < 0)$.

解 (方法一)因为 $X \sim N(3, \sigma^2)$,X 的密度函数关于 $\mu=3$ 对称,故有

$$P(0 < X < 3) = P(3 < X < 6) \text{ 及 } P(X < 0) = P(X > 6),$$

又 $\quad P(X < 0) + P(0 < X < 3) + P(3 < X < 6) + P(X > 6) = 1,$

由题设 $\quad P(0 < X-3 < 3) = P(3 < X < 6) = 0.4,$

得 $\quad 0.8 + 2P(X < 0) = 1,$

从而有 $\quad P(X < 0) = 0.1.$

(方法二)因为 $X \sim N(3, \sigma^2)$,

$$0.4 = P(3 < X < 6) = \Phi\left(\frac{6-3}{\sigma}\right) - \Phi\left(\frac{3-3}{\sigma}\right),$$

$$= \Phi\left(\frac{3}{\sigma}\right) - \Phi(0) = \Phi\left(\frac{3}{\sigma}\right) - 0.5.$$

解得 $\Phi\left(\dfrac{3}{\sigma}\right) = 0.9$,于是

$$P(X < 0) = \Phi\left(\frac{0-3}{\sigma}\right) = \Phi\left(-\frac{3}{\sigma}\right) = 1 - \Phi\left(\frac{3}{\sigma}\right) = 0.1.$$

一般正态分布 $N(\mu, \sigma^2)$ 的密度函数 $f(x)$ 可自标准正态分布的密度函数 $\varphi(x)$ 经坐标平移得到(图 3.3.12);当参数 μ 固定而 σ 变小时,$f(x)$ 的图形变得愈陡峭,因而在区间 $(\mu - h, \mu + h)$ 中曲线下的面积愈大,这说明 X 的分布愈来愈集中在点 μ 的附近,如图 3.3.13 所示.因此,正态分布 $N(\mu, \sigma^2)$ 中的参数 μ, σ 有着鲜明的概率意义.

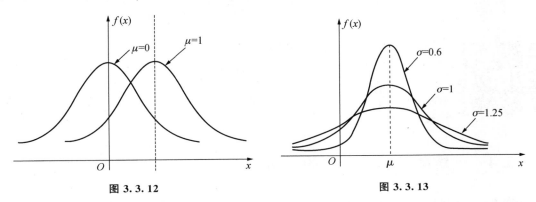

图 3.3.12   图 3.3.13

例 3.3.10 从大气层臭氧的含量可知某一地区空气污染的程度,从统计资料发现,臭氧含量 X 服从正态分布.今从某城市统计数据知道,$X \sim N(5.15, 1.816^2)$,求臭氧含量落在区间 $(3, 6)$ 中的概率.

解 由假设知 $\mu = 5.15, \sigma = 1.816$,所求概率为

$$
\begin{aligned}
P(3 < X < 6) &= \Phi\left(\frac{6 - 5.15}{1.816}\right) - \Phi\left(\frac{3 - 5.15}{1.816}\right) \\
&= \Phi(0.47) - \Phi(-1.18) \\
&= 0.6808 - (1 - 0.8810) = 0.5618.
\end{aligned}
$$

由正态分布的"3σ 原则"可知,臭氧含量落在区间 $(\mu - \sigma, \mu + \sigma) = (3.33, 6.97)$ 内的概率为 68.3%,臭氧含量落在区间 $(\mu - 2\sigma, \mu + 2\sigma) = (1.51, 8.79)$ 内的概率为 95.4%,臭氧含量落在区间 $(\mu - 3\sigma, \mu + 3\sigma) = (-0.31, 10.61)$ 内的概率为 99.7%.由于臭氧含量不可能是负值,故可认为它落在 $(0, 10.61)$ 的概率为 99.7%,这些结论对实际工作有一定的意义.

例 3.3.11 电源电压在不超过 200 V、$200 \sim 240 \text{ V}$ 和超过 240 V 这 3 种情况下,元件损坏的概率分别为 0.1、0.001、0.2.设电源电压 $X \sim N(220, 25^2)$,

求:(1)元件损坏的概率 α;(2)元件损坏时,电压在 $200 \sim 240 \text{ V}$ 间的概率 β.

解 因为 $X \sim N(220, 25^2)$,所以

$$P(X \leqslant 200) = \Phi\left(\frac{200-220}{25}\right) = \Phi(-0.8) = 1 - \Phi(0.8) = 0.211\,9,$$

$$P(200 < X \leqslant 240) = \Phi\left(\frac{240-220}{25}\right) - \Phi\left(\frac{200-220}{25}\right)$$

$$= \Phi(0.8) - \Phi(-0.8) = 2\Phi(0.8) - 1 = 0.576\,2,$$

$$P(X > 240) = 1 - P(X \leqslant 240) = 1 - \Phi\left(\frac{240-220}{25}\right)$$

$$= 1 - \Phi(0.8) = 0.211\,9.$$

(1) 记 $A = \{X \leqslant 200\}$，$B = \{200 < X \leqslant 240\}$，$C = \{X > 240\}$，$D = \{$元件损坏$\}$，其中事件 A，B，C 构成一完备事件组。由全概率公式得

$$\alpha = P(D) = P(A)P(D \mid A) + P(B)P(D \mid B) + P(C)P(D \mid C)$$

$$= 0.211\,9 \times 0.1 + 0.576\,2 \times 0.001 + 0.211\,9 \times 0.2 = 0.064\,1.$$

数字资源 3-11
本节课件

（2）由贝叶斯公式得

$$\beta = P(C \mid D) = \frac{P(C)P(D \mid C)}{\alpha}$$

$$= \frac{0.576\,2 \times 0.001}{0.064\,1} \approx 0.009.$$

3.4　一维随机变量函数的分布

在许多实际问题中，我们除了对某一随机变量的概率分布进行研究以外，往往还要研究某些与该随机变量有着函数关系的变量。

定义 3.4.1　设 X 是一随机变量，$g(x)$ 为已知连续实函数，则称 $Y = g(X)$ 为随机变量 X 的函数。

显然 Y 也是一个随机变量。由于 X 与 Y 之间的关系是确定的，这就意味着当 X 取定某一数值时，Y 的取值将由函数关系 $g(X)$ 唯一确定。正因为如此，Y 的随机性完全由 X 的随机性所决定，因此 Y 的概率分布原则上由 X 的分布所确定。本节将讨论当 X 的分布已知时，确定随机变量函数 $Y = g(X)$ 的概率分布的方法。

3.4.1　离散型随机变量函数的分布

离散型随机变量的函数也是离散型随机变量，下面通过几个例子说明求离散型随机变量函数的分布律方法。

例 3.4.1　设离散型随机变量 X 的分布律为

x_k	0	1	2	3
$P(X = x_k)$	0.4	0.3	0.2	0.1

求 $Y = 2X + 1$ 和 $Z = (X-1)^2$ 的分布律。

解 $Y=2X+1$ 的可能取值为 $1,3,5,7$,则

$$P(Y=1)=P(2X+1=1)=P(X=0)=0.4;$$
$$P(Y=3)=P(2X+1=3)=P(X=1)=0.3;$$
$$P(Y=5)=P(2X+1=5)=P(X=2)=0.2;$$
$$P(Y=7)=P(2X+1=7)=P(X=3)=0.1.$$

故 Y 分布律为

y_k	1	3	5	7
$P(Y=y_k)$	0.4	0.3	0.2	0.1

同理,$Z=(X-1)^2$ 的可能取值有 $0,1,4$,相应的概率值为

$$P(Z=0)=P((X-1)^2=0)=P(X=1)=0.3;$$
$$P(Z=1)=P((X-1)^2=1)=P(X=0)+P(X=2)=0.6;$$
$$P(Z=4)=P((X-1)^2=4)=P(X=3)=0.1.$$

因此 Z 的概率分布律为

z_k	0	1	4
$P(Z=z_k)$	0.3	0.6	0.1

一般地,设离散型随机变量 X 的分布律为

$$P(X=x_k)=p_k,k=1,2,\cdots$$

在计算离散型随机变量 $Y=g(X)$ 时,如果 $y_j(j=1,2,\cdots)$ 为 $Y=g(X)$ 所有可能取值,则 Y 的分布律为

$$P(Y=y_j)=\sum_{g(x_k)=y_j}p_k,j=1,2,\cdots$$

特别地,如果 $y_k=g(x_k)(k=1,2,\cdots)$ 的值各不相等,则 Y 的概率分布为

$$P(Y=y_k)=P(X=x_k)=p_k,k=1,2,\cdots.$$

3.4.2   连续型随机变量函数的分布

一般来说,连续型随机变量 X 的函数 $Y=g(X)$ 不一定都是连续型随机变量,但这里我们只讨论 $Y=g(X)$ 还是连续型随机变量的情形.先来看一个例子.

例 3.4.2   随机变量 $X\sim N(\mu,\sigma^2)$,求 $Y=e^X$ 的密度函数.

解   因 $X\sim N(\mu,\sigma^2)$,X 的密度函数是

$$f_X(x)=\frac{1}{\sqrt{2\pi}\sigma}e^{\frac{-(x-\mu)^2}{2\sigma^2}},-\infty<x<+\infty.$$

由 X 的取值为 $(-\infty,+\infty)$,知 $Y=e^X$ 的取值为 $(0,+\infty)$. 记 Y 的分布函数为 $F_Y(y)$,则当 $y>0$ 时,

$$F_Y(y) = P(Y \leqslant y) = P(e^X \leqslant y) = P(X \leqslant \ln y) = \int_{-\infty}^{\ln y} f_X(x) \mathrm{d}x,$$

当 $y \leqslant 0$ 时，$\qquad\qquad F_Y(y) = P(Y \leqslant y) = 0,$

所以 Y 的密度函数为

$$f_Y(y) = F'_Y(y) = \begin{cases} f_X(\ln y)(\ln y)', & y > 0 \\ 0, & y \leqslant 0 \end{cases} = \begin{cases} \dfrac{1}{\sqrt{2\pi}\sigma y} e^{\frac{-(\ln y - \mu)^2}{2\sigma^2}}, & y > 0; \\ 0, & y \leqslant 0. \end{cases}$$

通常称上述 Y 服从**对数正态分布**，这也是一种常见的寿命分布．

由上例可看出，已知 X 的概率密度，求其函数 $Y = g(X)$ 的密度函数的一般方法是：先求 Y 的分布函数 $F_Y(y) = P(Y \leqslant y) = P(g(X) \leqslant y)$，再根据 $f_Y(y) = F'_Y(y)$ 求出 Y 的密度函数．这种方法称为**分布函数法**．

当函数 $y = g(x)$ 是严格单调可微函数时，有下列结论成立．

定理 3.4.1 设连续型随机变量 X 的概率密度为 $f_X(x)$，函数 $y = g(x)$ 严格单调可微，则 $Y = g(X)$ 是一个连续型随机变量，其密度函数为

$$f_Y(y) = \begin{cases} f[h(y)] |h'(y)|, & \alpha < y < \beta; \\ 0, & \text{其他．} \end{cases} \tag{3.4.1}$$

其中，$h(y)$ 是 $g(x)$ 的反函数，$\alpha = \min\{g(-\infty), g(+\infty)\}, \beta = \max\{g(-\infty), g(+\infty)\}$．

若 $f_X(x)$ 在有限区间 $[a, b]$ 以外均为 0，则只需设 $g(x)$ 在 $[a, b]$ 上严格单调即可，此时 $\alpha = \min\{g(a), g(b)\}, \beta = \max\{g(a), g(b)\}$．

数字资源 3-12 定理
3.4.1 的证明

例 3.4.3 设随机变量 X 的密度函数为

$$f_X(x) = \begin{cases} \dfrac{x}{8}, & 0 < x < 4; \\ 0, & \text{其他．} \end{cases}$$

求随机变量 $Y = 2X + 8$ 的密度函数．

解 显然函数 $y = 2x + 8$ 单调、可微，且

$$x = h(y) = \frac{y-8}{2}, h'(y) = \frac{1}{2},$$

由 (3.4.1) 式得随机变量 $Y = 2X + 8$ 的密度函数是

$$f_Y(y) = f_X(h(y)) |h'(y)| = \begin{cases} \dfrac{1}{8} \cdot \dfrac{y-8}{2} \cdot \dfrac{1}{2}, & 0 < \dfrac{y-8}{2} < 4; \\ 0, & \text{其他．} \end{cases}$$

$$= \begin{cases} \dfrac{y-8}{32}, & 8 < y < 16; \\ 0, & \text{其他．} \end{cases}$$

例 3.4.4 设 $X \sim N(\mu, \sigma^2)$，求随机变量 $Y = aX + b (a, b$ 均为常数，且 $a \neq 0)$ 的概率

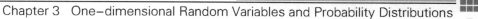
密度.

　　解　已知 $X \sim N(\mu, \sigma^2)$，X 的概率密度函数为

$$f_X(x) = \frac{1}{\sqrt{2\pi}\sigma} e^{-\frac{(x-\mu)^2}{2\sigma^2}}, \quad -\infty < x < +\infty,$$

显然函数 $y = g(x) = ax + b$ 满足定理 3.4.1 条件，故由 (3.4.1) 式得随机变量 $Y = aX + b$ 的密度函数为

$$f_Y(y) = \frac{1}{\sqrt{2\pi}\sigma} e^{-\frac{(\frac{y-b}{a}-\mu)^2}{2\sigma^2}} \cdot \left| \frac{1}{a} \right| = \frac{1}{\sqrt{2\pi}\sigma|a|} e^{-\frac{[y-(a\mu+b)]^2}{2a^2\sigma^2}}, \quad -\infty < y < +\infty.$$

即

$$Y = aX + b \sim N(a\mu + b, a^2\sigma^2).$$

　　本例告诉我们一个重要的结论：正态分布的线性函数还是正态分布.

　　特别地，设 $X \sim N(\mu, \sigma^2)$，则

$$Y = \frac{X - \mu}{\sigma} \sim N(0, 1).$$

如 $X \sim N(3, 2^2)$，则

$$\frac{X - 3}{2} \sim N(0, 1).$$

　　最后，我们应该注意到，连续型随机变量的函数 $Y = g(X)$ 不一定是连续型的. 如果它是离散型的，则应根据分布律的定义来计算 Y 的概率分布.

数字资源 3-13　随机变量
其他函数分布

　　例 3.4.5　设加工零件尺寸的误差 $X \sim N(0, \sigma^2)$，有时正误差和负误差所产生的后果不同. 若用 Y 表示由误差所引起的损失，为简单计，可设

$$Y = \begin{cases} a, & \text{若 } X \geqslant 0; \\ b, & \text{若 } X < 0. \end{cases}$$

这里 $a \neq b$. Y 是离散型随机变量，且

$$P(Y = a) = P(X \geqslant 0) = 1 - \Phi(0) = 0.5,$$
$$P(Y = b) = P(X < 0) = \Phi(0) = 0.5.$$

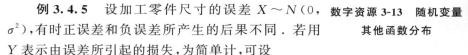

数字资源 3-14
本节课件

所以 Y 是服从两点分布. 这里的 Φ 表示标准正态分布的分布函数.

□ 第 3 章习题

1. 一个半径为 2 米的圆形靶子，设击中靶上任一个同心圆盘的概率与圆盘的面积成正比，并

设射击都能中靶,如果以 X 表示弹着点与圆心的距离,试求随机变量 X 的分布函数.

2. 同时掷甲、乙两颗骰子,设 X 表示两颗骰子点数之和,试求 X 的概率分布律.

3. 设某批电子元件的正品率为 $\dfrac{4}{5}$,现对这批元件进行测试,只要测得一个正品就停止测试工作,求测试次数 X 的分布律.

4. 设一盒中有 5 个纪念章,编号为 $1,2,3,4,5$,在其中等可能地任取 3 个,用 X 表示取出的 3 个纪念章上的最大号码,求随机变量 X 的分布律及分布函数.

5. 甲城长途电话局有一台电话总机,其中有 5 个分机专供与乙城通话,设每个分机在 1 小时内平均占线 20 分钟,并且各分机是否占线相互独立,问甲、乙两城应设置几条线路才能使每个分机与乙城通话时的畅通率不小于 0.95?

6. 设随机变量 $X \sim B(2,p)$,随机变量 $Y \sim B(3,p)$,若 $P(X \geqslant 1) = \dfrac{5}{9}$,求 $P(Y \geqslant 1)$.

7. 袋中有 12 个乒乓球,其中有 2 个旧球.
   (1)有放回地抽取,每次任取 1 个,直到取得旧球为止,求抽取次数 X_1 的分布;
   (2)无放回地抽取,每次任取 1 个,直到取得旧球为止,求抽取次数 X_2 的分布;
   (3)有放回地抽取,每次任取 1 个,最多取 4 次,取得旧球为止,求抽取次数 X_3 的分布;
   (4)无放回地抽取,每次任取 1 个,最多取 4 次,取得旧球为止,求抽取次数 X_4 的分布.

8. 设连续型随机变量 X 的分布函数为

$$F(x) = a + \frac{b\,\mathrm{e}^x}{1+\mathrm{e}^x}, \quad -\infty < x < +\infty,$$

试求:(1)常数 a 与 b;(2)X 落在 $(-1,1)$ 内的概率;
(3)X 的概率密度函数 $f(x)$.

9. 若随机变量 $X \sim N(\mu,\sigma^2)$,且关于 t 的方程 $t^2 + 4t + X = 0$ 无实根的概率为 $\dfrac{1}{2}$,求参数 μ.

10. 设随机变量 X 的密度函数为

$$f(x) = \begin{cases} x, & 0 \leqslant x < 1; \\ 2-x, & 1 \leqslant x < 2; \\ 0, & \text{其他}. \end{cases}$$

试求:(1)$P(X \leqslant 1)$;(2)$P\left(-\dfrac{1}{2} < X \leqslant \dfrac{1}{2}\right)$;(3)$P\left(\dfrac{1}{2} < X \leqslant \dfrac{3}{2}\right)$;(4)$P\left(X > \dfrac{3}{2}\right)$.

11. 设随机变量 X 的密度函数为

$$f(x) = k\,\mathrm{e}^{-|x|}, \quad -\infty < x < +\infty,$$

试求:(1)常数 k;(2)$P(0 < X < 1)$;(3)X 的分布函数 $F(x)$.

12. 设随机变量 $X \sim U[2,5]$,现对 X 进行 3 次独立观测,试求至少有 2 次观测值大于 3 的概率.

13. 某种晶体管寿命服从参数为 $\dfrac{1}{1\,000}$ 的指数分布(单位:小时). 电子仪器装有这种晶体管 5

个,并且每个晶体管损坏与否相互独立. 试求此仪器在 1 000 小时内恰好有 2 个晶体管损坏的概率.

14. 已知随机变量 $X \sim N(0.8, 0.003^2)$,试求:

(1)$P(X \leqslant 0.803\ 6)$;(2)$P(|X-0.8|<0.006)$;(3)满足 $P(X \leqslant c) \leqslant 0.95$ 的 c.

15. 某校大一学生的数学成绩近似服从正态分布 $N(75, 10^2)$,如果 85 分以上为优秀,问数学成绩优秀的学生占该年级学生总数的百分之几?

16. 某厂生产的某种电子元件的寿命 X(小时)服从正态分布 $N(1\ 600, \sigma^2)$,如果要求元件的寿命在 1 200 小时以上的概率不小于 0.96,试求常数 σ 的值.

17. 设随机变量 X 的分布律为

X	-2	-1	0	1	2	3
P	$\dfrac{1}{6}$	$\dfrac{1}{12}$	$\dfrac{1}{3}$	$\dfrac{1}{6}$	$\dfrac{1}{12}$	$\dfrac{1}{6}$

试求随机变量 $Y=2X-1$ 和 $Z=X^2+1$ 的分布律.

18. 设随机变量 $X \sim U[0,1]$,试求随机变量 $Y=\mathrm{e}^X$ 的概率密度函数.

19. 设随机变量 X 的概率密度函数为

$$f(x)=\begin{cases} \dfrac{\mathrm{e}}{a(x+1)}, & 0<x<\mathrm{e}-1; \\ 0, & \text{其他}. \end{cases}$$

试求:(1)a 的值;(2)随机变量 $Y=2X+3$ 的概率密度函数.

数字资源 3-15　拓展练习

第 4 章
多维随机变量及其分布
Multivariate Random Variables and Their Distributions

在许多实际问题中,随机试验的结果往往需要用两个或更多的随机变量才能描述.例如,射击试验中的弹着点必须由其横坐标 X 及纵坐标 Y 所组成的二维数组(X,Y)来描述.又如,在炼钢厂中任意抽检一炉钢的质量,就必须了解其硬度 X、含碳量 Y 及含硫量 Z,即一炉钢的质量要由三维数组(X,Y,Z)来描述.一般地,对于某个随机试验 E 中的每个基本事件 ω,其试验结果可以用一个向量$(X_1(\omega),X_2(\omega),\cdots,X_n(\omega))$来表示.本章就来讨论多维随机变量及其概率分布与相关性质.这里,我们主要讨论二维随机变量,读者不难推广到更高维情形.

本章主要内容有:二维随机变量及其分布函数的概念与性质;边缘分布;条件分布;随机变量的独立性以及二维随机变量函数的分布.重点是二维随机变量及其分布函数的概念与性质,常见的二维分布(二维正态分布、二维均匀分布)以及随机变量的独立性.难点是求二维随机变量函数的分布.

4.1 二维随机变量的定义及其分布

4.1.1 二维随机变量

定义 4.1.1 设 $\Omega=\{\omega\}$ 是随机试验 E 的样本空间,X,Y 为定义在 Ω 上的两个随机变量,则称向量(X,Y)为**二维随机向量**,亦称为**二维随机变量**.

对于二维随机变量(X,Y),应把它作为一个向量整体,不仅要研究各个分量的性质,还要考察它们之间的联系.

与一维随机变量类似,二维随机变量的讨论也是从其分布函数开始.

4.1.2 分布函数及其性质

定义 4.1.2 设(X,Y)是二维随机变量,则称二元函数

$$F(x,y) = P(X \leqslant x, Y \leqslant y) \tag{4.1.1}$$

为二维随机变量(X,Y)的**分布函数**或X,Y的**联合分布函数**.

(4.1.1)式右端的$P(X \leqslant x, Y \leqslant y)$是指事件$\{X \leqslant x\}$与$\{Y \leqslant y\}$积的概率,即

$$P(X \leqslant x, Y \leqslant y) = P(\{X \leqslant x\} \bigcap \{Y \leqslant y\}).$$

由二维随机变量分布函数$F(x,y)$的定义,显然有

$$P(x_1 < X \leqslant x_2, y_1 < Y \leqslant y_2) = F(x_2, y_2) - F(x_2, y_1)$$
$$- F(x_1, y_2) + F(x_1, y_1). \tag{4.1.2}$$

即随机点(X,Y)落在矩形区域

$$D = \{(X,Y) \mid x_1 < X \leqslant x_2, y_1 < Y \leqslant y_2\}$$

内的概率可用分布函数表示为(4.1.2)式.

这不难从图4.1.1中看出.

分布函数$F(x,y)$的基本性质:

性质 4.1.1　$0 \leqslant F(x,y) \leqslant 1$.

性质 4.1.2　$F(x,y)$是x或y的单调非减函数,即对任意固定的y,当$x_1 < x_2$时,$F(x_1,y) \leqslant F(x_2,y)$;对任意固定的$x$,当$y_1 < y_2$时,$F(x,y_1) \leqslant F(x,y_2)$.

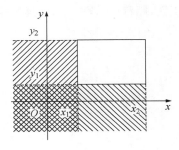

图 4.1.1

性质 4.1.3　对任意固定的x或y,有

$$F(x,-\infty) = F(-\infty,y) = F(-\infty,-\infty) = 0, F(+\infty,+\infty) = 1.$$

性质 4.1.4　$F(x,y)$关于x或y右连续,即对任意固定的y,$F(x+0,y) = F(x,y)$;对任意固定的x,$F(x,y+0) = F(x,y)$.

任一二维分布函数$F(x,y)$都具有上述4条性质.还可以证明,具有上述4条性质的二元函数$F(x,y)$一定可以作为某个二维随机变量的分布函数.

数字资源 4-1　分布函数的概念与性质

4.1.3　二维离散型随机变量

定义 4.1.3　若二维随机变量(X,Y)的所有可能取值为有限对或无限可列对,则称(X,Y)为**二维离散型随机变量**.设(X,Y)的所有可能取值为(x_i,y_j),$i,j=1,2,3,\cdots$,则称

$$P(X = x_i, Y = y_j) = p_{ij}, i,j = 1,2,\cdots \tag{4.1.3}$$

为(X,Y)的**分布律**或X,Y的**联合分布律**.

显然,p_{ij}满足

$$P(X = x_i, Y = y_j) = p_{ij} \geqslant 0, \sum_{i,j} p_{ij} = 1. \tag{4.1.4}$$

且(X,Y)的联合分布函数为

$$F(x,y) = P(X \leqslant x, Y \leqslant y) = \sum_{\substack{x_i \leqslant x \\ y_i \leqslant y}} p_{ij}. \tag{4.1.5}$$

4.1.4 二维连续型随机变量

定义 4.1.4 对于二维随机变量 (X,Y) 的分布函数 $F(x,y)$,若存在非负可积函数 $f(x,y)$,使得对于任意实数 x,y 有

$$F(x,y) = \int_{-\infty}^{x} \int_{-\infty}^{y} f(u,v) \mathrm{d}u \mathrm{d}v \tag{4.1.6}$$

成立,则称 (X,Y) 为**二维连续型随机变量**. $f(x,y)$ 称为 (X,Y) 的**联合密度函数**.

由定义,显然有

$$f(x,y) \geqslant 0, \int_{-\infty}^{+\infty} \mathrm{d}x \int_{-\infty}^{+\infty} f(x,y) \mathrm{d}y = 1. \tag{4.1.7}$$

(X,Y) 的联合分布函数为

$$F(x,y) = P(X \leqslant x, Y \leqslant y) = \int_{-\infty}^{x} \mathrm{d}u \int_{-\infty}^{y} f(u,v) \mathrm{d}v. \tag{4.1.8}$$

且在密度函数 $f(x,y)$ 的连续点处,有

$$\frac{\partial^2 F(x,y)}{\partial x \partial y} = f(x,y). \tag{4.1.9}$$

我们还不加证明地给出:若 G 是 xOy 平面上的一个区域,则有

$$P((X,Y) \in G) = \iint_{G} f(x,y) \mathrm{d}x \mathrm{d}y. \tag{4.1.10}$$

即二维随机点 (X,Y) 落在平面区域 G 内的概率 $P((X,Y) \in G)$ 值等于概率密度函数 $f(x,y)$ 在区域 G 上的二重积分.

例 4.1.1 设二维随机变量 (X,Y) 的联合分布函数为

$$F(x,y) = A(B + \arctan x)\left(C + \arctan \frac{y}{2}\right), \quad -\infty < x < +\infty, \quad -\infty < y < +\infty,$$

其中,A、B、C 为常数. 试确定 A,B,C 的值,并求 (X,Y) 的联合密度函数 $f(x,y)$.

解 由联合分布函数的性质,有

$$F(+\infty, +\infty) = \lim_{\substack{x \to +\infty \\ y \to +\infty}} A(B + \arctan x)\left(C + \arctan \frac{y}{2}\right)$$

$$= A\left(B + \frac{\pi}{2}\right)\left(C + \frac{\pi}{2}\right) = 1,$$

$$F(-\infty, +\infty) = A\left(B - \frac{\pi}{2}\right)\left(C + \frac{\pi}{2}\right) = 0,$$

$$F(+\infty,-\infty)=A\left(B+\frac{\pi}{2}\right)\left(C-\frac{\pi}{2}\right)=0.$$

联立解得

$$A=\frac{1}{\pi^2},B=C=\frac{\pi}{2}.$$

由(4.1.9)式,(X,Y)的联合密度函数为

$$f(x,y)=\frac{\partial^2 F(x,y)}{\partial x\partial y}=\frac{1}{\pi^2}\frac{1}{1+x^2}\cdot\frac{\frac{1}{2}}{1+\left(\frac{y}{2}\right)^2}=\frac{2}{\pi^2(1+x^2)(4+y^2)}.$$

例 4.1.2 设随机变量 X 在 $1,2,3,4$ 四个整数中等可能地随机取值,另一随机变量 Y 在 $1\sim X$ 中等可能随机地取一整数值,试求二维离散型随机变量(X,Y)的联合分布律.

解 由题意,(X,Y)的可能取值为

$$(1,1),(2,1),(2,2),(3,1),(3,2),(3,3),(4,1),(4,2),(4,3),(4,4).$$

由乘法公式得

$$P(X=i,Y=j)=P(X=i)P(Y=j\mid X=i)$$
$$=\frac{1}{4}\cdot\frac{1}{i}=\frac{1}{4i},j\leqslant i,i=1,2,3,4.$$

我们也可以将(X,Y)的联合分布律用下列表格形式表示:

Y \ X	1	2	3	4
1	$\frac{1}{4}$	$\frac{1}{8}$	$\frac{1}{12}$	$\frac{1}{16}$
2	0	$\frac{1}{8}$	$\frac{1}{12}$	$\frac{1}{16}$
3	0	0	$\frac{1}{12}$	$\frac{1}{16}$
4	0	0	0	$\frac{1}{16}$

例 4.1.3 设随机变量(X,Y)的联合密度函数为

$$f(x,y)=\begin{cases}ce^{-(2x+y)}, & x>0,y>0,\\ 0, & \text{其他}.\end{cases}$$

试求:(1)常数 c;(2)联合分布函数 $F(x,y)$;(3)概率 $P(0<X\leqslant1,0<Y\leqslant2)$.

解 (1)由密度函数的性质(4.1.7)式,

$$\int_{-\infty}^{+\infty}dx\int_{-\infty}^{+\infty}f(x,y)dy=\int_0^{+\infty}dx\int_0^{+\infty}ce^{-(2x+y)}dy$$
$$=c\int_0^{+\infty}e^{-2x}dx\int_0^{+\infty}e^{-y}dy=\frac{c}{2}=1.\Rightarrow c=2.$$

（2）当 $x>0,y>0$ 时,有

$$F(x,y)=\int_{-\infty}^{x}\mathrm{d}u\int_{-\infty}^{y}f(u,v)\mathrm{d}v=2\int_{0}^{x}\mathrm{d}u\int_{0}^{y}\mathrm{e}^{-(2u+v)}\mathrm{d}v$$
$$=\int_{0}^{x}2\mathrm{e}^{-2u}\mathrm{d}u\int_{0}^{y}\mathrm{e}^{-v}\mathrm{d}v=(1-\mathrm{e}^{-2x})(1-\mathrm{e}^{-y}).$$

其他情形时,$F(x,y)=0$. 所以,

$$F(x,y)=\begin{cases}(1-\mathrm{e}^{-2x})(1-\mathrm{e}^{-y}), & x>0,y>0,\\ 0, & 其他.\end{cases}$$

（3）由（4.1.10）式可得

$$P(0<X\leqslant1,0<Y\leqslant2)=2\int_{0}^{1}\mathrm{e}^{-2x}\mathrm{d}x\int_{0}^{2}\mathrm{e}^{-y}\mathrm{d}y=(1-\mathrm{e}^{-2})^{2}.$$

或由（4.1.2）式,

$$P(0<X\leqslant1,0<Y\leqslant2)=F(1,2)-F(1,0)-F(0,2)+F(0,0)=(1-\mathrm{e}^{-2})^{2}.$$

数字资源 4-2
本节课件

4.2 边缘分布

4.2.1 边缘分布函数

二维随机变量 (X,Y) 作为一个整体,具有联合分布函数 $F(x,y)$. 然而 X、Y 都是随机变量,各自也应具有自己的分布函数.

定义 4.2.1 把 X、Y 的分布函数称为二维随机变量 (X,Y) 分别关于 X、Y 的**边缘分布函数**,分别记为 $F_X(x)$、$F_Y(y)$.

由分布函数的定义,得联合分布函数和边缘分布函数的关系:

$$F_X(x)=P(X\leqslant x)=P(X\leqslant x,Y<+\infty)=F(x,+\infty), \qquad (4.2.1)$$
$$F_Y(y)=P(Y\leqslant y)=P(X<+\infty,Y\leqslant y)=F(+\infty,y). \qquad (4.2.2)$$

边缘分布函数作为分布函数,仍然具有一般分布函数的基本性质.

例 4.2.1 在例 4.1.1 中,求 (X,Y) 的边缘分布函数.

解 由例 4.1.1 知

$$F(x,y)=\frac{1}{\pi^{2}}\left(\frac{\pi}{2}+\arctan x\right)\left(\frac{\pi}{2}+\arctan\frac{y}{2}\right), \quad -\infty<x<+\infty,-\infty<y<+\infty.$$

所以,(X,Y) 分别关于 X 和 Y 的边缘分布函数为

$$F_X(x)=F(x,+\infty)=\frac{1}{\pi^{2}}\left(\frac{\pi}{2}+\arctan x\right)\left(\frac{\pi}{2}+\frac{\pi}{2}\right)$$

$$= \frac{1}{2} + \frac{1}{\pi} \arctan x, (-\infty < x < +\infty),$$

$$F_Y(y) = F(+\infty, y) = \frac{1}{\pi^2} \left(\frac{\pi}{2} + \frac{\pi}{2} \right) \left(\frac{\pi}{2} + \arctan \frac{y}{2} \right)$$

$$= \frac{1}{2} + \frac{1}{\pi} \arctan \frac{y}{2}, (-\infty < y < +\infty).$$

4.2.2 边缘分布律

类似于边缘分布函数的讨论,二维离散型随机变量(X, Y)除了具有联合分布律 $P(X = x_i, Y = y_j) = p_{ij}, i, j = 1, 2, \cdots$ 外,X、Y 作为随机变量,也有各自的概率分布律.

定义 4.2.2 称 X、Y 的分布律为(X, Y)关于 X 和 Y 的**边缘分布律**,分别记为

$$P(X = x_i) = p_{i \cdot}, i = 1, 2, \cdots,$$

及

$$P(Y = y_j) = p_{\cdot j}, j = 1, 2, \cdots.$$

如果已知(X, Y)的联合分布律 p_{ij},则可以得到它与边缘分布律的关系:

$$p_{i \cdot} = P(X = x_i) = P\left(X = x_i, \bigcup_{j=1}^{+\infty} \{Y = y_j\} \right)$$

$$= \sum_{j=1}^{+\infty} P(X = x_i, Y = y_j) = \sum_{j=1}^{+\infty} p_{ij}, i = 1, 2, \cdots. \tag{4.2.3}$$

同理

$$p_{\cdot j} = \sum_{i=1}^{+\infty} p_{ij}, j = 1, 2, \cdots. \tag{4.2.4}$$

显然

$$p_{i \cdot} \geqslant 0, \sum_{i=1}^{+\infty} p_{i \cdot} = \sum_{i=1}^{+\infty} \sum_{j=1}^{+\infty} p_{ij} = 1,$$

$$p_{\cdot j} \geqslant 0, \sum_{j=1}^{+\infty} p_{\cdot j} = \sum_{j=1}^{+\infty} \sum_{i=1}^{+\infty} p_{ij} = 1.$$

在上面记号中,$p_{i \cdot}$ 中的"·"表示 $p_{i \cdot}$ 是由 p_{ij} 对于所有 j 求和后所得,$p_{\cdot j}$ 是由 p_{ij} 对所有 i 求和所得. 我们一般用下列表格来表示(X, Y)的联合分布律和边缘分布律.

表 4.2.1

$\diagdown$ X / Y	x_1	x_2	$\cdots$	x_i	$\cdots$	$p_{\cdot j}$
y_1	p_{11}	p_{21}	$\cdots$	p_{i1}	$\cdots$	$p_{\cdot 1} = \sum_i p_{i1}$
y_2	p_{12}	p_{22}	$\cdots$	p_{i2}	$\cdots$	$p_{\cdot 2} = \sum_i p_{i2}$

续表 4.2.1

Y \ X	x_1	x_2	$\cdots$	x_i	$\cdots$	$p_{\cdot j}$
$\vdots$	$\vdots$	$\vdots$	$\vdots$	$\vdots$	$\vdots$	$\vdots$
y_j	p_{1j}	p_{2j}	$\cdots$	p_{ij}	$\cdots$	$p_{\cdot j}=\sum\limits_i p_{ij}$
$\vdots$	$\vdots$	$\vdots$	$\vdots$	$\vdots$	$\vdots$	$\vdots$
$p_{i\cdot}$	$p_{1\cdot}=\sum\limits_j p_{1j}$	$p_{2\cdot}=\sum\limits_j p_{2j}$	$\cdots$	$p_{i\cdot}=\sum\limits_j p_{ij}$	$\cdots$	

上表中,中间部分是(X,Y)的联合分布律,而边缘部分分别是X、Y的分布律,它们可由联合分布律经同一列或同一行相加得到,"边缘"一词即由此得来.

例 4.2.2 袋中装有 2 只白球及 3 只黑球,现进行有放回抽样,定义下列随机变量:

$$X=\begin{cases}1,\text{第 1 次摸出白球},\\0,\text{第 1 次摸出黑球}.\end{cases},\quad Y=\begin{cases}1,\text{第 2 次摸出白球},\\0,\text{第 2 次摸出黑球}.\end{cases}$$

求(X,Y)的联合分布律和边缘分布律.

解 (X,Y)的联合分布律和边缘分布律可由表 4.2.2 给出.

表 4.2.2

Y \ X	0	1	$p_{\cdot j}$
0	$\frac{3}{5}\cdot\frac{3}{5}$	$\frac{2}{5}\cdot\frac{3}{5}$	$\frac{3}{5}$
1	$\frac{3}{5}\cdot\frac{2}{5}$	$\frac{2}{5}\cdot\frac{2}{5}$	$\frac{2}{5}$
$p_{i\cdot}$	$\frac{3}{5}$	$\frac{2}{5}$	

例 4.2.3 在上例中,若采用不放回抽样,则(X,Y)的联合分布律和边缘分布律可由表 4.2.3 给出.

表 4.2.3

Y \ X	0	1	$p_{\cdot j}$
0	$\frac{3}{5}\cdot\frac{2}{4}$	$\frac{2}{5}\cdot\frac{3}{4}$	$\frac{3}{5}$
1	$\frac{3}{5}\cdot\frac{2}{4}$	$\frac{2}{5}\cdot\frac{1}{4}$	$\frac{2}{5}$
$p_{i\cdot}$	$\frac{3}{5}$	$\frac{2}{5}$	

例 4.2.2 和例 4.2.3 中 X 与 Y 的联合分布律不同,但是它们的分布律(边缘)却相同.这就告诉我们一个重要事实,虽然联合分布可以确定边缘分布,但边缘分布不能唯一确定联合分布.所以,二维(多维)随机变量的性质不能完全由它们每个分量的性质来确定,还必须

考虑各分量之间的联系,这也说明了为什么要从整体上来研究多维随机变量.

例 4.2.4 设随机变量 X 及 Y 的分布律分别为

X	-1	0	1
P	0.25	0.5	0.25

Y	0	1
P	0.5	0.5

且 $P(XY=0)=1$,试求二维随机变量 (X,Y) 的联合分布律.

解　因为 $P(XY=0)=1$,所以 $P(XY\neq0)=0$. 由此可得

$$P(X=-1,Y=1)=P(X=1,Y=1)=0.$$

故可设 (X,Y) 的联合分布律为

Y \ X	-1	0	1	$p_{\cdot j}$
0	p_{11}	p_{21}	p_{31}	0.5
1	0	p_{22}	0	0.5
$p_{i\cdot}$	0.25	0.5	0.25	

由联合分布律与边缘分布律的关系,可得

$$P(X=-1)=p_{11}+0=0.25,$$
$$P(X=0)=p_{21}+p_{22}=0.5,$$
$$P(X=1)=p_{31}+0=0.25,$$
$$P(Y=1)=0+p_{22}+0=0.5,$$

解得 $p_{11}=0.25,p_{22}=0.5,p_{21}=0,p_{31}=0.25$. 则 (X,Y) 的联合分布律为

Y \ X	-1	0	1
0	0.25	0	0.25
1	0	0.5	0

4.2.3　边缘密度函数

设 (X,Y) 是二维连续型随机变量,其联合密度函数为 $f(x,y)$. 若 X、Y 也是连续型随机变量,则也应有各自的概率密度函数 $f_X(x)$、$f_Y(y)$.

定义 4.2.3　X、Y 的概率密度函数 $f_X(x)$ 和 $f_Y(y)$ 分别称为 (X,Y) 关于 X 和 Y 的**边缘密度函数**或**边缘密度**.

如果已知 (X,Y) 的联合密度函数为 $f(x,y)$,则有

$$f_X(x)=\frac{\mathrm{d}}{\mathrm{d}x}F_X(x)=\frac{\mathrm{d}}{\mathrm{d}x}F(x,+\infty)=\frac{\mathrm{d}}{\mathrm{d}x}\left[\int_{-\infty}^{x}\left(\int_{-\infty}^{+\infty}f(u,y)\mathrm{d}y\right)\mathrm{d}u\right]$$
$$=\int_{-\infty}^{+\infty}f(x,y)\mathrm{d}y. \qquad (4.2.5)$$

同理有

$$f_Y(y)=\int_{-\infty}^{+\infty}f(x,y)\mathrm{d}x. \qquad (4.2.6)$$

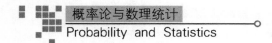

例 4.2.5 设二维随机变量 (X,Y) 的联合密度函数为

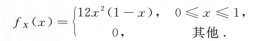

$$f(x,y) = \begin{cases} 24y(1-x), & 0 \leqslant x \leqslant 1, 0 \leqslant y \leqslant x, \\ 0, & \text{其他}. \end{cases}$$

求 X、Y 的边缘密度函数 $f_X(x)$，$f_Y(y)$.

解 当 $x < 0$ 或 $x > 1$ 时，$f_X(x) = 0$.

当 $0 \leqslant x \leqslant 1$ 时，$f_X(x) = \int_0^x 24y(1-x)\mathrm{d}y = 12x^2(1-x)$.

所以

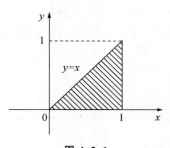

图 4.2.1

$$f_X(x) = \begin{cases} 12x^2(1-x), & 0 \leqslant x \leqslant 1, \\ 0, & \text{其他}. \end{cases}$$

同理，$y < 0$ 或 $y > 1$ 时， $f_Y(y) = 0$.

当 $0 \leqslant y \leqslant 1$ 时，

$$f_Y(y) = \int_y^1 24y(1-x)\mathrm{d}x = 12y(1-y)^2.$$

所以

$$f_Y(y) = \begin{cases} 12y(1-y)^2, & 0 \leqslant y \leqslant 1, \\ 0, & \text{其他}. \end{cases}$$

下面介绍两个重要的二维分布.

若二维随机变量 (X,Y) 的联合密度函数为

$$f(x,y) = \frac{1}{2\pi\sigma_1\sigma_2\sqrt{1-\rho^2}} \exp\left\{ -\frac{1}{2(1-\rho^2)} \left[\frac{(x-\mu_1)^2}{\sigma_1^2} \right.\right.$$

$$\left.\left. -2\rho\frac{(x-\mu_1)(y-\mu_2)}{\sigma_1\sigma_2} + \frac{(y-\mu_2)^2}{\sigma_2^2} \right] \right\},$$

$$(-\infty < x < +\infty, -\infty < y < +\infty),$$

其中，μ_1、μ_2、σ_1、σ_2、ρ 都是常数，且 $\sigma_1 > 0$，$\sigma_2 > 0$，$|\rho| < 1$，则称 (X,Y) 为服从参数为 μ_1、μ_2、σ_1、σ_2、ρ 的**二维正态分布**，记作

$$(X,Y) \sim N(\mu_1, \mu_2, \sigma_1^2, \sigma_2^2, \rho).$$

不难求得服从二维正态分布随机变量的边缘密度函数分别为：

$$f_X(x) = \frac{1}{\sqrt{2\pi}\sigma_1} \mathrm{e}^{-\frac{(x-\mu_1)^2}{2\sigma_1^2}}, (-\infty < x < +\infty);$$

$$f_Y(y) = \frac{1}{\sqrt{2\pi}\sigma_2} \mathrm{e}^{-\frac{(y-\mu_2)^2}{2\sigma_2^2}}, (-\infty < y < +\infty).$$

因此，二维正态分布的两个边缘分布都是一维正态分布，并且都不依赖于参数 ρ. 亦即对

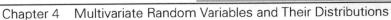
给定的 μ_1、μ_2、σ_1、σ_2，不同 ρ 所对应的不同二维正态分布的边缘分布却是相同的．这一点与二维离散型随机变量类似，即只由 X 与 Y 的（边缘）分布一般不能确定 (X,Y) 的联合分布．

数字资源4-3
二维正态分布

下面再介绍一个重要的二维分布——二维均匀分布．

设 G 为 xOy 平面上的有界区域，G 的面积为 A．若二维随机变量 (X,Y) 的联合密度函数为

$$f(x,y)=\begin{cases} \dfrac{1}{A}, & (x,y)\in G, \\ 0, & \text{其他．} \end{cases}$$

则称二维随机变量 (X,Y) 在 G 上服从**二维均匀分布**．

可以举例说明，二维均匀分布的边缘分布不一定是一维均匀分布．

数字资源4-4 二维均匀分布

数字资源4-5 本节课件

4.3 条件分布

对于多个随机事件可以讨论它们的条件概率．类似地，对于多个随机变量也可以讨论它们的条件分布．

4.3.1 离散型随机变量的条件分布

设 (X,Y) 是二维离散型随机变量，其联合分布律为

$$P(X=x_i,Y=y_j)=p_{ij},\ i,j=1,2,\cdots.$$

则在事件 $\{X=x_i\}$（$p_{i\cdot}>0$）已发生的条件下，事件 $\{Y=y_j\}$ 发生的条件概率为

$$P(Y=y_j\mid X=x_i)=\frac{P(X=x_i,Y=y_j)}{P(X=x_i)}=\frac{p_{ij}}{p_{i\cdot}},\ j=1,2,\cdots.$$

显然

$$P(Y=y_i\mid X=x_i)\geqslant 0,$$

且

$$\sum_j P(Y=y_i\mid X=x_i)=\sum_j \frac{p_{ij}}{p_{i\cdot}}=\frac{1}{p_{i\cdot}}\cdot p_{i\cdot}=1.$$

即 $P(Y=y_i\mid X=x_i)$ 满足离散型随机变量分布律的性质，因此引入以下定义：

定义 4.3.1 设 (X,Y) 是二维离散型随机变量，对固定的 i，若 $P\{X=x_i\}>0$，则称

$$P(Y=y_j\mid X=x_i)=\frac{p_{ij}}{p_{i\cdot}},\ j=1,2,\cdots, \tag{4.3.1}$$

为在 $X=x_i$ 条件下随机变量 Y 的**条件分布律**.

同样,对固定的 j,若 $P\{Y=y_i\}>0$,则称

$$P(X=x_i \mid Y=y_j)=\frac{p_{ij}}{p_{\cdot j}}, i=1,2,\cdots, \tag{4.3.2}$$

为在 $Y=y_j$ 条件下随机变量 X 的**条件分布律**.

例 4.3.1 设二维离散型随机变量 (X,Y) 的联合分布律为

Y \ X	0	1
0	0.1	0.1
1	a	0.3
2	0.1	b

且已知 $P\{X<1|Y\leqslant 1\}=\dfrac{5}{9}$. 求:

(1)常数 a,b;(2)在 $X=0$ 及 $X=1$ 条件下,随机变量 Y 的条件分布律.

解 (1)由 $P\{X<1|Y\leqslant 1\}=\dfrac{5}{9}$ 得

$$\frac{0.1+a}{0.1+0.1+a+0.3}=\frac{5}{9},$$

得 $a=0.4$. 又

$$0.1+0.1+a+0.3+0.1+b=1,$$

即 $a+b=0.4$,得 $b=0$.

(2)由(1)知

$$P(X=0)=0.1+0.4+0.1=0.6, P(X=1)=0.4,$$

所以

$$P(Y=0 \mid X=0)=\frac{P(X=0,Y=0)}{P(X=0)}=\frac{0.1}{0.6}=\frac{1}{6},$$

$$P(Y=1 \mid X=0)=\frac{P(X=0,Y=1)}{P(X=0)}=\frac{0.4}{0.6}=\frac{2}{3},$$

$$P(Y=2 \mid X=0)=\frac{P(X=0,Y=2)}{P(X=0)}=\frac{0.1}{0.6}=\frac{1}{6}.$$

因此,在 $X=0$ 条件下,随机变量 Y 的条件分布律为

$Y|X=0$	0	1	2
P	$\dfrac{1}{6}$	$\dfrac{2}{3}$	$\dfrac{1}{6}$

同样,可求得在 $X=1$ 条件下,随机变量 Y 的条件分布律为

$Y|X=1$	0	1	2
P	$\dfrac{1}{4}$	$\dfrac{3}{4}$	0

4.3.2　连续型随机变量的条件分布

对于连续型随机变量(X,Y),考虑定义条件分布函数$P(Y\leqslant y|X=x)$. 但因$P(X=x)=0$,故不能像(4.3.1)式那样定义,而要借用极限工具来导出条件分布函数.

定义 4.3.2　给定y,设对于任意固定的正数ε,$P(y-\varepsilon<Y\leqslant y+\varepsilon)>0$,且对任意实数$x$,极限

$$\lim_{\varepsilon\to 0^+}P(X\leqslant x\mid y-\varepsilon<Y\leqslant y+\varepsilon)=\lim_{\varepsilon\to 0^+}\frac{P(X\leqslant x,y-\varepsilon<Y\leqslant y+\varepsilon)}{P(y-\varepsilon<Y\leqslant y+\varepsilon)} \quad (4.3.3)$$

存在,则称此极限为在$Y=y$条件下,X的**条件分布函数**,记为$F_{X|Y}(x|y)$或$P(X\leqslant x|Y=y)$.

同样,若$P(x-\varepsilon<X\leqslant x+\varepsilon)>0$,则可以定义在$X=x$条件下,$Y$的**条件分布函数**为

$$F_{Y|X}(y\mid x)=\lim_{\varepsilon\to 0^+}P(Y\leqslant y\mid x-\varepsilon<X\leqslant x+\varepsilon)$$
$$=\lim_{\varepsilon\to 0^+}\frac{P(Y\leqslant y,x-\varepsilon<X\leqslant x+\varepsilon)}{P(x-\varepsilon<X\leqslant x+\varepsilon)}. \quad (4.3.4)$$

设(X,Y)的联合分布函数为$F(x,y)$,联合密度函数为$f(x,y)$,若在点(x,y)处,$f(x,y)$和$f_Y(y)$连续,并且$f_Y(y)>0$,则有

$$F_{X|Y}(x\mid y)=\lim_{\varepsilon\to 0^+}\frac{P(X\leqslant x,y-\varepsilon<Y\leqslant y+\varepsilon)}{P(y-\varepsilon<Y\leqslant y+\varepsilon)}$$
$$=\lim_{\varepsilon\to 0^+}\frac{F(x,y+\varepsilon)-F(x,y-\varepsilon)}{F_Y(y+\varepsilon)-F_Y(y-\varepsilon)}$$
$$=\lim_{\varepsilon\to 0^+}\frac{[F(x,y+\varepsilon)-F(x,y-\varepsilon)]/2\varepsilon}{[F_Y(y+\varepsilon)-F_Y(y-\varepsilon)]/2\varepsilon}$$
$$=\frac{\dfrac{\partial F(x,y)}{\partial y}}{\dfrac{\mathrm{d}}{\mathrm{d}y}F_Y(y)}$$
$$=\frac{1}{f_Y(y)}\int_{-\infty}^{x}f(u,y)\mathrm{d}u. \quad (4.3.5)$$

记$f_{X|Y}(x|y)$为在$Y=y$条件下随机变量X的**条件概率密度函数**,则由上式得

$$f_{X|Y}(x\mid y)=\frac{f(x,y)}{f_Y(y)}. \quad (4.3.6)$$

类似地,有

$$F_{Y|X}(y\mid x)=\frac{1}{f_X(x)}\int_{-\infty}^{y}f(x,v)\mathrm{d}v, \quad (4.3.7)$$

$$f_{Y|X}(y\mid x)=\frac{f(x,y)}{f_X(x)}. \quad (4.3.8)$$

从而可得关系式

$$f(x,y)=f_X(x)f_{Y|X}(y\mid x)=f_Y(y)f_{X|Y}(x\mid y).\tag{4.3.9}$$

**数字资源4-6　连续型随机变量的
条件分布函数与密度函数**

这在形式上和前面给出的事件概率的乘法公式相似.

例 4.3.2　若二维随机变量(X,Y)在圆域 $x^2+y^2\leqslant R^2$ 上服从均匀分布,求条件密度函数 $f_{X|Y}(x|y)$ 及 $f_{Y|X}(y|x)$.

解　由题意知,(X,Y)的联合密度函数为

$$f(x,y)=\begin{cases}\dfrac{1}{\pi R^2},& x^2+y^2\leqslant R^2,\\[2mm]0,&\text{其他}.\end{cases}$$

且边缘密度函数

$$f_X(x)=\int_{-\infty}^{+\infty}f(x,y)\mathrm{d}y=\begin{cases}\displaystyle\int_{-\sqrt{R^2-x^2}}^{\sqrt{R^2-x^2}}\dfrac{1}{\pi R^2}\mathrm{d}y,& -R\leqslant x\leqslant R,\\[2mm]0,&\text{其他}.\end{cases}$$

$$=\begin{cases}\dfrac{2}{\pi R^2}\sqrt{R^2-x^2},& -R\leqslant x\leqslant R,\\[2mm]0,&\text{其他}.\end{cases}$$

所以,当$-R<x<R$ 时,

$$f_{Y|X}(y\mid x)=\frac{f(x,y)}{f_X(x)}=\begin{cases}\dfrac{1}{2\sqrt{R^2-x^2}},& -\sqrt{R^2-x^2}\leqslant y\leqslant\sqrt{R^2-x^2},\\[2mm]0,&\text{其他}.\end{cases}$$

同理,当$-R<y<R$ 时,

$$f_{X|Y}(x\mid y)=\frac{f(x,y)}{f_Y(y)}=\begin{cases}\dfrac{1}{2\sqrt{R^2-y^2}},& -\sqrt{R^2-y^2}\leqslant x\leqslant\sqrt{R^2-y^2},\\[2mm]0,&\text{其他}.\end{cases}$$

另外,不难证明二维正态分布 $N(\mu_1,\mu_2,\sigma_1^2,\sigma_2^2,\rho)$ 的条件分布也是正态分布.

4.4　随机变量的独立性

由前面的学习知道,随机事件的独立性在理论上和实际中都有着重要的作用.这一节,我们将进一步讨论随机变量的独立性,首先引入独立性的定义.

定义 4.4.1　设 X、Y 为两个随机变量,若对于任意实数 x、y,有

$$P(X\leqslant x,Y\leqslant y)=P(X\leqslant x)P(Y\leqslant y)\tag{4.4.1}$$

成立,亦即

$$F(x,y)=F_X(x)F_Y(y),\tag{4.4.2}$$

则称随机变量 X、Y 相互独立.

定义表明,在独立条件下,由每个随机变量的(边缘)分布函数可以唯一确定联合分布函数,而一般情况下这是不成立的.

对于离散型情形,(4.4.1)式表现为

$$P(X=x_i,Y=y_j)=P(X=x_i)P(Y=y_j),$$

即

$$p_{ij}=p_{i\cdot}\cdot p_{\cdot j},i,j=1,2,\cdots. \qquad (4.4.3)$$

对于连续型情形,(4.4.2)式表现为

$$f(x,y)=f_X(x)f_Y(y). \qquad (4.4.4)$$

数字资源 4-8 随机
变量的独立性

设 $(X,Y)\sim N(\mu_1,\mu_2,\sigma_1^2,\sigma_2^2,\rho)$,则有

$$f(x,y)=\frac{1}{2\pi\sigma_1\sigma_2\sqrt{1-\rho^2}}\exp\left\{-\frac{1}{2(1-\rho^2)}\left[\frac{(x-\mu_1)^2}{\sigma_1^2}\right.\right.$$
$$\left.\left.-2\rho\frac{(x-\mu_1)(y-\mu_2)}{\sigma_1\sigma_2}+\frac{(y-\mu_2)^2}{\sigma_2^2}\right]\right\},$$

$$f_X(x)f_Y(y)=\frac{1}{2\pi\sigma_1\sigma_2}\exp\left[-\frac{(x-\mu_1)^2}{2\sigma_1^2}-\frac{(y-\mu_2)^2}{2\sigma_2^2}\right].$$

比较两式可知,X 与 Y 相互独立的充要条件为 $\rho=0$,这在一定程度上反映了参数 ρ 的意义.

例 4.4.1 已知二维随机变量 (X,Y) 的联合分布律为

Y \ X	1	2	3
1	$\frac{1}{3}$	a	b
2	$\frac{1}{6}$	$\frac{1}{9}$	$\frac{1}{18}$

试确定常数 a,b,使 X 与 Y 相互独立.

解 先求出 (X,Y) 关于 X 和 Y 的边缘分布律

Y \ X	1	2	3	$p_{\cdot j}$
1	$\frac{1}{3}$	a	b	$a+b+\frac{1}{3}$
2	$\frac{1}{6}$	$\frac{1}{9}$	$\frac{1}{18}$	$\frac{1}{3}$
$p_{i\cdot}$	$\frac{1}{2}$	$a+\frac{1}{9}$	$b+\frac{1}{18}$	

欲使 X 与 Y 相互独立,需满足

$$p_{ij}=p_{i\cdot}\cdot p_{\cdot j},i=1,2,3,j=1,2.$$

因此 a,b 必需满足

$$\begin{cases}\dfrac{1}{9}=\left(\dfrac{1}{9}+a\right)\cdot\dfrac{1}{3},\\[2mm]\dfrac{1}{18}=\left(\dfrac{1}{18}+b\right)\cdot\dfrac{1}{3}.\end{cases}$$

解得 $$a=\dfrac{2}{9},b=\dfrac{1}{9}.$$

此时,经验证有 $$p_{ij}=p_{i\cdot}\cdot p_{\cdot j},i=1,2,3,j=1,2.$$

所以,当 $a=\dfrac{2}{9},b=\dfrac{1}{9}$ 时,X 与 Y 相互独立.

例 4.4.2 设二维随机变量 (X,Y) 在区域 $G:0\leqslant x\leqslant 1,y^2\leqslant x$ 内服从均匀分布,求:(1) (X,Y) 的联合密度函数 $f(x,y)$;(2) X、Y 的边缘密度函数,并判断 X 与 Y 是否相互独立;

$$(3)P\left(X<\dfrac{1}{2}\right),P(Y<0)\text{ 及 }P\left(X<\dfrac{1}{2},Y<0\right).$$

解 (1)因为区域 G 的面积

$$A=2\int_0^1\sqrt{x}\,dx=\dfrac{4}{3},$$

故 (X,Y) 的联合密度函数为

$$f(x,y)=\begin{cases}\dfrac{3}{4},&0\leqslant x\leqslant 1,y^2\leqslant x,\\0,&\text{其他}.\end{cases}$$

(2) (X,Y) 关于 X 的边缘密度函数为

$$f_X(x)=\int_{-\infty}^{+\infty}f(x,y)dy=\begin{cases}\int_{-\sqrt{x}}^{\sqrt{x}}\dfrac{3}{4}dy,&0\leqslant x\leqslant 1,\\0,&\text{其他}.\end{cases}=\begin{cases}\dfrac{3}{2}\sqrt{x},&0\leqslant x\leqslant 1,\\0,&\text{其他}.\end{cases}$$

(X,Y) 关于 Y 的边缘密度函数为

$$f_Y(y)=\int_{-\infty}^{+\infty}f(x,y)dx=\begin{cases}\int_{y^2}^1\dfrac{3}{4}dx,&|y|\leqslant 1,\\0,&\text{其他}.\end{cases}=\begin{cases}\dfrac{3}{4}(1-y^2),&|y|\leqslant 1,\\0,&\text{其他}.\end{cases}$$

显然,$f(x,y)\neq f_X(x)f_Y(y)$,所以 X 与 Y 不相互独立.

$$(3)\,P\left(X<\dfrac{1}{2}\right)=\int_{-\infty}^{\frac{1}{2}}f_X(x)dx=\int_0^{\frac{1}{2}}\dfrac{3}{2}\sqrt{x}\,dx=\dfrac{\sqrt{2}}{4};$$

$$P(Y<0)=\int_{-\infty}^{0}f_Y(y)\mathrm{d}y=\int_{-1}^{0}\frac{3}{4}(1-y^2)\mathrm{d}y=\frac{1}{2};$$

$$P\left(X<\frac{1}{2},Y<0\right)=\int_{-\infty}^{\frac{1}{2}}\mathrm{d}x\int_{-\infty}^{0}f(x,y)\mathrm{d}y=\int_{0}^{\frac{1}{2}}\mathrm{d}x\int_{-\sqrt{x}}^{0}\frac{3}{4}\mathrm{d}y=\frac{3}{4}\int_{0}^{\frac{1}{2}}\sqrt{x}\,\mathrm{d}x=\frac{\sqrt{2}}{8}.$$

例 4.4.3 甲、乙两人约定 8:00 至 10:00 在某地会面,假设每人在 8:00 至 10:00 之间任一时刻到达是等可能的,求他们等待时间不超过 30 分钟的概率.

解 设 X、Y 分别表示甲、乙到达某地的时刻. 为方便起见,随机变量 X 与 Y 均可看成服从 $[0,2]$ 上的均匀分布,则其密度函数分别为

$$f_X(x)=\begin{cases}\dfrac{1}{2}, & 0\leqslant x\leqslant 2,\\[2mm] 0, & 其他.\end{cases}\qquad f_Y(y)=\begin{cases}\dfrac{1}{2}, & 0\leqslant y\leqslant 2,\\[2mm] 0, & 其他.\end{cases}$$

因为 X、Y 相互独立,则 (X,Y) 的联合密度函数 $f(x,y)$ 为

$$f(x,y)=f_X(x)f_Y(y)=\begin{cases}\dfrac{1}{4}, & 0\leqslant x\leqslant 2,0\leqslant y\leqslant 2,\\[2mm] 0, & 其他.\end{cases}$$

则由题意,所求的概率为 $P\left(|X-Y|\leqslant\dfrac{1}{2}\right)$.

积分区域是

$$G=\left\{(x,y)\mid 0\leqslant x\leqslant 2,0\leqslant y\leqslant 2,|x-y|\leqslant\frac{1}{2}\right\}.$$

如图 4.4.1 所示,G 的面积为

$$S=4-\left(\frac{3}{2}\right)^2=\frac{7}{4}.$$

于是

$$P\left(|X-Y|\leqslant\frac{1}{2}\right)=\iint\limits_{G}f(x,y)\mathrm{d}x\mathrm{d}y=\frac{1}{4}\times\frac{7}{4}=\frac{7}{16}.$$

即两人等待时间不超过 30 分钟的概率为 $\dfrac{7}{16}$.

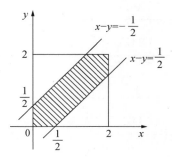

图 4.4.1

4.5 二维随机变量函数的分布

与一维情形类似,若已知二维随机变量 (X,Y) 的联合分布,需要确定它们函数 $Z=g(X,Y)$ 的分布.

数字资源 4-9
本节课件

4.5.1 二维离散型随机变量函数的分布

若(X,Y)为二维离散型随机变量,则$Z=g(X,Y)$是一维离散型随机变量.下面举例讨论如何求$Z=g(X,Y)$的分布律.

例 4.5.1 已知二维随机变量(X,Y)的联合分布律为

Y \ X	−1	0	1	2
0	0.3	0	0.1	0.2
1	0	0.1	0.2	0.1

试求:(1)$Z_1=X+Y$;(2)$Z_2=X-Y$;(3)$Z_3=XY$;(4)$Z_4=\max\{X,Y\}$的分布律.

解 根据(X,Y)的联合分布律,经计算可得下表

(X,Y)	$(-1,0)$	$(0,1)$	$(1,0)$	$(1,1)$	$(2,0)$	$(2,1)$
$Z_1=X+Y$	−1	1	1	2	2	3
$Z_2=X-Y$	−1	−1	1	0	2	1
$Z_3=XY$	0	0	0	1	0	2
$Z_4=\max\{X,Y\}$	0	1	1	1	2	2
P	0.3	0.1	0.1	0.2	0.2	0.1

进行相应的合并,得到相应的分布律如下:

(1)$Z_1=X+Y$ 的分布律为

$Z_1=X+Y$	−1	1	2	3
P	0.3	0.2	0.4	0.1

(2)$Z_2=X-Y$ 的分布律为

$Z_2=X-Y$	−1	0	1	2
P	0.4	0.2	0.2	0.2

(3)$Z_3=XY$ 的分布律为

$Z_3=XY$	0	1	2
P	0.7	0.2	0.1

(4)$Z_4=\max\{X,Y\}$ 的分布律为

$Z_4=\max\{X,Y\}$	0	1	2
P	0.3	0.4	0.3

例 4.5.2 设两个相互独立的随机变量X、Y的分布律分别为

X	1	2
P	0.3	0.7

Y	2	4
P	0.6	0.4

试求 $Z=2X+Y$ 的分布律.

解 因为随机变量 X、Y 相互独立,则

$$P(X=x_i,Y=y_j)=P(X=x_i)P(Y=y_j).$$

所以

(X,Y)	$(1,2)$	$(1,4)$	$(2,2)$	$(2,4)$
$Z=2X+Y$	4	6	6	8
P	0.18	0.12	0.42	0.28

合并整理,得 $Z=2X+Y$ 的分布律为

$Z=2X+Y$	4	6	8
P	0.18	0.54	0.28

4.5.2　二维连续型随机变量函数的分布

若 (X,Y) 为二维连续型随机变量,且 $Z=g(X,Y)$ 是一维连续型随机变量,下面讨论如何求 $Z=g(X,Y)$ 的分布函数与密度函数.

数字资源 4-10
离散型随机
变量函数分
布的求法

1. $Z=X+Y$ 的分布

设 (X,Y) 是二维连续型随机变量,其密度函数为 $f(x,y)$,则 $Z=X+Y$ 的分布函数为

$$F_Z(z)=P(Z\leqslant z)=\iint\limits_{x+y\leqslant z}f(x,y)\mathrm{d}x\mathrm{d}y.$$

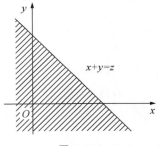

如图 4.5.1 所示,积分区域 $G:x+y\leqslant z$ 是直线 $x+y=z$ 的左下半平面. 上式化为累次积分得

图 4.5.1

$$F_Z(z)=\int_{-\infty}^{+\infty}\left[\int_{-\infty}^{z-y}f(x,y)\mathrm{d}x\right]\mathrm{d}y\xrightarrow{x=u-y}$$

$$\int_{-\infty}^{+\infty}\left[\int_{-\infty}^{z}f(u-y,y)\mathrm{d}u\right]\mathrm{d}y$$

$$\xrightarrow{\text{交换积分次序}}\int_{-\infty}^{z}\left[\int_{-\infty}^{+\infty}f(u-y,y)\mathrm{d}y\right]\mathrm{d}u$$

故 Z 的密度函数为

$$f_Z(z)=\frac{\mathrm{d}}{\mathrm{d}z}F_Z(z)=\int_{-\infty}^{+\infty}f(z-y,y)\mathrm{d}y.$$

由 X 与 Y 的对称性,同理有

$$f_Z(z)=\int_{-\infty}^{+\infty}f(x,z-x)\mathrm{d}x.$$

以上两式是二维连续型随机变量和的密度函数的一般公式.

特别地,当 X 与 Y 相互独立时,有

$$f_Z(z) = \int_{-\infty}^{+\infty} f_X(z-y) f_Y(y) \mathrm{d}y \tag{4.5.1}$$

或

$$f_Z(z) = \int_{-\infty}^{+\infty} f_X(x) f_Y(z-x) \mathrm{d}x. \tag{4.5.2}$$

其中,$f_X(x)$,$f_Y(y)$ 分别为 X 和 Y 的密度函数. (4.5.1)式、(4.5.2)式称为密度函数的**卷积公式**,记为 $f_X(x) * f_Y(y)$. 这样(4.5.1)式及(4.5.2)式可以写成

$$f_Z(z) = f_X(x) * f_Y(y).$$

例 4.5.3 设随机变量 X 与 Y 相互独立,且都服从 $N(0,1)$,试求 $Z = X + Y$ 的概率密度函数.

解 由(4.5.2)式,

$$f_Z(z) = \int_{-\infty}^{+\infty} f_X(x) f_Y(z-x) \mathrm{d}x = \frac{1}{2\pi} \int_{-\infty}^{+\infty} e^{-\frac{x^2}{2}} \cdot e^{-\frac{(z-x)^2}{2}} \mathrm{d}x$$

$$= \frac{1}{2\pi} e^{-\frac{z^2}{4}} \int_{-\infty}^{+\infty} e^{-\left(x-\frac{z}{2}\right)^2} \mathrm{d}x \xrightarrow{t = x - \frac{z}{2}} \frac{1}{2\pi} e^{-\frac{z^2}{4}} \int_{-\infty}^{+\infty} e^{-t^2} \mathrm{d}t$$

$$\left(\text{利用} \frac{1}{\sqrt{2\pi}} \int_{-\infty}^{+\infty} e^{-\frac{t^2}{2}} \mathrm{d}t = 1\right)$$

$$= \frac{1}{2\sqrt{\pi}} e^{-\frac{z^2}{4}} = \frac{1}{\sqrt{2\pi}\sqrt{2}} e^{-\frac{(z-0)^2}{2 \cdot \sqrt{2}^2}},$$

即 $Z \sim N(0, \sqrt{2}^2)$.

一般地,若 X 与 Y 相互独立,且 $X \sim N(\mu_1, \sigma_1^2)$,$Y \sim N(\mu_2, \sigma_2^2)$,则

$$Z = X + Y \sim N(\mu_1 + \mu_2, \sigma_1^2 + \sigma_2^2).$$

更一般地,若 $X_1, X_2, \cdots, X_n$ 相互独立,且 $X_k \sim N(\mu_k, \sigma_k^2)$,$k = 1, 2, \cdots, n$,则

$$Z = \sum_{k=1}^{n} X_k \sim N\left(\sum_{k=1}^{n} \mu_k, \sum_{k=1}^{n} \sigma_k^2\right).$$

数字资源 4-11 二维随机变量
(X,Y) 函数 $Z = g(X,Y)$
分布的推导

类似地,还可以证明:有限个相互独立的服从正态分布的随机变量的线性组合仍然服从正态分布.

上述结论表明,在相互独立条件下,正态分布具有**可加性**.

一般来说,求二维随机变量 (X,Y) 函数 $Z = g(X,Y)$ 的分布,并不一定只能直接利用公式. 还可以根据 Z 的取值范围,确定积分区域,由分布函数的定义先求出 $F_Z(z)$,再求导得到密度函数 $f_Z(z)$. 此方法更具有普遍性.

例 4.5.4 设二维随机变量 (X,Y) 的联合密度函数为

$$f(x,y) = \begin{cases} 3x, 0 < x < 1, & 0 < y < x, \\ 0, & \text{其他}. \end{cases}$$

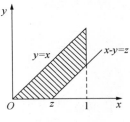

图 4.5.2

求 $Z = X - Y$ 的密度函数.

解 如图 4.5.2 所示,由 $F_Z(z) = P(Z \leqslant z) = P(X - Y \leqslant z)$ 得

当 $z < 0$ 时,$F_Z(z) = 0$;

当 $0 \leqslant z < 1$ 时,

$$\begin{aligned} F_Z(z) = P(Z \leqslant z) &= P(X - Y \leqslant z) \\ &= 1 - P(X - Y > z) \\ &= 1 - \iint\limits_{x-y>z} f(x,y) \mathrm{d}x\,\mathrm{d}y \\ &= 1 - \int_z^1 \mathrm{d}x \int_0^{x-z} 3x\,\mathrm{d}y \\ &= 1 - \int_z^1 3x(x-z)\,\mathrm{d}x \\ &= \frac{3}{2}z - \frac{z^3}{2}; \end{aligned}$$

当 $z \geqslant 1$ 时,$F_Z(z) = 1$.

所以,

$$f_z(z) = \frac{\mathrm{d}F_z(z)}{\mathrm{d}z} = \begin{cases} \dfrac{3}{2}(1 - z^2), & 0 < z < 1, \\ 0, & \text{其他}. \end{cases}$$

2. $Z = \dfrac{X}{Y}$ 的分布

设 (X,Y) 是二维连续型随机变量,其密度函数为 $f(x,y)$,则 $Z = \dfrac{X}{Y}$ 的分布函数为

$$F_Z(z) = P(Z \leqslant z) = P\left(\frac{X}{Y} \leqslant z\right) = \iint\limits_{\frac{X}{Y} \leqslant z} f(x,y)\mathrm{d}x\,\mathrm{d}y.$$

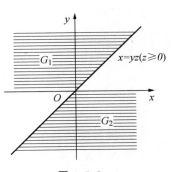

图 4.5.3

如图 4.5.3 所示,积分区域 $G: \dfrac{x}{y} \leqslant z$.

当 $y > 0$ 时,$G_1: x \leqslant yz$;

当 $y < 0$ 时,$G_2: x \geqslant yz$.

因此

$$\begin{aligned} F_Z(z) &= \iint\limits_{G_1} f(x,y)\mathrm{d}x\,\mathrm{d}y + \iint\limits_{G_2} f(x,y)\mathrm{d}x\,\mathrm{d}y \\ &= \int_0^{+\infty} \left[\int_{-\infty}^{yz} f(x,y)\mathrm{d}x \right] \mathrm{d}y + \int_{-\infty}^0 \left[\int_{yz}^{+\infty} f(x,y)\mathrm{d}x \right] \mathrm{d}y. \end{aligned}$$

故 Z 的密度函数为

$$f_Z(z) = \frac{\mathrm{d}}{\mathrm{d}z} F_Z(z) = \int_0^{+\infty} f(yz, y) y \,\mathrm{d}y - \int_{-\infty}^0 f(yz, y) y \,\mathrm{d}y$$

$$= \int_{-\infty}^{+\infty} |y| f(yz, y) \,\mathrm{d}y.$$

特别地,当 X 与 Y 相互独立时,有

$$f_Z(z) = \int_{-\infty}^{+\infty} |y| f_X(yz) f_Y(y) \,\mathrm{d}y \tag{4.5.3}$$

其中,$f_X(x)$,$f_Y(y)$ 分别为 X 和 Y 的密度函数.

例 4.5.5 设随机变量 X、Y 相互独立,且都服从区间 $[0, a]$ 上的均匀分布,试求 $Z = \dfrac{X}{Y}$ 的概率密度函数.

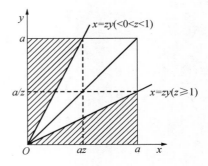

图 4.5.4

解 如图 4.5.4 所示,

由 $F_Z(z) = P(Z \leqslant z) = P\left(\dfrac{X}{Y} \leqslant z\right)$ 得

当 $z \leqslant 0$ 时,$F_Z(z) = 0$.

当 $0 < z < 1$ 时,有

$$F_Z(z) = P(Z \leqslant z) = P\left(\frac{X}{Y} \leqslant z\right)$$

$$= P(X \leqslant zY) = \frac{\frac{1}{2} az \cdot a}{a^2} = \frac{1}{2} z.$$

当 $z \geqslant 1$ 时,有

$$F_Z(z) = P(Z \leqslant z) = P\left(\frac{X}{Y} \leqslant z\right) = P(X \leqslant zY)$$

$$= 1 - \frac{\frac{1}{2} \cdot \frac{a}{z} \cdot a}{a^2} = 1 - \frac{1}{2z}.$$

故 $Z = \dfrac{X}{Y}$ 的密度函数为

$$f_Z(z) = F_Z'(z) = \begin{cases} 0, & z \leqslant 0, \\ \dfrac{1}{2}, & 0 < z < 1, \\ \dfrac{1}{2z^2}, & z \geqslant 1. \end{cases}$$

3. 极值统计量的分布

设 $X_1, X_2, \cdots, X_n$ 是 n 个随机变量,记

$$X_{(1)} = \min(X_1, X_2, \cdots, X_n)$$

与

$$X_{(n)} = \max(X_1, X_2, \cdots, X_n).$$

则分别称 $X_{(1)}$ 与 $X_{(n)}$ 为 $X_1, X_2, \cdots, X_n$ 的**极小值统计量**与**极大值统计量**,统称为**极值统计量**.

下面讨论极值统计量的分布函数.

设 $X_1, X_2, \cdots, X_n$ 相互独立,它们的分布函数分别为 $F_{X_1}(x_1), F_{X_2}(x_2), \cdots, F_{X_n}(x_n)$,则极大值统计量 $X_{(n)}$ 的分布函数为

$$\begin{aligned}
F_{X_{(n)}}(z) &= P(X_{(n)} \leqslant z) = P\{\max(X_1, X_2, \cdots, X_n) \leqslant z\} \\
&= P(X_1 \leqslant z, X_2 \leqslant z, \cdots, X_n \leqslant z) = P(X_1 \leqslant z) P(X_2 \leqslant z) \cdots P(X_n \leqslant z) \\
&= F_{X_1}(z) F_{X_2}(z) \cdots F_{X_n}(z).
\end{aligned} \tag{4.5.4}$$

而极小值统计量 $X_{(1)}$ 的分布函数为

$$\begin{aligned}
F_{X_{(1)}}(z) &= P(X_{(1)} \leqslant z) = 1 - P(X_{(1)} > z) = 1 - P\{\min(X_1, X_2, \cdots, X_n) > z\} \\
&= 1 - P(X_1 > z, X_2 > z, \cdots, X_n > z) \\
&= 1 - P(X_1 > z) P(X_2 > z) \cdots P(X_n > z) \\
&= 1 - [1 - F_{X_1}(z)][1 - F_{X_2}(z)] \cdots [1 - F_{X_n}(z)].
\end{aligned} \tag{4.5.5}$$

特别地,当 $X_1, X_2, \cdots, X_n$ 相互独立且具有相同的分布函数 $F(z)$ 时,有

$$F_{X_{(n)}}(z) = [F(z)]^n,$$
$$F_{X_{(1)}}(z) = 1 - [1 - F(z)]^n.$$

例 4.5.6 若系统 L 由两个独立的子系统 L_1 和 L_2 串联或并联连接而成(见图 4.5.5),又假设子系统 L_1、L_2 的寿命 X、Y 分别服从参数为 α,β 的指数分布.试求这两种连接方式下系统 L 的寿命 Z 的概率密度函数.

图 4.5.5

解 (1)串联方式 在此种连接方式下,当 L_1 和 L_2 中有一个损坏时系统 L 就停止工作.所以,这时 L 的寿命为

$$L = \min\{X, Y\}.$$

又 X 和 Y 的分布函数分别为

$$F_X(x) = \begin{cases} 1 - \mathrm{e}^{-ax}, & x > 0, \\ 0, & x \leqslant 0. \end{cases} \quad \text{与} \quad F_Y(y) = \begin{cases} 1 - \mathrm{e}^{-\beta y}, & y > 0, \\ 0, & y \leqslant 0. \end{cases}$$

因此,由(4.5.5)式得

$$F_L(z) = \begin{cases} 1 - e^{-(\alpha+\beta)z}, & z > 0, \\ 0, & z \leqslant 0. \end{cases}$$

于是, $L = \min\{X,Y\}$ 的概率密度函数为

$$f_L(z) = \begin{cases} (\alpha+\beta)e^{-(\alpha+\beta)z}, & z > 0, \\ 0, & z \leqslant 0. \end{cases}$$

(2)并联方式　在此种连接方式下,当且仅当 L_1 和 L_2 都损坏时系统 L 才停止工作. 所以,这时 L 的寿命为

$$L = \max\{X,Y\}.$$

由(4.5.4)式,得

$$F_L(z) = \begin{cases} (1-e^{-\alpha z})(1-e^{-\beta z}), & z > 0, \\ 0, & z \leqslant 0. \end{cases}$$

于是, $L = \max\{X,Y\}$ 的概率密度函数为

**数字资源 4-12
本节课件**

$$f_L(z) = \begin{cases} \alpha e^{-\alpha z} + \beta e^{-\beta z} - (\alpha+\beta)e^{-(\alpha+\beta)z}, & z > 0, \\ 0, & z \leqslant 0. \end{cases}$$

□ 第 4 章习题

1. 将一枚硬币连抛三次,以 X 表示 3 次中出现正面的次数,以 Y 表示 3 次中出现正面次数 与反面次数之差的绝对值. 试写出 (X,Y) 的联合分布律及关于 X、Y 的边缘分布律.

2. 盒子里装有 3 个黑球、2 个红球、2 个白球,从其中任取 4 个球,以 X 表示取到黑球的个 数,以 Y 表示取到红球的个数,试求 (X,Y) 的联合分布律.

3. 一射手进行射击,击中目标的概率为 $p(0 < p < 1)$,射击进行到击中目标两次为止. 设 X 表示第一次击中目标所进行的射击次数,以 Y 表示总共射击的次数. 试求 (X,Y) 的联合 分布律、边缘分布律及条件分布律.

4. 设随机变量 (X,Y) 的联合概率密度函数为

$$f(x,y) = \begin{cases} Cx^2 y, & x^2 \leqslant y \leqslant 1, \\ 0, & \text{其他}. \end{cases}$$

试求:(1)常数 C;(2)(X,Y) 的边缘密度函数;(3)问 X 与 Y 是否相互独立?

5. 设随机变量 (X,Y) 的联合概率密度函数为

$$f(x,y) = \begin{cases} x^2 + \dfrac{1}{3}xy, & 0 \leqslant x \leqslant 1, \quad 0 \leqslant y \leqslant 2, \\ 0, & \text{其他}. \end{cases}$$

试求:(1)(X,Y) 的联合分布函数;(2)(X,Y) 的边缘密度函数;(3)(X,Y) 的条件密度 函数.

6. 设随机变量 X 与 Y 相互独立,它们的密度函数分别为

$$f_X(x) = \begin{cases} \dfrac{1}{b-a}, & a \leqslant x \leqslant b, \\ 0, & \text{其他}. \end{cases} \text{和} f_Y(y) = \begin{cases} \lambda\,\mathrm{e}^{-\lambda y}, & y > 0, \\ 0, & y \leqslant 0. \end{cases}$$

其中 λ 是正常数. 试求:(1)(X,Y) 的联合密度函数;(2)概率 $P(Y \leqslant X)$.

7. 设随机变量 X 与 Y 相互独立,并且 $P(X=1)=P(Y=1)=p$,$P(X=0)=P(Y=0)=1-p=q$,$(0<p<1)$. 随机变量 Z 定义为:当 $X+Y$ 为偶数时,$Z=1$;当 $X+Y$ 为奇数时,$Z=0$. 问 p 为何值时,X 与 Z 相互独立?

8. 设随机变量 X 的分布律为 $P(X=1)=P(X=2)=\dfrac{1}{2}$,而当事件 $\{X=k\}(k=1,2)$ 发生时,$Y \sim B\left(k,\dfrac{1}{3}\right)$,试求 X 与 Y 的联合概率分布律.

9. 设随机变量 X 在区间 $[0,1]$ 上服从均匀分布,在 $X=x(0<x<1)$ 条件下,随机变量 Y 在区间 $[0,x]$ 上服从均匀分布,求:
   (1)随机变量 X 与 Y 的联合概率密度;
   (2)Y 的概率密度;
   (3)概率 $P(X+Y>1)$.

10. 设二维随机变量 (X,Y) 的联合概率密度函数为

$$f(x,y) = \begin{cases} 2x\,\mathrm{e}^{-y}, & 0 < x < a, y > 0, \\ 0, & \text{其他}. \end{cases}$$

求:(1)常数 a;(2)二次方程 $t^2-2Xt+Y=0$ 有实根的概率;(3)分布函数 $F(x,y)$.

11. 设随机变量 X 与 Y 相互独立,且分别服从参数为 λ_1,λ_2 的泊松分布. 证明 $Z=X+Y$ 服从参数为 $\lambda_1+\lambda_2$ 的泊松分布.

12. 某种商品每周的需求量 X 是随机变量,其密度函数为

$$f(x) = \begin{cases} x\,\mathrm{e}^{-x}, & x > 0, \\ 0, & x \leqslant 0. \end{cases}$$

设各周的需求量是相互独立的,试求两周需求量的密度函数.

13. 设随机变量 X 与 Y 相互独立,其密度函数分别为

$$f_X(x) = \dfrac{1}{2}\mathrm{e}^{-|x|}, -\infty < x < +\infty, f_Y(y) = \dfrac{1}{2}\mathrm{e}^{-|y|}, -\infty < y < +\infty.$$

试求 $Z=X+Y$ 的概率密度函数.

14. 设随机变量 (X,Y) 在以点 $(0,0),(1,0),(0,1)$ 为顶点的三角形区域上服从均匀分布,试求随机变量 $Z=X+Y$ 的密度函数.

15. 设随机变量 X 与 Y 相互独立,且 $X \sim N(1,4^2),Y \sim N(1,1^2)$,试求 $Z=X-3Y+2$ 的概率密度函数.

16. 设在某一秒钟内的任何时刻信号进入收音机是等可能的. 若收到的两个独立的这种信

号的时间间隔小于 $0.5\ \mathrm{s}$,则信号将产生互相干扰. 求两信号不互相干扰的概率.

17. 设随机变量 X 与 Y 相互独立,且都服从参数为 1 的指数分布,试求 $Z=\dfrac{X}{Y}$ 的概率密度函数.

18. 设随机变量 X 与 Y 相互独立,且都服从 $[-1,1]$ 上的均匀分布,试求 $Z=XY$ 的概率密度函数.

19. 设二维随机变量 (X,Y) 的联合概率密度函数为

$$f(x,y)=\begin{cases} x+y, & 0\leqslant x\leqslant 1,0\leqslant y\leqslant 1, \\ 0, & \text{其他}. \end{cases}$$

试求:(1) $U=\max(X,Y)$ 的分布函数 $F_U(u)$ 与密度函数 $f_U(u)$;(2) $V=\min(X,Y)$ 的分布函数 $F_V(v)$ 与密度函数 $f_V(v)$.

数字资源 4-13　拓展练习

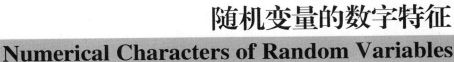

第 5 章
随机变量的数字特征
Numerical Characters of Random Variables

随机变量的分布函数或概率密度可以完整地描述随机变量的统计规律. 然而在许多实际问题中,我们并不需要知道随机变量的一切性质,而只对某些能够描述随机变量特征的常数感兴趣. 例如,考察棉花的质量时,常常关心的是棉花纤维的平均长度和纤维长度与平均长度的偏离程度. 这种由随机变量分布确定并能反映出随机变量在某些方面重要特征的数量通常称为随机变量的数字特征. 本章将介绍随机变量的一些重要的数字特征,如数学期望、方差、相关系数等,它们在理论和实践上都有重要意义.

5.1 随机变量的数学期望

首先介绍反映随机变量取值平均水平的数字特征——数学期望.

5.1.1 离散型随机变量的数学期望

我们希望引进一个数字特征,来反映随机变量 X 的可能取值的集中位置. 这使我们联想到力学中重心的概念,因为重心是反映力学系统的集中位置的. 设有一个一维力学系统 S,它由 n 个质点构成,第 i 个质点的坐标为 x_i,在 x_i 上的质量为 $p_i(i=1,2,\cdots,n)$,那么力学中定义 S 的重心的坐标为

$$\frac{\sum_{i=1}^{n} x_i p_i}{\sum_{i=1}^{n} p_i}.$$

受重心定义的启发,我们对离散型随机变量 X 引入如下定义.

定义 5.1.1 设离散型随机变量 X 的分布律为

X	x_1	x_2	$\cdots$	x_k	$\cdots$
P	p_1	p_2	$\cdots$	p_k	$\cdots$

若级数 $\sum_{k=1}^{\infty} x_k p_k$ 绝对收敛,则称级数 $\sum_{k=1}^{\infty} x_k p_k$ 为随机变量 X 的 **数学期望**,或平均值(简称**期望**或**均值**)记为 $E(X)$,即

$$E(X) = \sum_{i=1}^{\infty} x_k p_k. \tag{5.1.1}$$

若级数 $\sum_{k=1}^{\infty} x_k p_k$ 不绝对收敛,则称随机变量 X 的数学期望不存在.

特别地,若 X 的分布律为

$$P(X = x_k) = \frac{1}{n}, k = 1, 2, \cdots, n,$$

则

$$E(X) = \frac{1}{n} \sum_{k=1}^{n} x_k,$$

此时(5.1.1)式退化为 $x_1, x_2, \cdots, x_n$ 的平均值. 数学期望是平均值的推广,是一种加权平均值.

下面首先介绍几种常见的离散型随机变量的数学期望.

1. 两点分布

随机变量 X 的分布律为

X	1	0
概率	p	q

其中,$0 < p < 1, p + q = 1$. 于是有

$$E(X) = 1 \times p + 0 \times q = p.$$

2. 二项分布

随机变量 $X \sim B(n, p)$,X 的分布律为

$$P(X = k) = C_n^k p^k q^{n-k}, q = 1 - p, k = 0, 1, 2, \cdots, n$$

于是

$$E(X) = \sum_{k=0}^{n} k C_n^k p^k q^{n-k} = np \sum_{k=1}^{n} C_{n-1}^{k-1} p^{k-1} q^{(n-1)-(k-1)} = np(p + q)^{n-1} = np.$$

即

$$X \sim B(n, p), E(X) = np.$$

3. 泊松分布

随机变量 $X \sim P(\lambda)$,X 的分布律为

$$P(X = k) = \frac{\lambda^k}{k!} e^{-\lambda}, k = 0, 1, 2, \cdots$$

于是

$$E(X) = \sum_{k=0}^{\infty} k \frac{\lambda^k}{k!} e^{-\lambda} = \sum_{k=1}^{\infty} k \frac{\lambda^k}{k!} e^{-\lambda} = \lambda e^{-\lambda} \sum_{k=1}^{\infty} \frac{\lambda^{k-1}}{(k-1)!} = \lambda e^{-\lambda} e^{\lambda} = \lambda.$$

即

$$X \sim P(\lambda), E(X) = \lambda.$$

例 5.1.1 有甲、乙两个射手,他们的射击命中环数分布律如下表所示:

甲:

击中环数	8	9	10
概 率	0.3	0.1	0.6

乙:

击中环数	8	9	10
概 率	0.2	0.5	0.3

试问哪个射手的技术更好一点?

解 从上面的成绩表很难看出结果,我们可用射手命中环数的期望(均值)来评判射手的射击技术.用 X,Y 分别表示甲、乙两个射手的命中环数,则

$$E(X)=8\times0.3+9\times0.1+10\times0.6=9.3,$$
$$E(Y)=8\times0.2+9\times0.5+10\times0.3=9.1.$$

由于 $E(X)>E(Y)$,因此从均值来看甲射手的射击技术更好一点.

例 5.1.2 据统计,一个 50 岁的人在一年内死亡的概率为 1.5%,今有一个 50 岁的人参加一年期保险额度为 20 万元的某种保险,须缴保费 4 000 元,求保险公司获利的数学期望.

解 设 X 表示保险公司的获利,则 X 是一个随机变量,其分布律为

X	4 000	$-196\ 000$
P	98.5%	1.5%

于是

$$E(X)=4\ 000\times98.5\%+(-196\ 000)\times1.5\%=1\ 000.$$

即保险公司获利的数学期望是 1 000 元.

例 5.1.3(一种验血方法) 在一个人数很多的团体中普查某种疾病,N 个人去验血,对这些人的血的化验可以用两种方法进行.(1)每个人的血分别化验,这时需要化验 N 次;(2)把 k 个人血液混在一起化验,如果是阴性的,那么对这 k 个人只需作一次化验,如果结果是阳性的,那么必须对这 k 个人再逐个分别化验,这时对这 k 个人共需做 $k+1$ 化验.假定对所有的人来说,化验是阳性反应的概率都是 p,而且这些人的反应是相互独立的.试说明按方法(2)可以减少化验次数,并说明 k 取何值时最为适当.

解 若记 $q=1-p$,则 k 个人的混合血呈阳性反应的概率为 $1-q^k$.使用方法(2)验血时,每个人的血需要化验的次数 X 是随机变量,它的分布律为

X	$\dfrac{1}{k}$	$\dfrac{k+1}{k}$
P	q^k	$1-q^k$

因此,X 的数学期望为

$$E(X) = \frac{1}{k}q^k + \left(\frac{k+1}{k}\right)(1-q^k)$$

$$= 1 - q^k + \frac{1}{k}.$$

N 个人需要化验的次数的平均值为

$$N\left(1 - q^k + \frac{1}{k}\right).$$

由此可知,只要选择 k,使得

$$1 - q^k + \frac{1}{k} < 1,$$

即

$$q^k - \frac{1}{k} > 0.$$

数字资源 5-1　例题详解
一种验血方式

则按方法(2)就可以减少验血次数。当 p 固定时,若选取 k_0,使得 $E(X)$ 达到最小,即

$$1 - q^{k_0} + \frac{1}{k_0} = \min_k\left(1 - q^k + \frac{1}{k}\right).$$

这时,把 k_0 个人分为一组就是最能节省验血次数.

5.1.2　连续型随机变量的数学期望

对于连续型随机变量 X,若其密度函数为 $f(x)$,注意到 $f(x)\mathrm{d}x$ 的作用与离散型随机变量的 p_k 相类似,于是有如下定义.

定义 5.1.2　设连续型随机变量 X 的密度函数为 $f(x)$,若积分 $\int_{-\infty}^{+\infty} xf(x)\mathrm{d}x$ 绝对收敛,则定义 X 的数学期望 $E(X)$ 为

$$E(X) = \int_{-\infty}^{+\infty} xf(x)\mathrm{d}x. \tag{5.1.2}$$

若积分 $\int_{-\infty}^{+\infty} xf(x)\mathrm{d}x$ 不绝对收敛,则称随机变量 X 的数学期望不存在.

下面首先介绍几种常见的连续型随机变量的数学期望.

1. 均匀分布

随机变量 $X \sim U[a,b]$,X 的密度函数为

$$f(x) = \begin{cases} \dfrac{1}{b-a}, & x \in [a,b] \\ 0, & \text{其他}. \end{cases}$$

于是

$$E(X) = \int_{-\infty}^{+\infty} xf(x)\mathrm{d}x = \int_a^b x \cdot \frac{1}{b-a}\mathrm{d}x = \frac{a+b}{2}.$$

即
$$X \sim U[a,b], \quad E(X) = \frac{a+b}{2}.$$

2. 指数分布

随机变量 $X \sim E(\lambda)$，X 的密度函数为

$$f(x) = \begin{cases} \lambda e^{-\lambda x}, & x > 0; \\ 0, & x \leqslant 0. \end{cases}$$

于是

$$E(X) = \int_0^{+\infty} x\lambda e^{-\lambda x}\,\mathrm{d}x = -x e^{-\lambda x}\big|_0^{+\infty} + \int_0^{+\infty} e^{-\lambda x}\,\mathrm{d}x = \int_0^{+\infty} e^{-\lambda x}\,\mathrm{d}x = \frac{1}{\lambda}.$$

即
$$X \sim E(\lambda), E(X) = \frac{1}{\lambda}.$$

3. 正态分布

随机变量 $X \sim N(\mu, \sigma^2)$，X 的密度函数为

$$f(x) = \frac{1}{\sqrt{2\pi}\sigma} e^{-\frac{(x-\mu)^2}{2\sigma^2}}, \quad -\infty < x < +\infty$$

于是

$$E(X) = \int_{-\infty}^{+\infty} \frac{x}{\sqrt{2\pi}\sigma} e^{-\frac{(x-\mu)^2}{2\sigma^2}}\,\mathrm{d}x$$

令 $t = \dfrac{x-\mu}{\sigma}$，得

$$E(X) = \int_{-\infty}^{+\infty} \frac{\mu + \sigma t}{\sqrt{2\pi}} e^{-\frac{t^2}{2}}\,\mathrm{d}t$$

$$= \frac{\mu}{\sqrt{2\pi}} \int_{-\infty}^{+\infty} e^{-\frac{t^2}{2}}\,\mathrm{d}t + \frac{\sigma}{\sqrt{2\pi}} \int_{-\infty}^{+\infty} t e^{-\frac{t^2}{2}}\,\mathrm{d}t$$

$$= \frac{\mu}{\sqrt{2\pi}} \sqrt{2\pi} + 0$$

$$= \mu.$$

即
$$X \sim N(\mu, \sigma^2), E(X) = \mu.$$

例 5.1.4 设随机变量 X 的分布函数为

$$F(x) = \begin{cases} 0, & x < 0, \\ x^3, & 0 \leqslant x < 1, \\ 1, & x \geqslant 1, \end{cases}$$

求 $E(X)$.

数字资源 5-2　柯西分布的
数学期望不存在

解 X 的密度函数为

$$f(x) = \frac{\mathrm{d}F(x)}{\mathrm{d}x} = \begin{cases} 3x^2, & 0 \leqslant x \leqslant 1, \\ 1, & \text{其他}. \end{cases}$$

故有

$$E(X) = \int_{-\infty}^{+\infty} x f(x) \mathrm{d}x = \int_0^1 3x^3 \mathrm{d}x = \frac{3}{4}.$$

例 5.1.5 设随机变量 X 的密度函数为

$$f(x) = \begin{cases} ax, & 0 < x < 2; \\ -\dfrac{1}{4}x + b, & 2 \leqslant x < 4; \\ 0, & \text{其他}. \end{cases}$$

已知 $E(X) = 2$，试求 a, b 的值．

解 由 $f(x)$ 的性质及题设知

$$1 = \int_{-\infty}^{+\infty} f(x) \mathrm{d}x = \int_0^2 ax \mathrm{d}x + \int_2^4 \left(-\frac{1}{4}x + b\right) \mathrm{d}x = 2a + 2b - \frac{3}{2},$$

$$2 = E(X) = \int_{-\infty}^{+\infty} x f(x) \mathrm{d}x = \int_0^2 x \cdot ax \mathrm{d}x + \int_2^4 x \cdot \left(-\frac{1}{4}x + b\right) \mathrm{d}x$$

$$= \frac{8}{3}a + 6b - \frac{14}{3},$$

联立方程组

$$\begin{cases} 2a + 2b - \dfrac{3}{2} = 1; \\ \dfrac{8}{3}a + 6b - \dfrac{14}{3} = 2. \end{cases}$$

得

$$a = \frac{1}{4}, b = 1.$$

例 5.1.6 有 5 个相互独立工作的电子装置，它们的寿命 $X_k (k = 1, 2, 3, 4, 5)$ 服从同一个指数 $\lambda (\lambda > 0)$ 分布，其概率密度函数为

$$f(x) = \begin{cases} \lambda \mathrm{e}^{-\lambda x}, & x > 0, \\ 0, & x \leqslant 0. \end{cases}$$

(1) 若将这 5 个装置串联组成整机，求整机的寿命的数学期望；

(2) 若将这 5 个装置并联组成整机，求整机的寿命的数学期望。

解 由题设，$X_k (k = 1, 2, 3, 4, 5)$ 的分布函数均为

$$F(x) = \begin{cases} 1 - \mathrm{e}^{-\lambda x}, & x \geqslant 0, \\ 0, & x < 0. \end{cases}$$

（1）设串联时整机寿命为 N，则 $N = \min\{X_1, X_2, X_3, X_4, X_5\}$，分布函数为

$$F_N(x) = 1 - [1 - F(x)]^5 = \begin{cases} 1 - e^{-5\lambda x}, & x \geqslant 0, \\ 0, & x < 0. \end{cases}$$

故密度函数为

$$f_N(x) = \begin{cases} 5\lambda e^{-5\lambda x}, & x > 0, \\ 0, & x \leqslant 0. \end{cases}$$

所以 N 的数学期望为

$$E(N) = \int_{-\infty}^{+\infty} x f_N(x) \mathrm{d}x = \int_0^{+\infty} x \cdot 5\lambda e^{-5\lambda x} \mathrm{d}x = \frac{1}{5\lambda}.$$

（2）设并联时整机寿命为 M，则 $M = \max\{X_1, X_2, X_3, X_4, X_5\}$，分布函数为

$$F_M(x) = [F(x)]^5 = \begin{cases} (1 - e^{-\lambda x})^5, & x \geqslant 0, \\ 0, & x < 0. \end{cases}$$

故密度函数为

$$f_M(x) = \begin{cases} 5\lambda (1 - e^{-\lambda x})^4 e^{-\lambda x}, & x > 0, \\ 0, & x \leqslant 0. \end{cases}$$

所以 M 的数学期望为

$$E(M) = \int_{-\infty}^{+\infty} x f_M(x) \mathrm{d}x = \int_0^{+\infty} x \cdot 5\lambda (1 - e^{-\lambda x})^4 e^{-\lambda x} \mathrm{d}x = \frac{137}{60\lambda}.$$

5.1.3 随机变量函数的数学期望

在许多实际问题中，常常需要计算随机变量 X 的函数 $Y = g(X)$ 的数学期望 $E(Y)$．我们可以先由 X 的分布求出 Y 的分布，再由定义计算 $E(Y)$，我们也可以不必求出 Y 的概率分布，而直接由 X 的概率分布来计算 $E(Y)$．具体方法由下述定理描述．

定理 5.1.1 设 Y 是随机变量 X 的函数：$Y = g(X)$（g 是连续函数）．

（1）如果 X 为离散型随机变量，其分布律为

$$P(X = x_k) = p_k, k = 1, 2, \cdots.$$

若级数 $\sum\limits_{k=1}^{\infty} g(x_k) p_k$ 绝对收敛，则

$$E(Y) = E[g(X)] = \sum_{k=1}^{\infty} g(x_k) p_k. \tag{5.1.3}$$

（2）如果 X 为连续型随机变量，其密度函数为 $f(x)$．若 $\int_{-\infty}^{+\infty} g(x) f(x) \mathrm{d}x$ 绝对收敛，则

$$E(Y) = E[g(X)] = \int_{-\infty}^{+\infty} g(x) f(x) \mathrm{d}x. \tag{5.1.4}$$

定理 5.1.1 证明超出本书范围,此处省略. 该定理可以推广到两个及两个以上随机变量的函数的情形. 例如当 Z 是二维随机变量(X,Y)的函数时,有下述结论成立.

定理 5.1.2 设 Z 是二维随机变量(X,Y)的函数:$Z=g(X,Y)$(g 是连续函数).

(1)如果(X,Y)是二维离散型随机变量,联合分布律为

$$P(X=x_i,Y=y_j)=p_{ij},i,j=1,2,\cdots.$$

若级数 $\sum\limits_{i,j} g(x_i,y_j)p_{ij}$ 绝对收敛,则有

$$E(Z)=E[g(X,Y)]=\sum_{i,j}g(x_i,y_j)p_{ij}. \tag{5.1.5}$$

(2)如果(X,Y)是二维连续型随机变量,联合密度函数为 $f(x,y)$,若积分 $\int_{-\infty}^{+\infty}\int_{-\infty}^{+\infty}g(x,y)f(x,y)\mathrm{d}x\mathrm{d}y$ 绝对收敛,则有

$$E(Z)=E[g(X,Y)]=\int_{-\infty}^{+\infty}\int_{-\infty}^{+\infty}g(x,y)f(x,y)\mathrm{d}x\mathrm{d}y \tag{5.1.6}$$

例 5.1.7 某一商品的需求量是 $X\sim U[2\,000,4\,000]$(单位:吨),设商家每出售该商品 1 吨,可获利 3 万元,若销售不出而积压于仓库,每吨需保养费 1 万元. 问需组织多少货源,才能使商家最大获利?

解 设商家组织的商品量为 y 吨,收益为 Y,依题意

$$Y=g(X)=\begin{cases}3X-(y-X) & 2\,000\leqslant X<y;\\ 3y, & y\leqslant X\leqslant 4\,000.\end{cases}$$

商家最大获利就是平均收益最大,即求 $E(Y)$ 的最大值. 由于

$$\begin{aligned}E(Y)&=\int_{-\infty}^{+\infty}g(x)f(x)\mathrm{d}x=\int_{2\,000}^{4\,000}g(x)\cdot\frac{1}{2\,000}\mathrm{d}x\\ &=\frac{1}{2\,000}\Big[\int_{2\,000}^{y}(4x-y)\mathrm{d}x+\int_{y}^{4\,000}3y\mathrm{d}x\Big]\\ &=\frac{1}{1\,000}(-y^2+7\,000y-4\times10^6)\\ &=-\frac{1}{1\,000}[(y-3\,500)^2-8.25\times10^6].\end{aligned}$$

易见当 $y=3\,500$ 吨时 $E(Y)$ 最大,商家能获最大利润.

例 5.1.8 设一部机器在一天内发生故障的概率为 0.2,机器发生故障时全天停止工作. 若一周 5 个工作日里无故障,可获利润 10 万元;发生一次故障可获利润 5 万元;发生两次故障则无利润;发生 3 次或 3 次以上故障就要亏损 2 万元. 求一周内期望利润是多少?

解 记 X 为"一周 5 天内发生故障的天数",则 $X\sim B(5,0.2)$,即

$$P(X=0)=C_5^0 0.2^0(1-0.2)^5=0.328;$$
$$P(X=1)=C_5^1 0.2^1(1-0.2)^4=0.410;$$
$$P(X=2)=C_5^2 0.2^2(1-0.2)^3=0.205;$$

$$P(X \geqslant 3) = 1 - P(X = 0) - P(X = 1) - P(X = 2) = 0.057.$$

用 Y 表示"一周内所获利润",它是故障天数 X 的函数,由题意知

$$Y = \begin{cases} 10, & X = 0; \\ 5, & X = 1; \\ 0, & X = 2; \\ -2, & X \geqslant 3. \end{cases}$$

从而有

$$E(Y) = 10 \times 0.328 + 5 \times 0.410 + 0 \times 0.205 + (-2) \times 0.057$$
$$= 5.216(万元).$$

例 5.1.9　某巴士车站从早上 6 点到晚上 9 点于每个整点后的第 5、第 15、第 35、第 55 分钟均有一辆巴士到达. 假设乘客在 1 h 内到达的时间是等可能的,求乘客候车的平均时间.

解　设 X 表示乘客到达的时刻,则 $X \sim U[0,60]$,密度函数为

$$f(x) = \begin{cases} \dfrac{1}{60}, & x \in [0,60], \\ 0, & x \notin [0,60]. \end{cases}$$

并设 Y 为乘客候车时间,于是有

$$Y = g(X) = \begin{cases} 5 - X, & 0 < X \leqslant 5; \\ 15 - X, & 5 < X \leqslant 15; \\ 35 - X, & 15 < X \leqslant 35; \\ 55 - X, & 35 < X \leqslant 55; \\ 60 - X + 5, & 55 < X \leqslant 60. \end{cases}$$

所以平均候车时间为

$$E(Y) = E[g(X)] = \int_{-\infty}^{+\infty} g(x) f(x) \mathrm{d}x = \int_0^{60} g(x) \frac{1}{60} \mathrm{d}x$$
$$= \int_0^5 \frac{5-x}{60} \mathrm{d}x + \int_5^{15} \frac{15-x}{60} \mathrm{d}x + \int_{15}^{35} \frac{35-x}{60} \mathrm{d}x$$
$$+ \int_{35}^{55} \frac{55-x}{60} \mathrm{d}x + \int_{55}^{60} \frac{65-x}{60} \mathrm{d}x$$
$$= \frac{1}{60}(12.5 + 50 + 200 + 200 + 37.5) \approx 8.3(\min).$$

即到达车站的每个乘客平均候车时间为 8.3 min.

例 5.1.10　随机变量 $X \sim P(\lambda)$,$Y = a^X$,试求 $E(Y)$.

解　因为 $X \sim P(\lambda)$,所以

$$P(X = k) = \frac{\lambda^k}{k!} \mathrm{e}^{-\lambda}, k = 0,1,2,\cdots.$$

由(5.1.3)式,有

$$E(Y) = E(a^X) = \sum_{k=0}^{\infty} a^k \frac{\lambda^k}{k!} e^{-\lambda}$$

$$= e^{-\lambda} \sum_{k=0}^{\infty} \frac{(a\lambda)^k}{k!} = e^{-\lambda} \cdot e^{a\lambda}$$

$$= e^{\lambda(a-1)}.$$

例 5.1.11 设二维随机变量(X,Y)的概率密度为

$$f(x,y) = \begin{cases} e^{-y}, & 0 < x < y, \\ 0, & \text{其他}. \end{cases}$$

求 $E(X), E(Y), E(Xe^{-Y})$.

解 由(5.1.6)式立得

$$E(X) = \int_0^{+\infty} dy \int_0^y x e^{-y} dx = \frac{1}{2} \int_0^{+\infty} y^2 e^{-y} dy = 1,$$

$$E(Y) = \int_0^{+\infty} dy \int_0^y y e^{-y} dx = \int_0^{+\infty} y^2 e^{-y} dy = 2,$$

$$E(Xe^{-Y}) = \int_0^{+\infty} dy \int_0^y x e^{-2y} dx = \frac{1}{2} \int_0^{+\infty} y^2 e^{-2y} dy = \frac{1}{8}.$$

5.1.4 数学期望的性质

下面介绍数学期望的几个常用性质. 在以下的讨论中,所涉及的随机变量的数学期望均假设存在,证明主要针对连续型随机变量进行,离散型随机变量的情形只需将积分换成相应的求和即可.

性质 5.1.1 设 X 是随机变量,C 为常数,则

$$E(CX) = CE(X).$$

证明 设 X 的密度函数为 $f(x)$,则

$$E(CX) = \int_{-\infty}^{+\infty} Cx f(x) dx = C \int_{-\infty}^{+\infty} x f(x) dx = CE(X).$$

性质 5.1.2 设 X 是任意两个随机变量,则有

$$E(X+Y) = E(X) + E(Y).$$

证明 设二维随机变量(X,Y)的联合密度函数为 $f(x,y)$,则有

$$E(X+Y) = \int_{-\infty}^{+\infty} \int_{-\infty}^{+\infty} (x+y) f(x,y) dx dy$$

$$= \int_{-\infty}^{+\infty} \int_{-\infty}^{+\infty} x f(x,y) dx dy + \int_{-\infty}^{+\infty} \int_{-\infty}^{+\infty} y f(x,y) dy dx$$

$$= E(X) + E(Y).$$

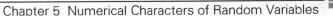

这一性质可以推广到任意有限多个随机变量之和的情形,即

$$E(X_1 + X_2 + \cdots + X_n) = E(X_1) + E(X_2) + \cdots + E(X_n).$$

结合性质 5.1.1 和 5.1.2,有

$$E(C_1 X_1 + C_2 X_2 + \cdots + C_n X_n) = C_1 E(X_1) + C_2 E(X_2) + \cdots + C_n E(X_n).$$

性质 5.1.3 设 X, Y 是相互独立的随机变量,则有

$$E(XY) = E(X)E(Y).$$

证明 设二维随机变量 (X, Y) 的联合密度函数为 $f(x, y)$,其边缘密度函数分别为 $f_X(x)$ 和 $f_Y(y)$. 由于 X 与 Y 相互独立,则 $f(x, y) = f_X(x) f_Y(y)$,所以

$$\begin{aligned}
E(XY) &= \int_{-\infty}^{+\infty} \int_{-\infty}^{+\infty} xy f(x, y) \mathrm{d}x \mathrm{d}y \\
&= \int_{-\infty}^{+\infty} \int_{-\infty}^{+\infty} xy f_X(x) f_Y(y) \mathrm{d}x \mathrm{d}y \\
&= \left[\int_{-\infty}^{+\infty} x f_X(x) \mathrm{d}x \right] \times \left[\int_{-\infty}^{+\infty} y f_Y(y) \mathrm{d}y \right] \\
&= E(X)E(Y).
\end{aligned}$$

这一性质可以推广到任意有限多个随机变量乘积的情形,即若 $X_1, X_2, \cdots, X_n$ 是 n 个相互独立的随机变量,则有

$$E(X_1 X_2 \cdots X_n) = E(X_1) E(X_2) \cdots E(X_n).$$

例 5.1.12 有 100 人过年时互赠写有祝福语的贺卡,每人准备一张(外形相同)集中放在一起,然后每人从中随机地挑选一张,求恰好取回自己贺卡人数的数学期望.

解 设 X 表示恰好取回自己贺卡的人数,则 X 是一个随机变量,它的所有可能取值为 $0, 1, 2, \cdots, 100.$ 设

$$X_i = \begin{cases} 1, & \text{第 } i \text{ 个人取回自己的贺卡,} \\ 0, & \text{第 } i \text{ 个人没有取回自己的贺卡.} \end{cases} \qquad i = 0, 1, 2, \cdots, 100.$$

由抽签原理立 $P(X_i = 1) = \dfrac{1}{100}$,且有 $X = X_1 + X_2 + \cdots + X_{100}$,则

$$E(X) = E(X_1) + E(X_2) + \cdots + E(X_{100}) = \frac{1}{100} \times 100 = 1.$$

即平均只有一个人取回的是自己的贺卡.

类似例 5.1.12 可以运用数学期望的性质 5.1.2 来计算二项分布 $X \sim B(n, p)$ 的数学期望.

例 5.1.13 设二维随机变量 (X, Y) 的概率密度函数为

数字资源 5-3 利用期望性质
计算二项分布的期望

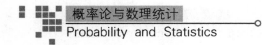

$$f(x) = \begin{cases} \dfrac{1}{\pi}, & x^2 + y^2 \leqslant 1, \\ 0, & \text{其他}. \end{cases}$$

试证 $E(XY) = E(X)E(Y)$，但 X 与 Y 不相互独立.

证明 因为

$$E(XY) = \iint\limits_{x^2+y^2\leqslant 1} xy \cdot \frac{1}{\pi} \mathrm{d}x\,\mathrm{d}y = \frac{1}{\pi} \int_{-1}^{1} x\,\mathrm{d}x \int_{-\sqrt{1-x^2}}^{\sqrt{1-x^2}} y\,\mathrm{d}y = 0;$$

$$E(X) = \iint\limits_{x^2+y^2\leqslant 1} x \cdot \frac{1}{\pi}\mathrm{d}x\,\mathrm{d}y = 0; E(y) = \iint\limits_{x^2+y^2\leqslant 1} y \cdot \frac{1}{\pi}\mathrm{d}x\,\mathrm{d}y = 0;$$

所以

$$E(XY) = E(X)E(Y).$$

当 $-1 \leqslant x \leqslant 1$ 时，有

$$f_X(x) = \int_{-\infty}^{+\infty} f(x,y)\mathrm{d}x = \int_{-\sqrt{1-x^2}}^{\sqrt{1-x^2}} \frac{1}{\pi}\mathrm{d}y = \frac{2}{\pi}\sqrt{1-x^2},$$

即

$$f_X(x) = \begin{cases} \dfrac{2}{\pi}\sqrt{1-x^2}, & -1 \leqslant x \leqslant 1, \\ 0, & \text{其他}. \end{cases}$$

同理

$$f_Y(y) = \begin{cases} \dfrac{2}{\pi}\sqrt{1-y^2}, & -1 \leqslant y \leqslant 1, \\ 0, & \text{其他}. \end{cases}$$

数字资源 5-4
本节课件

这里 $f(x,y) \neq f_X(x)f_Y(y)$，即 X 与 Y 不相互独立.

本例说明 X 与 Y 相互独立是 $E(XY) = E(X)E(Y)$ 充分而非必要条件.

5.2 随机变量的方差

数学期望反映了随机变量取值的平均水平，但有时仅了解随机变量的数学期望还不够，还需了解其取值与均值的偏离程度，这就需要引进随机变量的另一个重要数字特征——方差.

5.2.1 方差的定义

假设甲乙两名女子跳高运动员的训练成绩分别记为 X 和 Y，其分布律如下：

X	1.45	1.50	1.59	1.65
P	0.1	0.3	0.3	0.3

Y	1.45	1.50	1.59	1.65
P	0.1	0.1	0.7	0.1

如何比较这两名选手的运动水平呢？这里 $E(X)=1.567, E(Y)=1.573$，甲、乙二人的平均水平几乎相当，但观察发现，乙选手成绩的稳定性要强于甲选手. 能否用一个数字特征来衡量一个随机变量取值的稳定性即随机变量与均值的偏离程度呢？我们自然地想到用 $|X-E(X)|$ 或 $[X-E(X)]^2$ 来描述，由于绝对值不便于计算，而 $[X-E(X)]^2$ 仍是一个随机变量，因此采用 $E[X-E(X)]^2$ 来衡量随机变量 X 的取值与均值 $E(X)$ 的偏离程度.

定义 5.2.1 设 X 是一个随机变量，若 $E[X-E(X)]^2$ 存在，则称 $E[X-E(X)]^2$ 为随机变量 X 的**方差**，记为 $D(X)$，$\mathrm{Var}(X)$ 或 σ_X^2，即

$$D(X)=E[X-E(X)]^2. \tag{5.2.1}$$

称 $\sqrt{D(X)}$ 为 X 的**均方差**或**标准差**. 有时也将 $D(X)$ 简写为 DX.

若 X 为离散型随机变量，分布律为

$$P\{X=x_k\}=p_k, k=1,2,\cdots.$$

由离散型随机变量函数数学期望的计算公式(5.1.3)，可得

$$D(X)=\sum_{k=1}^{\infty}[x_k-E(X)]^2 p_k. \tag{5.2.2}$$

若 X 为连续型随机变量，密度函数为 $f(x)$，则有

$$D(X)=\int_{-\infty}^{+\infty}[x-E(X)]^2 f(x)\mathrm{d}x. \tag{5.2.3}$$

由方差的定义可知，方差是一个非负数；若随机变量的取值集中于期望附近，则方差较小，反之则较大. 方差是揭示随机变量取值离散程度的一个数字特征.

下面计算前例中甲乙两人跳高成绩的方差.

$$\begin{aligned}
D(X)&=(1.45-1.567)^2\times 0.1+(1.50-1.567)^2\times 0.3\\
&\quad+(1.59-1.567)^2\times 0.3+(1.65-1.567)^2\times 0.3\\
&=0.004\ 941.\\
D(Y)&=(1.45-1.573)^2\times 0.1+(1.50-1.573)^2\times 0.1\\
&\quad+(1.59-1.573)^2\times 0.7+(1.65-1.573)^2\times 0.1\\
&=0.002\ 841.
\end{aligned}$$

显然 $D(X)>D(Y)$，即乙选手的成绩要更稳定.

由方差的定义及数学期望的性质可得方差的如下的计算公式

$$D(X)=E(X^2)-[E(X)]^2. \tag{5.2.4}$$

事实上

$$D(X)=E[X-E(X)]^2$$

$$= E\{X^2 - 2X \times E(X) + [E(X)]^2\}$$
$$= E(X^2) - 2E(X) \times E(X) + [E(X)]^2$$
$$= E(X^2) - [E(X)]^2.$$

例 5.2.1 已知离散型随机变量 X 的可能取值为 $-1, 0, 1$ 三个值,且已知 $E(X) = 0.1$,$D(X) = 0.89$. 试求 X 的分布律.

解 设 X 取 $-1, 0, 1$ 的概率分别为 p_1, p_2 和 p_3,则有

$$p_1 + p_2 + p_3 = 1;$$

又由 $E(X) = 0.1$,则有

$$(-1) \times p_1 + 0 \times p_2 + 1 \times p_3 = 0.1;$$

而 $\qquad E(X^2) = D(X) + [E(X)]^2 = 0.89 + 0.1^2 = 0.9,$

即 $\qquad (-1)^2 \times p_1 + 0^2 \times p_2 + 1^2 \times p_3 = 0.9.$

得联立方程组

$$\begin{cases} p_1 + p_2 + p_3 = 1 \\ -p_1 + p_3 = 0.1 \\ p_1 + p_3 = 0.9 \end{cases}$$

解得 $p_1 = 0.4, p_2 = 0.1, p_3 = 0.5$. 所以 X 的分布律为

X	-1	0	1
P	0.4	0.1	0.5

例 5.2.2 已知连续型随机变量 X 的密度函数为

$$f(x) = \frac{1}{2} e^{-|x|}, \quad -\infty < x < +\infty.$$

求方差 $D(X)$.

解 由 $\qquad E(X) = \int_{-\infty}^{+\infty} x f(x) \mathrm{d}x = \int_{-\infty}^{+\infty} x \frac{1}{2} e^{-|x|} \mathrm{d}x = 0;$

$$E(X^2) = \int_{-\infty}^{+\infty} x^2 f(x) \mathrm{d}x = \int_{-\infty}^{+\infty} x^2 \frac{1}{2} e^{-|x|} \mathrm{d}x = \int_0^{+\infty} x^2 e^{-x} \mathrm{d}x$$

$$= -e^{-x}(x^2 + 2x + 2) \Big|_0^{+\infty} = 2;$$

故有 $\qquad D(X) = E(X^2) - [E(X)]^2 = 2 - 0 = 2.$

例 5.2.3 设二维随机变量 (X, Y) 服从 D 上的均匀分布,其中 D 是由 x 轴、y 轴及直线 $x + \dfrac{y}{2} = 1$ 所围成的三角区域,求 $D(Y)$.

解 由题设知 (X, Y) 的联合密度函数为

$$f(x, y) = \begin{cases} 1, & (x, y) \in D, \\ 0, & \text{其他}. \end{cases}$$

所以,(X,Y)关于 Y 的边缘密度函数为

$$f_Y(y) = \int_{-\infty}^{+\infty} f(x,y)\mathrm{d}x$$

$$= \begin{cases} \int_0^{1-\frac{y}{2}} \mathrm{d}x = 1 - \dfrac{y}{2}, & 0 < y < 2; \\ \\ \qquad 0, & \text{其他}. \end{cases}$$

于是

$$E(Y) = \int_{-\infty}^{+\infty} y f_Y(y)\mathrm{d}y = \int_0^2 y\left(1 - \frac{y}{2}\right)\mathrm{d}y = \left(\frac{1}{2}y^2 - \frac{1}{6}y^3\right)\Big|_0^2 = \frac{2}{3},$$

$$E(Y^2) = \int_{-\infty}^{+\infty} y^2 f_Y(y)\mathrm{d}y = \int_0^2 y^2\left(1 - \frac{y}{2}\right)\mathrm{d}y = \left(\frac{1}{3}y^3 - \frac{1}{8}y^4\right)\Big|_0^2 = \frac{2}{3},$$

故

$$D(Y) = E(Y^2) - [E(Y)]^2 = \frac{2}{9}.$$

5.2.2 方差的性质

性质 5.2.1 设 C 为常数,则 $D(C)=0$.

性质 5.2.2 设 X 为随机变量,C 为常数,则 $D(CX)=C^2 D(X)$.

证明

$$\begin{aligned} D(CX) &= E(CX)^2 - [E(CX)]^2 \\ &= E(C^2 X^2) - [CE(X)]^2 \\ &= C^2 E(X^2) - C^2[E(X)]^2 \\ &= C^2\{E(X^2) - [E(X)]^2\} \\ &= C^2 D(X). \end{aligned}$$

性质 5.2.3 设随机变量 X 与 Y 相互独立,则 $D(X \pm Y)=D(X)+D(Y)$.

证明

$$\begin{aligned} D(X \pm Y) &= E[(X \pm Y) - E(X \pm Y)]^2 \\ &= E\{[X - E(X)] \pm [Y - E(Y)]\}^2 \\ &= E[X - E(X)]^2 + E[Y - E(Y)]^2 \pm 2E\{[X - E(X)][Y - E(Y)]\}. \end{aligned}$$

由于

$$\begin{aligned} &E\{[X - E(X)][Y - E(Y)]\} \\ &= E[XY - XE(Y) - YE(X) + E(X)E(Y)] \\ &= E(XY) - E(Y)E(X) - E(X)E(Y) + E(X)E(Y) \\ &= E(XY) - E(X)E(Y). \end{aligned}$$

由 X 与 Y 相互独立知 $E(XY)=E(X)E(Y)$,所以

$$E\{[X - E(X)][Y - E(Y)]\} = 0.$$

因此

$$D(X+Y)=E[X-E(X)]^2+E[Y-E(Y)]^2$$
$$=D(X)+D(Y).$$

数字资源 5-5　性质
5.2.3 证明　　　　性质 5.2.3 还可以推广到有限个随机变量的情形. 即，如果 $X_1,X_2,\cdots,X_n$ 是 n 个相互独立的随机变量，并且 $D(X_i)(1\leqslant i\leqslant n)$ 均存在，则

$$D(X_1+X_2+\cdots+X_n)=D(X_1)+D(X_2)+\cdots+D(X_n).$$

综合性质 5.2.1 至 5.2.3 可知，如果随机变量 X 与 Y 相互独立，且方差都存在，那么对任意常数 C_0,C_1,C_2 有

$$D(C_0+C_1X+C_2Y)=C_1^2D(X)+C_2^2D(Y).$$

性质 5.2.4　$D(X)=0$ 的充要条件是 $P\{X=E(X)\}=1$.

5.2.3　几类随机变量的方差

1. 两点分布

随机变量 X 的分布律为

X	1	0
概率	p	q

这里 $0<p<1,p+q=1$. 则

$$D(X)=E(X^2)-[E(X)]^2=1^2\times p+0^2\times q-p^2=p-p^2=pq.$$

2. 二项分布

随机变量 $X\sim B(n,p)$，X 的分布律为

$$P(X=k)=C_n^k p^k q^{n-k},q=1-p,k=0,1,2,\cdots,n.$$

将 X 看作 n 重贝努利试验中事件 A 发生的次数，事件 A 在每次试验中发生的概率为 p. 令

$$X_i=\begin{cases}1, & 在第 i 次试验中 A 发生；\\ 0, & 在第 i 次试验中 A 不发生.\end{cases}(i=1,2,\cdots,n)$$

显然，$X=X_1+X_2+\cdots+X_n$. 这里 $X_i(i=1,2,\cdots,n)$ 服从参数为 p 的两点分布，且 $X_1,X_2,\cdots,X_n$ 相互独立，因此

$$D(X_1+X_2+\cdots+X_n)=D(X_1)+D(X_2)+\cdots+D(X_n)=npq.$$

即　　　　　　　　　　$X\sim B(n,p),D(X)=npq.$

3. 泊松分布

随机变量 $X\sim P(\lambda)$，X 的分布律为

$$P(X=k)=\frac{\lambda^k}{k!}e^{-\lambda},k=0,1,2,\cdots.$$

于是有

$$D(X) = E(X)^2 - [E(X)]^2 = E[E(X-1) + X] - \lambda^2$$

$$= E[X(X-1)] + \lambda - \lambda^2 = \sum_{k=0}^{\infty} k(k-1) \frac{\lambda^k}{k!} e^{-\lambda} + \lambda - \lambda^2$$

$$= \lambda^2 e^{-\lambda} \sum_{k=2}^{\infty} \frac{\lambda^{k-2}}{(k-2)!} = \lambda^2 e^{-\lambda} e^{\lambda} + \lambda - \lambda^2 = \lambda.$$

即

$$X \sim P(\lambda), D(X) = \lambda.$$

4. 均匀分布

随机变量 $X \sim U[a,b]$，X 的密度函数为

$$f(x) = \begin{cases} \dfrac{1}{b-a}, & x \in [a,b], \\ 0, & \text{其他}. \end{cases}$$

于是

$$D(X) = E(X^2) - [E(X)]^2$$

$$= \int_a^b x^2 \frac{1}{b-a} dx - \left(\frac{a+b}{2}\right)^2$$

$$= \frac{(b-a)^2}{12}.$$

即

$$X \sim U(a,b), D(X) = \frac{(b-a)^2}{12}.$$

5. 指数分布

随机变量 $X \sim E(\lambda)$，X 的密度函数为

$$f(x) = \begin{cases} \lambda e^{-\lambda x}, & x \geqslant 0 \\ 0, & x < 0 \end{cases}$$

于是

$$D(X) = E(X^2) - [E(X)]^2$$

$$= \int_0^{+\infty} x^2 \lambda e^{-\lambda x} dx - \left(\frac{1}{\lambda}\right)^2$$

$$= \frac{2}{\lambda^2} - \frac{1}{\lambda^2}$$

$$= \frac{1}{\lambda^2}.$$

即

$$X \sim E(\lambda), D(X) = \frac{1}{\lambda^2}.$$

6. 正态分布

随机变量 $X \sim N(\mu, \sigma^2)$，X 的密度函数为

$$f(x) = \frac{1}{\sqrt{2\pi}\sigma} e^{-\frac{(x-\mu)^2}{2\sigma^2}}, -\infty < x < +\infty.$$

于是

$$D(X) = E[X - E(X)]^2$$

$$= \int_{-\infty}^{+\infty} (x-\mu)^2 \frac{1}{\sqrt{2\pi}\sigma} e^{-\frac{(x-\mu)^2}{2\sigma^2}} dx$$

$$= \frac{\sigma^2}{\sqrt{2\pi}} \int_{-\infty}^{+\infty} t^2 e^{-\frac{t^2}{2}} dt$$

$$= \frac{\sigma^2}{\sqrt{2\pi}} (-t e^{-\frac{t^2}{2}}) \Big|_{-\infty}^{+\infty} + \frac{\sigma^2}{\sqrt{2\pi}} \int_{-\infty}^{+\infty} e^{-\frac{t^2}{2}} dt$$

$$= \sigma^2 \int_{-\infty}^{+\infty} \frac{1}{\sqrt{2\pi}} e^{-\frac{t^2}{2}} dt = \sigma^2.$$

即

$$X \sim N(\mu, \sigma^2), D(X) = \sigma^2.$$

特别地,对标准正态分布 $N(0,1)$,其数学期望是 0,方差是 1.

数字资源 5-6　利用方差性质
计算正态分布方差

数字资源 5-7　本节课件

5.3　协方差和相关系数

二维随机变量 (X,Y) 中 X,Y 本身都是一维随机变量,可以分别获得其数学期望和方差两个数字特征,我们也希望获得能够描述 X 与 Y 之间相互关系的数字特征. 本节主要介绍体现随机变量关系的协方差和相关系数两个数字特征.

5.3.1　协方差和相关系数的定义

由性质 5.2.3 的证明可知,如果两个随机变量 X 和 Y 相互独立,则

$$E\{[X - E(X)][Y - E(Y)]\} = 0.$$

这就意味着当 $E\{[X - E(X)][Y - E(Y)]\} \neq 0$ 时,X 与 Y 不相互独立,而是存在着一定的关系.

定义 5.3.1　若 $E\{[X - E(X)][Y - E(Y)]\}$ 存在,则称其为随机变量 X 与 Y 的**协方差**,记为 $\mathrm{Cov}(X,Y)$,即

$$\mathrm{Cov}(X,Y) = E\{[X - E(X)][Y - E(Y)]\} \tag{5.3.1}$$

当 $D(X) > 0, D(Y) > 0$ 时,称

$$\rho_{XY} = \frac{\text{Cov}(X,Y)}{\sqrt{D(X)}\ \sqrt{D(Y)}} \quad\quad\quad (5.3.2)$$

为随机变量 X 和 Y 的**相关系数**.

由性质 5.2.3 的证明可知

$$E\{[X-E(X)][Y-E(Y)]\} = E(XY)-E(X)E(Y),$$

因此常采用下面的计算公式来计算协方差

$$\text{Cov}(X,Y) = E(XY)-E(X)E(Y).$$

例 5.3.1 设二维随机变量 (X,Y) 的联合分布律为

Y \ X	−1	0	1
0	1/3	0	1/3
1	0	1/3	0

计算 $\text{Cov}(X,Y), \rho_{XY}$.

解 易得 X, Y 的边缘分布律分别为

X	−1	0	1
$P(X=i)$	1/3	1/3	1/3

Y	0	1
$P(Y=j)$	2/3	1/3

这里

$$E(X) = (-1)\times\frac{1}{3}+0\times\frac{1}{3}+1\times\frac{1}{3} = 0, E(Y) = \frac{1}{3},$$

$$D(X) = \frac{2}{3}, D(Y) = \frac{2}{9}.$$

$$E(XY) = (-1)\times 0 + 0\times 1 + 1\times 0 = 0.$$

所以有

$$\text{Cov}(X,Y) = E(XY)-E(X)E(Y) = 0,$$

$$\rho_{XY} = \frac{\text{Cov}(X,Y)}{\sqrt{D(X)}\ \sqrt{D(Y)}} = 0.$$

例 5.3.2 设 (X,Y) 服从二维正态分布,即 (X,Y) 的联合密度函数为

$$f(x,y) = \frac{1}{2\pi\sigma_1\sigma_2\sqrt{1-\rho^2}}\exp\left\{\frac{-1}{2(1-\rho^2)}\left[\frac{(x-\mu_1)^2}{\sigma_1^2}\right.\right.$$
$$\left.\left.-2\rho\frac{(x-\mu_1)(y-\mu_2)}{\sigma_1\sigma_2}+\frac{(y-\mu_2)^2}{\sigma_2^2}\right]\right\}.$$

试证 X 与 Y 的相关系数 $\rho_{XY} = \rho$.

* 证明 X, Y 的边缘密度函数分别为

$$f_X(x) = \frac{1}{\sqrt{2\pi}\,\sigma_1}\exp\left\{-\frac{(x-\mu_1)^2}{2\sigma_1^2}\right\},\ -\infty < x < +\infty;$$

$$f_Y(y) = \frac{1}{\sqrt{2\pi}\,\sigma_2}\exp\left\{-\frac{(y-\mu_2)^2}{2\sigma_2^2}\right\},\ -\infty < y < +\infty.$$

所以 $E(X)=\mu_1, E(Y)=\mu_2, D(X)=\sigma_1^2, D(Y)=\sigma_2^2$,而

$$\mathrm{Cov}(X,Y) = E\{[X-E(X)][Y-E(Y)]\}$$

$$= \int_{-\infty}^{+\infty}\int_{-\infty}^{+\infty}(x-\mu_1)(y-\mu_2)f(x,y)\,\mathrm{d}x\,\mathrm{d}y$$

$$= \frac{1}{2\pi\sigma_1\sigma_2\sqrt{1-\rho^2}}\int_{-\infty}^{+\infty}e^{-\frac{(y-\mu_2)^2}{2\sigma_2^2}}\,\mathrm{d}y\int_{-\infty}^{+\infty}(x-\mu_1)$$

$$\times (y-\mu_2)\exp\left\{-\frac{1}{2(1-\rho^2)}\left(\frac{x-\mu_1}{\sigma_1}-\rho\frac{y-\mu_2}{\sigma_2}\right)^2\right\}\mathrm{d}x$$

令 $z = \frac{1}{\sqrt{1-\rho^2}}\left(\frac{x-\mu_1}{\sigma_1}-\rho\frac{y-\mu_2}{\sigma_2}\right), t=\frac{y-\mu_2}{\sigma_2}$,则

$$\mathrm{Cov}(X,Y) = \frac{1}{2\pi}\int_{-\infty}^{+\infty}(\sigma_1\sigma_2\sqrt{1-\rho^2}\,tz+\rho\sigma_1\sigma_2 t^2)\exp\left\{-\left(\frac{t^2}{2}+\frac{z^2}{2}\right)\right\}\mathrm{d}z\,\mathrm{d}t$$

$$= \frac{\rho\sigma_1\sigma_2}{2\pi}\int_{-\infty}^{+\infty}t^2 e^{-\frac{t^2}{2}}\mathrm{d}t\int_{-\infty}^{+\infty}e^{-\frac{z^2}{2}}\mathrm{d}z + \frac{\sigma_1\sigma_2\sqrt{1-\rho^2}}{2\pi}\int_{-\infty}^{+\infty}t e^{-\frac{t^2}{2}}\mathrm{d}t\int_{-\infty}^{+\infty}z e^{-\frac{z^2}{2}}\mathrm{d}z$$

$$= \rho\sigma_1\sigma_2,$$

于是

$$\rho_{XY} = \frac{\mathrm{Cov}(X,Y)}{\sqrt{D(X)}\sqrt{D(Y)}} = \frac{\rho\sigma_1\sigma_2}{\sigma_1\sigma_2} = \rho.$$

这就说明了二维正态随机变量(X,Y)的联合密度函数中的参数 ρ 就是 X 与 Y 的相关系数. 结合第 4 章 4.4 节关于二维正态分布独立的结论可知,若随机变量(X,Y)服从二维正态分布,则 X 与 Y 相互独立的充要条件是相关系数 $\rho_{XY}=0$.

5.3.2 协方差和相关系数的性质

由定义,不难验证协方差满足下列性质:

性质 5.3.1 $\mathrm{Cov}(X,Y)=\mathrm{Cov}(Y,X)$;

性质 5.3.2 $\mathrm{Cov}(aX,cY)=ac\mathrm{Cov}(X,Y),a,c$ 为常数;

性质 5.3.3 $\mathrm{Cov}(X+Y,Z)=\mathrm{Cov}(X,Z)+\mathrm{Cov}(Y,Z)$;

性质 5.3.4 $D(X\pm Y)=D(X)\pm 2\mathrm{Cov}(X,Y)+D(Y)$.

相关系数 ρ_{XY} 来说,具有下列有关性质:

性质 5.3.5 $|\rho_{XY}|\leqslant 1$.

性质 5.3.6 $|\rho_{XY}|=1$ 的充要条件是存在常数 $a(\neq 0),b$ 有

$$P(Y=aX+b)=1.$$

性质 5.3.6 表明 X,Y 的相关系数 ρ_{XY} 是衡量 X 与 Y 之间线性相关程度的量. 当 $|\rho_{XY}|=1$ 时, X 与 Y 以概率 1 线性相关. 当 $\rho_{XY}=1$ 时,称 X 与 Y **完全正线性相关**;当 $\rho_{XY}=-1$ 时,称 X 与 Y **完全负线性相关**;而当 $|\rho_{XY}|<1$ 时, X 与 Y 之间线性相关程度减弱,特别当 $\rho_{XY}=0$ 时,我们称 X 与 Y **不相关**.

数字资源 5-8　性质 5.3.5,
性质 5.3.6 证明

值得注意的是,这里指的不相关,仅指的是在线性关系的角度上考虑的不相关,并不是 X 与 Y 之间没有关系.

例如,随机变量 X 的密度函数为定义在对称区间上的偶函数,取 $Y=X^2$,则 $E(X)=0$, $E(XY)=E(X^3)=0$,$\mathrm{Cov}(X,Y)=E(XY)-E(X)E(Y)=0$,因而 X 与 Y 不相关,但 X 与 Y 间存在着函数关系.

性质 5.3.7 对于随机变量 X 和 Y,下列结论是等价的:

(1) $\mathrm{Cov}(X,Y)=0$;

(2) X 与 Y 不相关,即 $\rho_{XY}=0$;

(3) $E(XY)=E(X)E(Y)$;

(4) $D(X\pm Y)=D(X)+D(Y)$.

虽然对于二维正态分布, X 与 Y 相互独立的充要条件是 $\rho_{XY}=0$,但一般情况下,若 X 与 Y 相互独立,则 X 与 Y 一定不相关,但反之不然. 也就是说,若 X 与 Y 不相关, X 与 Y 不一定相互独立. 请看下面的例子.

数字资源 5-9　性质
5.3.7 等价性证明

例 5.3.3 设随机变量 X 的概率密度函数为

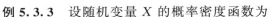

$$f(x)=\frac{1}{2}\mathrm{e}^{-|x|},\ -\infty<x<+\infty.$$

(1)求 X 与 $|X|$ 的协方差,并问 X 与 $|X|$ 是否相关?

(2)问 X 与 $|X|$ 是否相互独立? 为什么?

解 (1)由于

$$\mathrm{Cov}(X,|X|)=E(X|X|)-E(X)E(|X|)=E(X|X|)$$
$$=\int_{-\infty}^{+\infty}x|x|f(x)\mathrm{d}x=0.$$

所以 X 与 $|X|$ 不相关.

(2)由独立性的定义来证明. 对给定 $0<a<+\infty$,易见 $(|X|<a)\subset(X<a)$ 且

$$P(|X|<a)>0,P(X<a)<1,$$

所以

$$P(X<a,|X|<a)=P(|X|<a).$$

但

$$P(X<a)\cdot P(|X|<a)<P(|X|<a),$$

所以

$$P(X<a,|X|<a)\neq P(X<a)\cdot P(|X|<a).$$

因此 X 与 $|X|$ 不独立.

数字资源 5-10
本节课件

5.4 高阶矩和位置特征

5.4.1 高阶矩

对数学期望和方差作进一步的推广,可得到更广泛的一种随机变量的数字特征——高阶矩.

定义 5.4.1 设 X 与 Y 是随机变量,若

$$m_k = E(X^k), k = 1, 2, \cdots$$

存在,则称它为随机变量 X 的 **k 阶原点矩**. 若

$$c_k = E[X - E(X)]^k, k = 1, 2, \cdots$$

存在,则称它为随机变量 X 的 **k 阶中心矩**. 若

$$E(X^k Y^l), k, l = 1, 2, \cdots$$

存在,则称它为随机变量 X 与 Y 的 **$k+l$ 阶混合矩**. 若

$$E[X - E(X)]^k [Y - E(Y)]^l, k, l = 1, 2, \cdots$$

存在,则称它为随机变量 X 与 Y 的 **$k+l$ 阶混合中心矩**.

显然 X 的数学期望 $E(X)$ 是 X 的一阶原点矩,方差 $D(X)$ 是 X 的二阶中心矩,协方差 $Cov(X, Y)$ 是 X 与 Y 的 $1+1$ 阶混合中心矩.

在三阶和四阶矩中,比较有用的是偏斜系数和峰态系数.

* 定义 5.4.2 称

$$sk(X) = \frac{c_3}{c_2^{3/2}}$$

为随机变量 X 的 **偏斜系数**(或**偏度**). 称

$$k(X) = \frac{c_4}{c_2^2} - 3$$

为随机变量 X 的 **峰态系数**(或**峭度**).

偏斜系数是表示随机变量概率分布偏斜方向与程度的数字特征. $sk(X) > 0$,表示 X 的概率分布高峰在左,向右偏斜;$sk(X) < 0$,表示 X 的概率分布高峰在右,向左偏斜;$sk(X) = 0$,表示 X 的概率分布具有对称性;$|sk(X)|$ 的大小则表示 X 的偏斜程度的大小(见图 5.4.1).

峰态系数是表示随机变量概率分布陡峭程度的数字特征. 由于正态分布的峰态系数是 0,对于连续型随机变量来说,可以正态分布为基准,若 X 的峰态系数 $k(X) > 0$,则表明 X 的概率密度曲线比正态分布概率密度曲线陡峭;若 X 的峰态系数 $k(X) < 0$,则表明 X 的概率密度曲线比正态曲线平坦. $|k(X)|$ 愈大,表明该随机变量在峰态系数这一特征上,与正

态分布差别愈大(见图5.4.2).

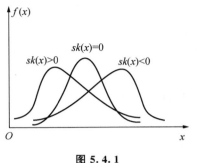

图 5.4.1

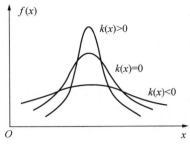

图 5.4.2

由于 $X \sim N(\mu, \sigma^2)$ 时, $sk(X) = k(X) = 0$,理论上已证明,如果一个分布的偏斜系数和峰态系数都为零,则它的性质与正态分布将非常接近. 从实用的角度,可以粗略认为它就是正态分布. 若 $sk(X)$ 和 $k(X)$ 中至少有一个与零相差较大时,则可以认为该随机变量不是正态分布.

另外,在与矩有关的数字特征中,还有一个较为常用的是变异系数. 定义

$$c_X = \frac{\sqrt{c_2}}{m_1} = \frac{\sigma_X}{m_1} \tag{5.4.1}$$

为随机变量 X 的**变异系数** *.

变异系数可以衡量不同随机变量取值的变异程度. 若随机变量 X 的值较小,则相应的 $E(X)$ 和标准差 σ_X 均较小;若随机变量 X 的值较大,则相应的 $E(X)$ 和标准差 σ_X 均较大,这时如果直接比较两者的标准差显然是不合理的,这时可以采用变异系数进行比较.

5.4.2 位置特征

定义 5.4.3 称满足不等式

$$P(X \leqslant x) \geqslant p, P(X \geqslant x) \geqslant 1 - p (0 < p < 1)$$

的 x 值为随机变量 X 的 p **分位数**,可记为 x_p. 如果随机变量 X 是连续型的,那么 p 分位数就是满足

$$F(x) = p$$

的 x 值.

分位数及它的函数统称为**位置特征**. 当 $p = \frac{1}{2}$ 时,相应的 $x_{\frac{1}{2}}$ 称为随机变量 X 的**中位数**. 中位数是随机变量分布的"中点",是刻画随机变量"均值"的一种方法. 由于随机变量的中位数总是存在的,对于那些数学期望不存在的随机变量,中位数常起类似于数学期望的作用.

例 5.4.1(柯西分布) 若随机变量 X 的概率密度函数是

$$f(x) = \frac{1}{\pi(1 + x^2)}, -\infty < x < +\infty.$$

由于

$$\int_{-\infty}^{+\infty} | \ x \ | \ f(x) \mathrm{d}x = \frac{1}{\pi} \int_0^{+\infty} \frac{2x}{1+x^2} \mathrm{d}x$$

$$= \frac{1}{\pi} \ln(1+x^2) \Big|_0^{+\infty} = +\infty,$$

所以 $E(X)$ 不存在. 下面来求它的中位数, 因为柯西的分布函数

$$F(x) = \frac{1}{\pi} \int_{-\infty}^x \frac{1}{1+t^2} \mathrm{d}t = \frac{1}{\pi} \arctan x + \frac{1}{2},$$

且 $F(0) = \frac{1}{2}$, 故 $x_{\frac{1}{2}} = 0$ 是它的中位数.

实际应用中除了用到中位数 $x_{\frac{1}{2}}$ 外, 还将用到四分位数、十分位数等. 为了便于今后应用, 这里着重介绍标准正态分布分位点的概念, 后面的第 7 章将会陆续介绍其他几类分布的分位点.

设 $X \sim N(0,1)$, 若 u_α 满足条件

$$P(X > u_\alpha) = \alpha, 0 < \alpha < 1,$$

则称点 u_α 为标准正态分布的**上(侧) α 分位点**(见图 5.4.3).

查标准正态分布函数表, 可得

$$u_{0.05} = 1.645, u_{0.005} = 2.57, u_{0.001} = 3.10.$$

设 $X \sim N(0,1)$, 若 u_0 满足条件

$$P(|X| > u_0) = \alpha$$

则称点 u_0 为标准正态分布的**双侧 α 分位点**(见图 5.4.4).

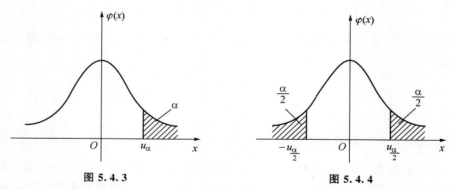

图 5.4.3   图 5.4.4

由 $N(0,1)$ 的对称性知, $P(|X| > u_0) = 2P(X > u_0)$, 于是

$$P(X > u_0) = \frac{\alpha}{2},$$

即

$$u_0 = u_{\frac{\alpha}{2}}.$$

所以标准正态分布的上侧 $\frac{\alpha}{2}$ 分位点 $u_{\frac{\alpha}{2}}$ 就是其双侧 α 分位点. 例如,查表可得

$$u_{\frac{0.05}{2}} = 1.96, u_{\frac{0.005}{2}} = 2.81.$$

数字资源 5-11 标准正态分布分位点

数字资源 5-12 本节课件

第 5 章习题

1. 设随机变量 X 的概率分布为

X	1	2	3	4	5
P	1/3	1/6	1/6	1/6	1/6

求 $E(X), E(X-1)^2, D(X)$.

2. 设随机变量 X 的概率分布为

X	-1	0	1
P	a	b	c

且 $E(X^2) = 0.8, D(X) = 0.79$ 试求 a, b, c 的值.

3. 一批零件中 9 个合格品,3 个次品,安装机器时从这批零件中任取一个,如果取出次品就不再放回去. 求在取得合格品前已取得的次品个数的数学期望和方差.

4. 现有 10 张奖券,其中 8 张为 2 元,2 张为 5 元,今某人从中随机地无放回抽取 3 张,求此人得奖金额的数学期望.

5. 把 4 个球随机地放入 4 个盒子中,设 X 表示空盒子的个数,求 $E(X)$.

6. 设随机变量 X 服从参数为 λ 的泊松分布,且已知 $E[(X-1)(X-2)] = 1$,试求 λ 的值.

7. 设随机变量 X 的概率密度为

$$f(x) = \begin{cases} 1+x, & -1 \leqslant x \leqslant 0, \\ 1-x, & 0 < x < 1, \\ 0, & \text{其他}. \end{cases}$$

求 $E(X), D(X)$.

8. 某工厂生产的圆盘其直径在区间 $[a,b]$ 上服从均匀分布,试求圆盘面积的数学期望.

9. 设长方形的高(单位:m) $X \sim U[0,2]$,已知长方形的周长为 20 m,求长方形面积的数学期望和方差.

10. 某保险公司规定,如果在一年内顾客的投保事件 A 发生,该公司就赔偿顾客 a 元,若一年内事件 A 发生的概率为 p,为使公司收益的期望值等于 a 的 10%,该公司应该要求顾

客交多少保险费?

11. 设 X 在 $[-1,1]$ 上服从均匀分布,求 $E|X|$ 和 $E\left(\dfrac{1}{X+2}\right)$.

12. 一种股票未来价格是一个随机变量,一个人购买股票可通过比较两种股票未来价格的数学期望和方差来决定. 由未来价格的期望可判定未来收益,由方差可判定投资风险. 设有甲、乙两家公司的两种股票,今年的价格都是 10 元,一年后它们的价格及分布如下表:

X/元	8	12	15
P	0.4	0.5	0.1

Y/元	6	8.6	23
P	0.3	0.5	0.2

试比较购买这两种股票的风险.

13. 设随机变量 X 的分布函数为

$$F(x)=\begin{cases} 0, & x\leqslant 0, \\ \dfrac{x}{4}, & 0<x\leqslant 4, \\ 1, & x>4. \end{cases}$$

求 X 的数学期望和方差.

14. 工厂生产的某种设备的寿命 X(以年计)服从指数分布,密度函数为

$$f(x)=\begin{cases} \dfrac{1}{4}\mathrm{e}^{-\frac{x}{4}}, & x>0, \\ 0, & x\leqslant 0. \end{cases}$$

工厂规定,出售的设备若在一年之内损坏予以调换,若工厂售出一台设备赢利 100 元,调换一台设备厂方需花费 300 元,试求厂方出售一台设备赢利的数学期望.

15. 设随机变量 X 与 Y 相互独立,密度函数分别为

$$f_X(x)=\begin{cases} 2x, & 0\leqslant x\leqslant 1, \\ 0, & \text{其他}. \end{cases} \qquad f_Y(y)=\begin{cases} \mathrm{e}^{-(y-5)}, & y>5, \\ 0, & y\leqslant 5. \end{cases}$$

求 $E(XY)$.

16. 设 X,Y 是两个独立且均服从正态分布 $N(0,1/2)$ 的随机变量,试求随机变量 $|X-Y|$ 数学期望.

17. 设随机变量 X 和 Y 的联合分布律为

Y \ X	-1	0	1
0	0.07	0.18	0.15
	0.08	0.32	0.20

试求协方差 $\mathrm{Cov}(X^2,Y^2)$.

18. 设随机变量 (X,Y) 的联合密度函数为

$$f(x,y) = \begin{cases} \dfrac{1}{8}(x+y), & 0 \leqslant x \leqslant 2, 0 \leqslant y \leqslant 2, \\ 0, & \text{其他}. \end{cases}$$

求 $E(X), E(Y), \text{Cov}(X,Y), \rho_{XY}$ 和 $D(X+Y)$.

数字资源 5-13　拓展练习

大数定律和中心极限定理

The Law of Large Numbers and the Central Limits Theorem

我们知道,概率法则总是在对大量的随机现象的考察中才能显现出来,为了研究这些大量的随机现象,常常需要采用极限形式,这就需要关于随机变量序列的极限定理的研究. 极限定理在概率论与数理统计的理论研究与应用中起着十分重要的作用,其中被称为"大数定律"和"中心极限定理"的那些定理是最重要的. 大数定律简单地说就是"若干个随机变量算术平均的极限定理",而中心极限定理则是"关于标准化的随机变量之和的极限定理". 本章将对其中的一些重要结论加以介绍.

6.1 切比雪夫不等式

在讨论极限定理之前,我们需要下面的概率不等式.

定理 6.1.1(切比雪夫不等式) 设随机变量 X 具有数学期望 $E(X)=\mu$,方差 $D(X)=\sigma^2$,则对给定的正数 ε,有

$$P(|X-\mu|\geqslant\varepsilon)\leqslant\frac{\sigma^2}{\varepsilon^2} \tag{6.1.1}$$

或

$$P(|X-\mu|<\varepsilon)\geqslant 1-\frac{\sigma^2}{\varepsilon^2}. \tag{6.1.2}$$

证 仅就连续型随机变量的情形.

$$P(|X-\mu|\geqslant\varepsilon)=\int_{|x-\mu|\geqslant\varepsilon}f(x)\mathrm{d}x\leqslant\int_{|x-\mu|\geqslant\varepsilon}\frac{(x-\mu)^2}{\varepsilon^2}f(x)\mathrm{d}x$$

$$\leqslant\int_{-\infty}^{+\infty}\frac{(x-\mu)^2}{\varepsilon^2}f(x)\mathrm{d}x=\frac{\sigma^2}{\varepsilon^2}.$$

切比雪夫不等式不要求 X 的具体分布,只要知道了 $E(X)$ 和 $D(X)$,就能估计概率值 $P(|X-\mu|<\varepsilon)$ 或 $P(|X-\mu|\geqslant\varepsilon)$.

例如,一般有

$$P(|X - \mu| < 3\sigma) \geqslant 1 - \frac{\sigma^2}{(3\sigma)^2} = \frac{8}{9}.$$

例 6.1.1   设在每次试验中,事件 A 发生的概率为 0.5,利用切比雪夫不等式估计:在 1 000 次重复独立试验中 A 发生的次数在 400 至 600 之间的概率.

解   以 X 表示 1 000 次重复独立试验中 A 发生的次数,则 $X \sim B(1\ 000, 0.5)$.

因此,$E(X) = np = 1\ 000 \times 0.5 = 500$,$D(X) = np(1-p) = 1\ 000 \times 0.5 \times 0.5 = 250$.

由(6.1.2)式,得

$$P(400 < X < 600) = P(|X - 500| < 100) \geqslant 1 - \frac{250}{100^2} = 0.975.$$

即在 1 000 次重复独立试验中,事件 A 发生的次数在 400 至 600 之间的概率至少为 0.975.

例 6.1.2   设正常男性成人血液每毫升中的白细胞数为 X,若 $E(X) = 7\ 300$,$D(X) = 700$,利用切比雪夫不等式估计正常男性成人血液每毫升中的白细胞数在 5 200 到 9 400 之间的概率.

解   由题设知 $E(X) = 7\ 300$,$D(X) = 700^2$。由切比雪夫不等式,得

$$P(5\ 200 < X < 9\ 400) = P(|X - 7\ 300| < 2\ 100) \geqslant 1 - \frac{700^2}{2\ 100^2} = \frac{8}{9}.$$

6.2   大数定律

大数定律是从概率的统计定义,即当 n 增大时频率稳定于概率引申来的.为表述这一点,我们将频率通过随机变量的算术平均表示出来.设在 n 次独立试验中,每次试验 A 发生的概率为 p,记

$$X_i = \begin{cases} 1, & \text{若 } A \text{ 在第 } i \text{ 次试验中发生} \\ 0, & \text{若 } A \text{ 在第 } i \text{ 次试验中不发生} \end{cases}$$

则在这 n 次试验中 A 一共出现了 $X_1 + X_2 + \cdots + X_n$ 次,而频率为

$$Y_n = \frac{X_1 + X_2 + \cdots + X_n}{n}.$$

若 $P(A) = p$,则在某种意义下,当 n 很大时,Y_n "接近"于 p.但由于 p 就是 X_i 的期望值,故也可以说是,当 n 很大时,Y_n "接近"于 X_i 的期望值 $E(X_i) = p$.

定义 6.2.1   若对于任意的自然数 $n > 1$,$X_1, X_2, \cdots, X_n$ 相互独立,则称随机变量序列 $X_1, X_2, \cdots, X_n, \cdots$ 是相互独立的.

定义 6.2.2   设 $X_1, X_2, \cdots, X_n, \cdots$ 是一个随机变量序列,X 是一个随机变量,若对任给的 $\varepsilon > 0$,均有

$$\lim_{n \to \infty} P(|X_n - X| \geqslant \varepsilon) = 0$$

或

$$\lim_{n\to\infty}P(\mid X_n-X\mid<\varepsilon)=1,$$

则称随机变量序列 $\{X_n\}$ **依概率收敛**于随机变量 X,记为 $X_n\ \overset{P}{\longrightarrow}X$.

数字资源 6-1
依概率收敛

定义 6.2.3 设 $X_1,X_2,\cdots,X_n,\cdots$ 是一个随机变量序列,$Y_n=\dfrac{1}{n}\sum_{i=1}^{n}X_i$,若存在常数序列 $a_1,a_2,\cdots,a_n,\cdots$,使对于任给的 $\varepsilon>0$,均有

$$\lim_{n\to\infty}P(\mid Y_n-a_n\mid\geqslant\varepsilon)=0,$$

则称随机变量序列 $X_1,X_2,\cdots,X_n,\cdots$ 服从**大数定律**.

定理 6.2.1(切比雪夫大数定律) 设 $X_1,X_2,\cdots,X_n,\cdots$ 是相互独立的随机变量序列,若存在常数 C,使得 X_i 的方差有公共上界,即 $D(X_i)\leqslant C,i=1,2,\cdots$,则对任给的 $\varepsilon>0$,有

$$\lim_{n\to\infty}P\left(\left|\frac{1}{n}\sum_{i=1}^{n}X_i-\frac{1}{n}\sum_{i=1}^{n}E(X_i)\right|\geqslant\varepsilon\right)=0.$$

特别地,若 $X_1,X_2,\cdots,X_n,\cdots$ 进一步有相同的数学期望 μ,则有

$$\lim_{n\to\infty}P\left(\left|\frac{1}{n}\sum_{i=1}^{n}X_i-\mu\right|\geqslant\varepsilon\right)=0.$$

证 由切比雪夫不等式,有

$$P\left(\left|\frac{1}{n}\sum_{i=1}^{n}X_i-\frac{1}{n}\sum_{i=1}^{n}E(X_i)\right|\geqslant\varepsilon\right)\leqslant\frac{D\left(\frac{1}{n}\sum_{i=1}^{n}X_i\right)}{\varepsilon^2}\leqslant\frac{nC}{n^2\varepsilon^2}\to0,n\to\infty,$$

即

$$\lim_{n\to\infty}P\left(\left|\frac{1}{n}\sum_{i=1}^{n}X_i-\frac{1}{n}\sum_{i=1}^{n}E(X_i)\right|\geqslant\varepsilon\right)=0.$$

定理 6.2.2(伯努利大数定律) 设 μ_n 是 n 次重复独立试验中事件 A 发生的次数,p 是事件 A 在每次试验中发生的概率,则对任给的 $\varepsilon>0$,有

$$\lim_{n\to\infty}P\left(\left|\frac{\mu_n}{n}-p\right|\geqslant\varepsilon\right)=0. \tag{6.2.1}$$

伯努利大数定律表明:对任给的 $\varepsilon>0$,只要重复独立的试验次数 n 充分大,事件 $\left\{\left|\dfrac{\mu_n}{n}-p\right|\geqslant\varepsilon\right\}$ 是一个小概率事件,实际上几乎是不会发生的,则 $\left\{\left|\dfrac{\mu_n}{n}-p\right|<\varepsilon\right\}$ 几乎必然发生,亦即对任给的 $\varepsilon>0$,当 n 充分大时,事件"频率 $\dfrac{\mu_n}{n}$ 与概率 p 的偏差小于 ε"几乎是必然发生的. 这就是在大量重复独立试验中频率 $\dfrac{\mu_n}{n}$ 接近于概率 p 的真正

数字资源 6-2 伯努利
大数定律证明过程

含义,也就是我们通常说的频率稳定于概率的真正含义.

以上定理都要求随机变量序列$\{X_n\}$的方差存在,当它们的方差不存在时,有如下的大数定律.

定理 6.2.3(辛钦大数定律)　设$\{X_n\}$是独立同分布随机变量序列,若它们的数学期望$E(X_i)=\mu(i=1,2,\cdots)$,则对任给的$\varepsilon>0$,有

$$\lim_{n\to\infty}P\left(\left|\frac{1}{n}\sum_{i=1}^{n}X_i-\mu\right|\geqslant\varepsilon\right)=0.\tag{6.2.2}$$

辛钦大数定律表明:对于独立同分布的随机变量序列$\{X_n\}$,对任给的$\varepsilon>0$,当n充分大时,$\left|\dfrac{1}{n}\sum\limits_{i=1}^{n}X_i-\mu\right|<\varepsilon$几乎是必然发生的,即$n$次试验的算术平均值$\dfrac{1}{n}\sum\limits_{i=1}^{n}X_i$会"靠近"它的数学期望$\mu$,这为第8章的矩估计提供了理论基础.

6.3　中心极限定理

中心极限定理指出,大量相互独立同分布随机变量之和近似服从正态分布.因此它不仅为计算相互独立随机变量之和的近似概率提供了简单方法,也解释了为什么许多随机现象都近似服从正态分布,同时也为概率论的应用奠定了理论基础.

20世纪20年代,林德贝格(Lindeberg)和勒维(Levy)给出了下列独立同分布情形下的中心极限定理.

定理 6.3.1(Lindeberg-Levy 定理)　设$X_1,X_2,\cdots,X_n,\cdots$是一个相互独立的随机变量序列,均服从同一分布,且具有有限的数学期望和方差.记$E(X_i)=\mu,D(X_i)=\sigma^2>0,i=1,2,\cdots$,引入随机变量和的标准化变量

$$Y_n=\frac{\sum\limits_{i=1}^{n}X_i-n\mu}{\sqrt{n}\,\sigma},$$

则对任何实数x,都有

$$\lim_{n\to\infty}P(Y_n\leqslant x)=\frac{1}{\sqrt{2\pi}}\int_{-\infty}^{x}\mathrm{e}^{-\frac{t^2}{2}}\mathrm{d}t=\Phi(x).\tag{6.3.1}$$

证明略.

由定理6.3.1可知,$\dfrac{\sum\limits_{i=1}^{n}X_i-n\mu}{\sqrt{n}\,\sigma}=\dfrac{\overline{X}-\mu}{\sigma/\sqrt{n}}$,当$n$很大时,$\dfrac{\overline{X}-\mu}{\sigma/\sqrt{n}}$近似服从标准正态分布$N(0,1)$.

例 6.3.1　设一批产品的强度服从期望为14,方差为4的分布,每箱装有该产品100件,问:

(1)每箱产品的强度超过14.5的概率是多少?

（2）每箱产品的强度在 14 至 14.5 之间的概率是多少？

解 这里的 $n=100$，可认为比较大. 设 X_i 是第 i 件产品的强度，$E(X_i)=14$，$D(X_i)=4$，$i=1,2,\cdots,100$，记 $\overline{X}=\dfrac{1}{100}\sum_{i=1}^{100}X_i$，由定理 6.3.1，近似地有

$$\frac{\overline{X}-\mu}{\sigma/\sqrt{n}}=\frac{\overline{X}-14}{0.2}\sim N(0,1).$$

于是

（1）

$$P(\overline{X}>14.5)=P\left(\frac{\overline{X}-14}{0.2}>\frac{14.5-14}{0.2}\right)=P\left(\frac{\overline{X}-14}{0.2}>2.5\right)$$
$$\approx 1-\Phi(2.5)=1-0.9938=0.0062$$

（2）

$$P(14<\overline{X}<14.5)=P\left(\frac{14-14}{0.2}<\frac{\overline{X}-14}{0.2}<\frac{14.5-14}{0.2}\right)$$
$$\approx \Phi(2.5)-\Phi(0)=0.9938-0.5=0.4938$$

定理 6.3.2（DeMoivre-Laplace 定理） 设 $X_1,X_2,\cdots,X_n,\cdots$ 是一个相互独立的随机变量序列，且都服从参数为 p 的两点分布，即 $P(X_i=1)=p$，$P(X_i=0)=1-p$，$0<p<1$，$i=1,2,\cdots$，则对任何实数 x，有

$$\lim_{n\to\infty}P\left(\frac{\sum\limits_{i=1}^{n}X_i-np}{\sqrt{np(1-p)}}\leqslant x\right)=\Phi(x). \tag{6.3.2}$$

证 由 $E(X_i)=p$，$D(X_i)=p(1-p)$，$i=1,2,\cdots$，则由定理 6.3.1 即得此结论.

我们注意到，当 n 很大时，二项分布可以用正态分布来近似. 例如 $X\sim B(n,p)$，若 a,b 是两个正整数，$a<b$，当 n 很大时，有

$$P(a<X\leqslant b)=P\left(\frac{a-np}{\sqrt{np(1-p)}}<\frac{X-np}{\sqrt{np(1-p)}}\leqslant\frac{a-np}{\sqrt{np(1-p)}}\right)$$
$$\approx \Phi\left(\frac{b-np}{\sqrt{np(1-p)}}\right)-\Phi\left(\frac{a-np}{\sqrt{np(1-p)}}\right). \tag{6.3.3}$$

例 6.3.2 某高校有 400 名教师参加全国职称外语考试，按历年资料统计，该考试的通过率为 0.8，试计算这 400 名教师中至少有 300 人通过的概率.

解 设 X 表示 400 名教师通过考试的人数，则 $X\sim B(400,0.8)$，由（6.3.3）式可得

$$P(X\geqslant 300)\approx 1-\Phi\left(\frac{300-320}{8}\right)=1-\Phi(-2.5)=\Phi(2.5)=0.9938,$$

即至少有 300 名通过考试的概率为 0.9938.

例 6.3.3　现有一大批种子,其中良种占 $\frac{1}{6}$,今从其中任选 6 000 粒,试问:在这批种子中,良种所占的比例与 $\frac{1}{6}$ 之差的绝对值小于 1% 的概率是多少?

解　任选一粒种子可以看成是一次伯努利试验,若以 X 表示 6 000 粒种子中的良种数,则有 $X \sim B\left(6\ 000, \frac{1}{6}\right)$,故由定理 6.3.2,有

$$P\left(\left|\frac{X}{6\ 000} - \frac{1}{6}\right| < 0.01\right) = P\left(\frac{\left|X - 6\ 000 \times \frac{1}{6}\right|}{\sqrt{6\ 000 \times \frac{1}{6} \times \frac{5}{6}}} \leqslant \frac{0.01 \times \sqrt{6\ 000}}{\sqrt{\frac{1}{6} \times \frac{5}{6}}}\right)$$

$$\approx \Phi(2.078) - \Phi(-2.078) = 2\Phi(2.078) - 1 = 0.962\ 4.$$

例 6.3.4　(1)一个复杂系统由 100 个相互独立的元件组成,在系统运行期间,每个元件损坏的概率为 0.10,又知为使系统正常运行,至少要 85 个以上的元件工作,求系统的可靠度(即正常运行的概率);(2)上述系统若由 n 个相互独立的元件组成,而且又要求至少有 80% 的元件工作才能使整个系统正常运行,问 n 至少为多少时才能保证系统的可靠度为 95%?

解　(1)设 X 为系统正常运行时完好的元件个数. 由题设知 $X \sim B(100, 0.90)$,$E(X) = 90$,$D(X) = 9$,由(6.3.3)式,可得

$$P(X > 85) \approx 1 - \Phi\left(\frac{85 - 90}{\sqrt{9}}\right) = 1 - \Phi\left(-\frac{5}{3}\right) = 0.952.$$

(2)n 应满足 $P(X \geqslant 0.8n) = 0.95$,由(6.3.3)式,可得

$$P(X \geqslant 0.8n) \approx 1 - \Phi\left(\frac{0.8n - 0.9n}{0.3\sqrt{n}}\right) = 1 - \Phi\left(-\frac{\sqrt{n}}{3}\right) = \Phi\left(\frac{\sqrt{n}}{3}\right).$$

故

$$\Phi\left(\frac{\sqrt{n}}{3}\right) = 0.95,$$

查正态分布表得 $\frac{\sqrt{n}}{3} = 1.65$,所以取 $n = 25$.

数字资源 6-3　本章课件

数字资源 6-4　本章数学家简介

第 6 章习题

1. 填空题

(1)设随机变量 X 的数学期望 $EX = \mu$,方差 $DX = \sigma^2$,则由切比雪夫不等式有

$$P(|X-\mu|\geqslant 3\sigma)\leqslant \underline{\qquad}.$$

(2) 设随机变量 X 和 Y 的数学期望分别是 2 和 -2,方差分别是 1 和 4,而相关系数为 0.5,则根据切比雪夫不等式有 $P(|X+Y|\geqslant 6)\leqslant \underline{\qquad}.$

(3) 设 η_n 为 n 次重复独立试验中事件 A 出现的次数,p 为 A 在每次试验中出现的概率,则对任意的 $\varepsilon>0$,有 $\lim\limits_{n\to\infty}P\left(\left|\dfrac{\mu_n}{n}-p\right|\geqslant\varepsilon\right)=\underline{\qquad}.$

(4) 设随机变量 X 服从参数为 λ 的泊松分布,$EX=6$,则 $P(3<X<9)\geqslant\underline{\qquad}.$

(5) 设 $X_1,X_2\cdots,X_n,\cdots.$ 是相互独立的随机变量序列,且它们都服从参数为 λ 的指数分布,则 $\lim\limits_{n\to\infty}P\left(\dfrac{\lambda\sum\limits_{i=1}^{n}X_i-n}{\sqrt{n}}\leqslant x\right)=\underline{\qquad}.$

2. 某工厂有 400 台同类型机器,各台机器出故障的概率都是 0.02。假设各台机器工作是相互独立的,试求在任一时刻机器出故障的台数不小于 2 的概率.

3. 某保险公司接受了 10 000 份电动自行车的保险,每辆车每年的保险费为 12 元。假定车的丢失率为 0.006,若车丢失则车主就可以从保险公司领 1 000 元的赔偿金,问
(1) 保险公司赔本的概率?
(2) 保险公司每年的利润不少于 40 000 元的概率?
(3) 保险公司一年的平均利润是多少?

4. 某高校有 10 000 名学生,每人都以 20% 的概率去图书馆上自习,假设每个学生是否上自习是相互独立的。问图书馆至少应该有多少个座位,才能以 99.7% 的概率保证去上自习的同学都有座位?

5. 某灯泡厂生产的灯泡的平均寿命原为 2 000 小时,标准差为 200 小时.经过技术改造使得灯泡的平均寿命提高到 2 250 小时,标准差不变,为了确认这次成果,检验时办法如下:任意挑选若干个灯泡,如这批灯泡的平均寿命超过 2 200 小时,就承认技术改造有效,那么要使得检验通过的概率超过 0.997,则至少应检验多少只灯泡?

6. 某银行为支付某日即将到期的债券准备一笔现金,设这批债券共发放了 500 张,每张债券到期之日需付本息 1 000 元,若持券人(一人一券)于债券到期之日到银行领取本息的概率为 0.4,问银行于该日至少应准备多少现金才能以 99.9% 的把握满足持券人的兑换?

7. 若每次射击目标的概率为 0.1,不断地对靶进行独立射击,求在 500 次射击中,击中目标次数在区间 $(49,50]$ 内的概率?

8. 设某种集成电路出厂时一级品率为 0.7,装配一台仪器需要 100 只一级品集成电路,问购置多少只才能以 99.9% 的概率保证装配该仪器时够用?

9. 设船舶在某海区航行,已知每遭受一次波浪的冲击,纵摇角度大于 6° 的概率为 $p=\dfrac{1}{3}$,若船舶遭受了 90 000 次波浪冲击,问其中有 29 500～30 500 次纵摇角度大于 6° 的概率是多少?

10. 某车间有 200 台车床,它们独立地工作着,开工率各为 0.6,开工时耗电各为 1 千瓦,问供电部门至少要供给这个车间多少电力才能以 99.9% 的概率保证这个车间不会因供电不足而影响生产?

11. 有一批建筑房屋用的木柱,其中 80% 的长度不小于 3 m,现从这批木柱中随机地取出 100 根,问其中至少有 30 根短于 3 m 的概率是多少?

12. 一批种子中良种占 $\frac{1}{6}$,从中任取 6 000 粒,问能以 0.99 的概率保证其中良种的比例与 $\frac{1}{6}$ 相差多少? 这时相应的良种粒数落在哪个范围?

13. 设有 30 个电子元件,它们的使用寿命 $T_1, T_2, \cdots, T_{30}$ 服从参数为 $\lambda = 0.1$(单位:h^{-1})的指数分布,其使用情况是第一个损坏时第二个立即使用,第二个损坏时第三个立即使用,直至 30 个使用,令 T 为 30 个电子元件使用的总计时间,求 T 超过 300 h 的概率?

14. 甲、乙两戏院在竞争 1 000 名观众,假定每个观众完全随机地选择一个戏院,且观众之间的选择是相互独立的,问每个戏院至少应设多少个座位,才能保证因缺少座位而使观众离去的概率小于 1%?

数字资源 6-5　拓展练习

第 7 章
数理统计的基本概念
Basic Concepts of Statistics

　　数理统计是具有广泛应用的一门数学学科,它以概率论为理论基础,根据试验或观察得到的数据,来研究随机现象,进而对研究对象的客观规律性做出推断和预测. 在概率论中,我们研究的都是分布已知的随机变量的性质及规律. 在数理统计中,我们研究的随机变量,它的分布通常是未知或者部分未知的. 我们对研究对象进行重复观测获得数据,并通过对这些观测数据的分析,从而对所研究随机变量的分布做出种种推断. 相对其他数学方法而言,数理统计的基本任务就是统计推断,而统计推断的任务就是关于数据在一些假设之下寻求由样本推断总体的最优方法.

　　本章我们介绍总体、样本及统计量等数理统计的基本概念,并介绍几种常用统计量及抽样分布.

7.1　基本概念

7.1.1　总体和样本

　　在数理统计中,我们把所研究的对象全体组成的集合称为**总体**,而把组成总体的每个元素称为**个体**. 例如:我们要为某林区某一树种的林木编制一元材积表,则该林区某一树种的全部林木就是这项研究的总体,而其中每棵林木就是个体;研究合肥市在校本科生的身高和体重的分布情况时,合肥市的全体在校本科生组成了总体,而每个在校本科生就是一个个体. 在很多实际情况下,我们关心的只是研究对象的某一项或几项数量指标 X(可以是向量)及该数量指标 X 在总体中的分布情况. 在上述两个例子中,X 分别表示林木的材积和在校本科生的身高和体重. 就数量指标 X 而言,每个个体所取的值是不同的. 在试验中,抽取了若干个个体就可以观察到 X 的若干个数值,但在试验或观察之前,是无法确定会得到怎么一组数值,所以 X 是一个随机变量或随机向量,我们所关心的正是总体中那个数量指标 X 的分布情况.

　　由于我们关心的正是总体的某一个(或几个)数量指标 X,因此我们以后就将总体和数

量指标 X 所有可能取值等同起来,直接称 X 为总体,而 X 每一个可能的观测值称为个体, X 的分布称为总体的分布. 总体中所包含的个体的个数称为总体的**容量**,容量有限的总体称为**有限总体**,容量无限的总体称为**无限总体**.

总体分布通常是未知或部分未知的,为了对总体的分布情况进行各种研究,就需要对总体进行抽样观测. 通过观测就可以得到总体指标 X 的一组观测数值 $(x_1, x_2, \cdots, x_n)$,其中每个 x_i 是一次抽样观测的结果,即某一个被观测个体的 X 指标值. 数理统计的任务是利用样本观测值来对总体的分布进行统计推断. 有时,我们还需要进行多次抽样观测. 显然,再进行一次抽样观测所获得的观测数据 $(x_1', x_2', \cdots, x_n')$ 往往有别于前一次的观测值. 这样,考虑问题时将每一次抽样观测得到的值看成一组确定的值就不再合适,合理的解释是将它视作随机向量 $(X_1, X_2, \cdots, X_n)$ 的一组实现值,并称 $(X_1, X_2, \cdots, X_n)$ 为**容量为 n 的样本**,称 $X_1, X_2, \cdots, X_n$ 的一组实现值 $x_1, x_2, \cdots, x_n$ 为**容量为 n 的样本观测值**.

这里需要提醒读者特别注意的是样本的二重属性. 假设 $X_1, X_2, \cdots, X_n$ 是总体 X 的样本,那么在一次具体的观测或试验中,它们是一组测量值,是已经取到的一组数,这就是说样本具有数的属性. 又由于在具体的观测或试验中,受到各种随机因素的影响,在不同观测或试验中,样本的取值可能不同. 因此,当脱离特定的具体观测或试验时,我们并不知道样本 $X_1, X_2, \cdots, X_n$ 的具体取值是多少. 因此可将样本看做随机变量,故样本又具有随机变量的属性.

我们抽取样本的目的是对总体 X 的分布情况进行各种分析推断,因而要求抽取的样本能很好地反映总体的特征,通常要求抽取的样本满足以下两点:

(1)代表性:样本的每个观测 $X_i (i=1, 2, \cdots, n)$ 与总体 X 具有相同的分布;

(2)独立性:样本的各个观测 $X_1, X_2, \cdots, X_n$ 相互独立.

满足上述两条性质的样本称为**简单随机样本**. 今后如无特殊声明,本书中的样本均指简单随机样本. 对于简单随机样本 $X_1, X_2, \cdots, X_n$,其分布可以由总体 X 的分布函数 $F(x)$ 完全决定,即 $(X_1, X_2, \cdots, X_n)$ 的联合分布函数为

$$F(x_1, x_2, \cdots, x_n) = P(X_1 \leqslant x_1, X_2 \leqslant x_2, \cdots, X_n \leqslant x_n) = \prod_{i=1}^{n} F(x_i).$$

如果总体 X 是连续型的,其概率密度函数为 $f(x)$,那么 $(X_1, X_2, \cdots, X_n)$ 的联合密度函数为

$$f(x_1, x_2, \cdots, x_n) = \prod_{i=1}^{n} f(x_i).$$

例 7.1.1　若对一批 N 件产品进行合格检查,从中有放回地随机抽取 n 件分别以 $1, 0$ 表示某件产品为合格品和次品,以 $p (0 \leqslant p \leqslant 1)$ 表示产品的合格率,则总体指标 X 服从参数为 p 的 0-1 分布,即 $P(X=x) = p^x (1-p)^{1-x}, x=0, 1$. 以这种方式抽样所得的观察结果 $X_1, X_2, \cdots, X_n$ 是一个简单随机样本,即 $X_1, X_2, \cdots, X_n$ 是相互独立且均服从参数为 p 的 0-1 分布. 所以样本 $X_1, X_2, \cdots, X_n$ 的联合分布为

$$P(X_1 = x_1, X_2 = x_2, \cdots, X_n = x_n) = \prod_{i=1}^{n} p^{x_i} (1-p)^{1-x_i}, x_i = 0, 1; i = 1, 2, \cdots, n.$$

7.1.2 统计量和样本矩

样本是总体的代表和反映,是进行分析和判断的依据.但在获取样本之后,并不直接利用样本进行推断,而需要对样本进行一番"加工"和"提炼",把样本中所包含的我们所关心的信息集中起来,构造出样本的某种函数,也就是在数理统计中所称的统计量.

定义 7.1.1 设 $X_1, X_2, \cdots, X_n$ 是来自总体 X 的样本,$g(X_1, X_2, \cdots, X_n)$ 是 $X_1,$ $X_2, \cdots, X_n$ 的 n 元函数,且 $g(X_1, X_2, \cdots, X_n)$ 不包含任何未知参数,则称 $g(X_1, X_2, \cdots,$ $X_n)$ 为一个**统计量**.

例如,设 X_1, X_2 是从正态总体 $N(\mu, \sigma^2)$ 中抽取的一个样本,其中 μ, σ^2 是未知参数,那么 $X_1, X_2+3, X_1^2+X_2^2$ 都是统计量,而 $\frac{1}{2}(X_1+X_2)-\mu$ 和 $\frac{X_1}{\sigma}$ 都不是统计量,因为它们分别含有未知参数 μ 和 σ.

显然,统计量也是一个随机变量(或随机向量).如果 $x_1, x_2, \cdots, x_n$ 是样本 $X_1, X_2, \cdots,$ X_n 的观测值,那么 $g(x_1, x_2, \cdots, x_n)$ 就是统计量 $g(X_1, X_2, \cdots X_n)$ 的一个观测值.下面介绍一些常用的统计量.设 $X_1, X_2, \cdots, X_n$ 是来自总体 X 的一个样本,$x_1, x_2, \cdots, x_n$ 是这一样本观测值.定义

样本均值

$$\overline{X} = \frac{1}{n} \sum_{i=1}^{n} X_i ;$$

样本方差

$$S^2 = \frac{1}{n-1} \sum_{i=1}^{n} (X_i - \overline{X})^2 ;$$

样本标准差

$$S = \sqrt{S^2} = \sqrt{\frac{1}{n-1} \sum_{i=1}^{n} (X_i - \overline{X})^2} ;$$

样本的 k 阶(原点)矩

$$A_k = \frac{1}{n} \sum_{i=1}^{n} X_i^k, \quad k = 1, 2, \cdots ;$$

样本的 k 阶中心距

$$B_k = \frac{1}{n} \sum_{i=1}^{n} (X_i - \overline{X})^k, \quad k = 1, 2, \cdots.$$

上述统计量的观测值分别为

$$\overline{x} = \frac{1}{n} \sum_{i=1}^{n} x_i ; S^2 = \frac{1}{n-1} \sum_{i=1}^{n} (x_i - \overline{x})^2 ;$$

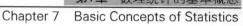
$$S = \sqrt{\frac{1}{n-1} \sum_{i=1}^{n} (x_i - \overline{x})^2}; a_k = \frac{1}{n} \sum_{i=1}^{n} x_i^k; b_k = \frac{1}{n} \sum_{i=1}^{n} (x_i - \overline{x})^k.$$

显然，$A_1 = \overline{X}$. 特别地，记 $B_2 = S_n^2$. 如果总体 X 的数学期望 $\mu = E(X)$ 和方差 $\sigma^2 = D(X)$ 存在，则有

$$E(\overline{X}) = E\left(\frac{1}{n} \sum_{i=1}^{n} X_i\right) = \frac{1}{n} \sum_{i=1}^{n} E(X_i) = \mu;$$

$$D(\overline{X}) = D\left(\frac{1}{n} \sum_{i=1}^{n} X_i\right) = \frac{1}{n^2} \sum_{i=1}^{n} D(X_i) = \frac{\sigma^2}{n};$$

$$E(S_n^2) = \frac{1}{n} E\left[\sum_{i=1}^{n} (X_i - \overline{X})^2\right] = \frac{1}{n} E\left[\sum_{i=1}^{n} X_i^2 - n\overline{X}^2\right]$$

$$= \frac{1}{n} \sum_{i=1}^{n} E(X_i^2) - E(\overline{X}^2)$$

$$= \frac{1}{n} \sum_{i=1}^{n} \{D(X_i) + [E(X_i)]^2\} - \{D(\overline{X}) + [E(\overline{X})]^2\}$$

$$= \frac{1}{n} \sum_{i=1}^{n} (\sigma^2 + \mu^2) - \left(\frac{\sigma^2}{n} + \mu^2\right)$$

$$= \frac{n-1}{n} \sigma^2;$$

$$E(S^2) = \frac{n}{n-1} E(S_n^2) = \frac{n}{n-1} \cdot \frac{n-1}{n} \sigma^2 = \sigma^2.$$

对于一个统计量来说，如何求得它的分布是数理统计的基本问题之一．

数字资源 7-1　重点知识讲解　　　　　　　数字资源 7-2　本节课件

7.2　抽样分布

统计量的分布又称为**抽样分布**．当总体的分布函数已知时，抽样分布是确定的．一般说来，要确定一个统计量的精确分布是较为复杂的，但是对于一些特殊场合，如正态总体，这个问题有一些很好的结论．本节内容主要介绍正态总体的几个常用统计量的分布．

7.2.1　正态总体样本的线性函数的分布

设 $X_1, X_2, \cdots, X_n$ 是来自正态总体 $N(\mu, \sigma^2)$ 的简单随机样本，即 $X_1, X_2, \cdots, X_n$ 是独立且同服从于 $N(\mu, \sigma^2)$ 的随机变量，考察统计量

$$U = a_1 X_1 + a_2 X_2 + \cdots + a_n X_n. \tag{7.2.1}$$

其中 $a_1,\cdots,a_n$ 不全为零,是已知常数. 则由第 4 章介绍的正态分布的可加性立得

定理 7.2.1 设 $X_1,X_2,\cdots,X_n$ 是来自正态总体 $N(\mu,\sigma^2)$ 的简单随机样本,则由(7.2.1)定义的线性函数 U 也服从正态分布,且均值和方差分别为

$$E(U)=\mu\sum_{i=1}^{n}a_i,$$

$$D(U)=\sigma^2\sum_{i=1}^{n}a_i^2.$$

特别地,在(7.2.1)式中,当 $a_i=\dfrac{1}{n},i=1,2,\cdots,n$,此时的 U 是样本均值 $\overline{X}$. 因此有

推论 7.2.1 设 $X_1,X_2,\cdots,X_n$ 是来自正态总体 $N(\mu,\sigma^2)$ 的简单随机样本,则样本均值

$$\overline{X}\sim N\left(\mu,\frac{\sigma^2}{n}\right). \tag{7.2.2}$$

由此可见,$\overline{X}$ 具有与总体 X 相同的均值,但它更向数学期望集中. 集中程度与样本容量 n 的大小有关.

例 7.2.1 设 $X_1,X_2,\cdots,X_{16}$ 是来自正态总体 $N(1,4)$ 的简单随机样本,求统计量

$$\overline{X}=\frac{1}{16}\sum_{i=1}^{16}X_i$$

的密度函数.

解 由(7.2.2)式,有

$$\overline{X}\sim N\left(1,\frac{4}{16}\right).$$

所以 $\overline{X}$ 的密度函数为

$$f_{\overline{X}}(x)=\frac{2}{\sqrt{2\pi}}\mathrm{e}^{-2(x-1)^2},\ -\infty<x<+\infty.$$

7.2.2 χ^2 分布

若 $X_1,X_2,\cdots,X_n$ 是来自正态总体 $N(0,1)$ 的简单随机样本,则称统计量

$$\chi^2=\sum_{i=1}^{n}X_i^2 \tag{7.2.3}$$

服从参数为 n 的 χ^2 分布,记为 $\chi^2\sim\chi^2(n)$,其中参数 n 称为自由度,它表示(7.2.3)式中独立变量的个数.

* **定理 7.2.2** 由(7.2.3)式定义的随机变量 χ^2 的概率密度函数是

$$f(y)=\begin{cases}\dfrac{y^{\frac{n}{2}-1}\mathrm{e}^{-\frac{y}{2}}}{2^{\frac{n}{2}}\Gamma\left(\dfrac{n}{2}\right)}, & y>0,\\[3mm] 0, & y\leqslant 0.\end{cases}$$

其中，$\Gamma(\alpha) = \int_0^{+\infty} x^{\alpha-1}\mathrm{e}^{-x}\mathrm{d}x$，即 Γ 函数.

证略. $f(y)$ 的图形如图 7.2.1 所示.

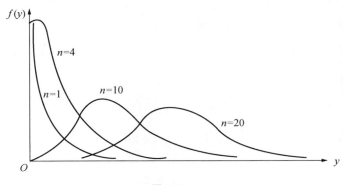

图 7.2.1

如果 $X \sim \chi^2(n)$，不难验证

$$E(X) = n, D(X) = 2n.$$

定理 7.2.3(χ^2 分布的可加性) 若 $X_i \sim \chi^2(n_i), i = 1, 2, \cdots, k$，且相互独立，则有

$$\sum_{i=1}^{k} X_i \sim \chi^2\left(\sum_{i=1}^{k} n_i\right).$$

数字资源 7-3
拓展例题

下面介绍 χ^2 分布的上 α 分位点的概念. 设随机变量 $Y \sim \chi^2(n)$，对给定的正数 $\alpha(0 < \alpha < 1)$，称满足条件

$$P(Y > \chi_\alpha^2(n)) = \int_{\chi_\alpha^2(n)}^{+\infty} f(y)\mathrm{d}y = \alpha,$$

的实数 $\chi_\alpha^2(n)$ 为 $\chi^2(n)$ 的**上 α 分位点**，如图 7.2.2 所示.

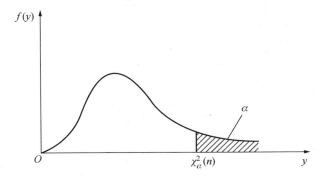

图 7.2.2

对于不同的 α 及 n，χ^2 分布的上 α 分位点 $\chi_\alpha^2(n)$ 的值已制成表格，可以查用. 例如，对于 $\alpha = 0.1, n = 25$，可查得 $\chi_{0.1}^2(25) = 34.382$，即

$$P(Y > 34.382) = \int_{34.382}^{+\infty} f(y)\mathrm{d}y = 0.1.$$

但该表一般只列到 $n=45$ 为止. 费歇(Fisher)曾证明,当 n 很大时,$\sqrt{2\chi^2}$ 近似地服从 $N(\sqrt{2n-1}, 1)$,因而也就可以近似地求得 n 很大时 $\chi^2(n)$ 分布的上 α 分位点. 例如,当 $n > 45$ 时,因 $\sqrt{2\chi^2}$ 近似地服从 $N(\sqrt{2n-1}, 1)$,亦即 $\sqrt{2\chi^2} - \sqrt{2n-1}$ 近似地服从 $N(0,1)$,从而就有

$$\sqrt{2\chi_\alpha^2(n)} - \sqrt{2n-1} \approx u_\alpha, \tag{7.2.4}$$

其中,u_α 是 $N(0,1)$ 的上 α 分位点. 由(7.2.4)式解得 χ^2 分布的上 α 分位点的近似值为

$$\chi_\alpha^2(n) \approx \frac{1}{2}(u_\alpha + \sqrt{2n-1})^2.$$

例 7.2.2 从正态总体 $N(\mu, \sigma^2)$ 中抽取容量为 20 的简单随机样本 $X_1, X_2, \cdots, X_{20}$. 试求 $P\left(0.37\sigma^2 \leqslant \frac{1}{20}\sum_{i=1}^{20}(X_i - \mu)^2 \leqslant 1.76\sigma^2\right)$.

解 由于 $X_1, X_2, \cdots, X_{20} \sim N(\mu, \sigma^2)$,且相互独立,故

$$\frac{X_i - \mu}{\sigma} \sim N(0,1), \quad i = 1, 2, \cdots, 20.$$

且相互独立. 从而有

$$\chi^2 = \sum_{i=1}^{20}\left(\frac{X_i - \mu}{\sigma}\right)^2 \sim \chi^2(20).$$

故

$$P\left(0.37\sigma^2 \leqslant \frac{1}{20}\sum_{i=1}^{20}(X_i - \mu)^2 \leqslant 1.76\sigma^2\right) = P(7.4 \leqslant \chi^2 \leqslant 35.2)$$
$$= P(\chi^2 \geqslant 7.4) - P(\chi^2 \geqslant 35.2)$$
$$= 0.995 - 0.025 = 0.97.$$

7.2.3 t 分布

设 $X \sim N(0,1)$,$Y \sim \chi^2(n)$,且 X 与 Y 相互独立,则称随机变量

$$T = \frac{X}{\sqrt{\dfrac{Y}{n}}}$$

服从**自由度为 n 的 t 分布**,记为 $T \sim t(n)$.
$T \sim t(n)$ 的密度函数为

$$f(t) = \frac{\Gamma\left(\dfrac{n+1}{2}\right)}{\sqrt{n\pi}\,\Gamma\left(\dfrac{n}{2}\right)}\left(1+\frac{t^2}{n}\right)^{-\frac{n+1}{2}}, -\infty < t < +\infty$$

$f(t)$ 的图形如图 7.2.3 所示,它关于 $t=0$ 是对称的,并且形状类似于正态变量的密度函数,

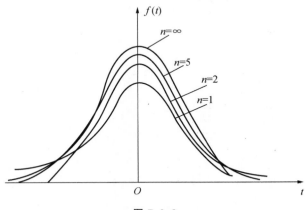

图 7.2.3

且对于任何 n,有 $\lim\limits_{|t|\to\infty} f(t)=0$. 此外,当 n 很大时,t 分布近似 $N(0,1)$ 分布. 事实上

$$\lim_{n\to\infty}\left(1+\frac{t^2}{n}\right)^{-\frac{n+1}{2}} = \mathrm{e}^{-\frac{t^2}{2}}.$$

然而对于比较小的 n 值,t 分布与正态分布之间存在有较大的差异,且有

$$P(|T| > t_0) \geqslant P(|X| > t_0),$$

其中,$X \sim N(0,1)$. 也就是说,在 t 分布的尾部比在标准正态分布的尾部有着更大的概率.

t 分布又称**学生分布**,它第一次由 W. S. Gosset 用在以笔名"学生(Student)"发表的一个重要的统计问题中.

t 分布的上 α 分位点 $t_\alpha(n)$ 是指满足条件

$$P(T > t_\alpha(n)) = \int_{t_\alpha(n)}^{+\infty} f(t)\mathrm{d}t = \alpha, 0 < \alpha < 1,$$

的实数 $t_\alpha(n)$,其中 $f(t)$ 为 $T \sim t(n)$ 的密度函数,参见图 7.2.4.

数字资源 7-4 学生 t
分布的"学生"是谁

由 $T \sim t(n)$ 的密度函数的对称性,显然有

$$t_{1-\alpha}(n) = -t_\alpha(n).$$

如果数 $t_{\frac{\alpha}{2}}(n)$ 满足条件

$$P(|T| > t_{\frac{\alpha}{2}}(n)) = \alpha, 0 < \alpha < 1.$$

则称 $t_{\frac{\alpha}{2}}(n)$ 为 t 分布的**双侧 α 分位点**. t 分布上侧 α 分位点可由附表中查得. 在 $n > 45$ 时,

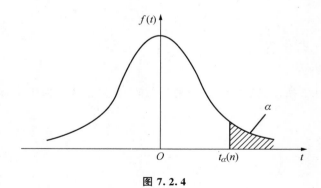

图 7.2.4

就可利用正态分布 $N(0,1)$ 来近似,即此时有

$$t_a(n) \approx u_a, n > 45.$$

7.2.4 F 分布

设 $X \sim \chi^2(n_1)$, $Y \sim \chi^2(n_2)$ 且 X 与 Y 相互独立,则称随机变量

$$F = \frac{\dfrac{X}{n_1}}{\dfrac{Y}{n_2}} = \frac{X}{Y} \cdot \frac{n_2}{n_1} \tag{7.2.5}$$

服从自由度为 (n_1, n_2) 的 **F 分布**,记作 $F \sim F(n_1, n_2)$.

可以证明,$F \sim F(n_1, n_2)$ 的密度函数为

$$f(y) = \begin{cases} \dfrac{\Gamma\left(\dfrac{n_1 + n_2}{2}\right)}{\Gamma\left(\dfrac{n_1}{2}\right)\Gamma\left(\dfrac{n_2}{2}\right)} \left(\dfrac{n_1}{n_2}\right)^{\frac{n_1}{2}} \left(\dfrac{n_1}{n_2}y\right)^{\frac{n_1}{2}-1} \left(1 + \dfrac{n_1}{n_2}y\right)^{-\frac{n_1+n_2}{2}}, & y > 0, \\ \\ 0, & y \leqslant 0. \end{cases}$$

$f(y)$ 的图形如图 7.2.5 所示.

推论 7.2.2 如果 $F \sim F(n_1, n_2)$,则 $\dfrac{1}{F} \sim F(n_2, n_1)$.

F 分布的上 α 分位点 $F_a(n_1, n_2)$ 是指满足条件

$$P(F > F_a(n_1, n_2)) = \int_{F_a(n_1,n_2)}^{+\infty} f(y)\mathrm{d}y = \alpha$$

的实数 $F_a(n_1, n_2)$,其中 $f(y)$ 为 $F(n_1, n_2)$ 的概率密度函数,参见图 7.2.6.

从推论 7.2.2 可以得出 F 分布的上 α 分位点具有如下性质:

$$F_{1-a}(n_1, n_2) = \frac{1}{F_a(n_2, n_1)}. \tag{7.2.6}$$

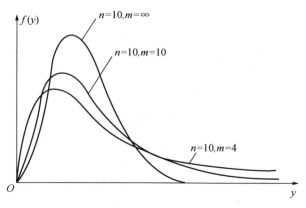

图 7.2.5

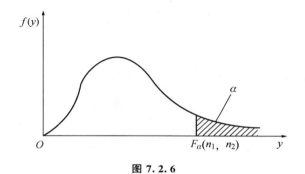

图 7.2.6

上述性质常用来求 F 分布分位数表中没有列出的某些值. 例如,设 $F \sim F(15,12)$, $\alpha = 0.05$. 从附表中可查得

$$F_{0.05}(15,12) = 2.62.$$

又若需要求 $F_{0.95}(15,12)$,则先查表得

$$F_{0.05}(12,15) = 2.48,$$

由(7.2.6)式,则有

$$F_{0.95}(15,12) = \frac{1}{F_{0.05}(12,15)} = \frac{1}{2.48} = 0.403.$$

如果我们在(7.2.5)式中取 X 是自由度为 1 的 χ^2 分布,即 $n_1 = 1$,则 $F = T^2$. 所以 $F(1,n)$ 与 $t^2(n)$ 有相同的分布.

7.2.5　正态总体样本均值和方差的分布

为了今后实际应用的需要,这里不加证明地给出定理 7.2.4.

定理 7.2.4　设 $X_1, X_2, \cdots, X_n$ 是来自正态总体 $N(\mu, \sigma^2)$ 的简单随机样本,记

$$\overline{X} = \frac{1}{n}\sum_{i=1}^{n}X_i, S^2 = \frac{1}{n-1}\sum_{i=1}^{n}(X_i - \overline{X})^2.$$

则有(1) $\overline{X}$ 与 S^2 独立；

(2) $\dfrac{(n-1)S^2}{\sigma^2} \sim \chi^2(n-1)$.

推论 7.2.3 设 $X_1, X_2, \cdots, X_n$ 是来自正态总体 $N(\mu, \sigma^2)$ 的简单随机样本，则

$$T = \frac{\overline{X} - \mu}{S/\sqrt{n}} \sim t(n-1).$$

证明 由推论 7.2.1 知 $\dfrac{\overline{X} - \mu}{\sigma/\sqrt{n}} \sim N(0,1)$，又由定理 7.2.4 的结论可知 $\dfrac{(n-1)S^2}{\sigma^2} \sim$ $\chi^2(n-1)$，且两者相互独立，所以由 t 分布定义知

$$T = \frac{\sqrt{n}(\overline{X} - \mu)/\sigma}{\sqrt{S^2/\sigma^2}} = \frac{\overline{X} - \mu}{S/\sqrt{n}} \sim t(n-1).$$

推论 7.2.4 设 $X_1, X_2, \cdots, X_{n_1}$ 是来自正态总体 $N(\mu_1, \sigma_1{}^2)$ 的简单随机样本，Y_1, $Y_2, \cdots, Y_{n_2}$ 是来自正态总体 $N(\mu_2, \sigma_2{}^2)$ 的简单随机样本，且假定 $X_1, X_2, \cdots, X_{n_1}$ 和 Y_1, $Y_2, \cdots, Y_{n_2}$ 相互独立，则

$$F = \frac{S_1^2/\sigma_1^2}{S_2^2/\sigma_2^2} \sim F(n_1 - 1, n_2 - 1),$$

其中

$$S_1^2 = \frac{1}{n_1 - 1}\sum_{i=1}^{m}(X_i - \overline{X})^2, \overline{X} = \frac{1}{n_1}\sum_{i=1}^{m}X_i,$$

$$S_2^2 = \frac{1}{n_2 - 1}\sum_{i=1}^{n}(Y_i - \overline{Y})^2, \overline{Y} = \frac{1}{n_2}\sum_{i=1}^{n}Y_i.$$

特别地，若 $\sigma_1^2 = \sigma_2^2$，则

$$F = \frac{S_1^2}{S_2^2} \sim F(n_1 - 1, n_2 - 1).$$

证明 由定理 7.2.4 知

$$\frac{(n_1 - 1)S_1^2}{\sigma_1^2} \sim \chi^2(n_1 - 1), \frac{(n_2 - 1)S_2^2}{\sigma_2^2} \sim \chi^2(n_2 - 1),$$

且它们相互独立，则由 F 分布的定义知

$$F = \frac{\dfrac{(n_1 - 1)S_1^2}{(n_1 - 1)\sigma_1^2}}{\dfrac{(n_2 - 1)S_2^2}{(n_2 - 1)\sigma_2^2}} = \frac{S_1^2/\sigma_1^2}{S_2^2/\sigma_2^2} \sim F(n_1 - 1, n_2 - 1),$$

特别地,当 $\sigma_1^2 = \sigma_2^2$ 时

$$F = \frac{S_1^2}{S_2^2} \sim F(n_1 - 1, n_2 - 1).$$

推论 7.2.5 设 $X_1, X_2, \cdots, X_{n_1}$ 和 $Y_1, Y_2, \cdots, Y_{n_2}$ 分别是从正态总体 $N(\mu_1, \sigma_1^2)$ 和 $N(\mu_2, \sigma_2^2)$ 中抽取的独立样本,则

(1) $U = \dfrac{(\overline{X} - \overline{Y}) - (\mu_1 - \mu_2)}{\sqrt{\dfrac{\sigma_1^2}{n_1} + \dfrac{\sigma_2^2}{n_2}}} \sim N(0,1)$;

(2) 当 $\sigma_1^2 = \sigma_2^2 = \sigma^2$ 时,记 $S_w^2 = \dfrac{(n_1 - 1)S_1^2 + (n_2 - 1)S_2^2}{n_1 + n_2 - 2}$,则有

$$T = \frac{(\overline{X} - \overline{Y}) - (\mu_1 - \mu_2)}{S_w \sqrt{\dfrac{1}{n_1} + \dfrac{1}{n_2}}} \sim t(n_1 + n_2 - 2),$$

其中,S_1^2 和 S_2^2 分别表示样本 $X_1, X_2, \cdots, X_{n_1}$ 和 $Y_1, Y_2, \cdots, Y_{n_2}$ 的样本方差.

证明 (1) 由推论 7.2.1 可知

$$\overline{X} \sim N\left(\mu_1, \frac{\sigma_1^2}{n_1}\right), \overline{Y} \sim N\left(\mu_1, \frac{\sigma_2^2}{n_2}\right),$$

且 $\overline{X}, \overline{Y}$ 相互独立,则

$$\overline{X} - \overline{Y} \sim N\left(\mu_1 - \mu_2, \frac{\sigma_1^2}{n_1} + \frac{\sigma_2^2}{n_2}\right),$$

从而有

$$U = \frac{\overline{X} - \overline{Y} - (\mu_1 - \mu_2)}{\sqrt{\dfrac{\sigma_1^2}{n_1} + \dfrac{\sigma_2^2}{n_2}}} \sim N(0,1).$$

(2) 当 $\sigma_1^2 = \sigma_2^2 = \sigma^2$ 时,由题设知

$$\frac{(n_1 - 1)S_1^2}{\sigma^2} \sim \chi^2(n_1 - 1), \frac{(n_2 - 1)S_2^2}{\sigma^2} \sim \chi^2(n_2 - 1),$$

由题设知它们相互独立,故由卡方分布的可加性知

$$V = \frac{(n_1 - 1)S_1^2}{\sigma^2} + \frac{(n_2 - 1)S_2^2}{\sigma^2} \sim \chi^2(n_1 + n_2 - 2).$$

由定理 7.2.4 知 U 和 V 相互独立. 从而由 t 分布的定义知

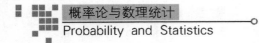

$$T = \frac{(\overline{X} - \overline{Y}) - (\mu_1 - \mu_2)}{S_w \sqrt{\frac{1}{n_1} + \frac{1}{n_2}}} \sim t(n_1 + n_2 - 2).$$

*例 7.2.3 从正态总体 $N(\mu, \sigma^2)$ 中抽取容量为 16 的简单随机样本,试求:(1)已知 $\sigma^2 = 25$;(2)σ^2 未知,但已知样本方差 $s^2 = 20.82$ 的情况下,样本均值 $\overline{X}$ 与总体均值 μ 之差的绝对值小于 2 的概率.

解 (1)由于 $U = \dfrac{\overline{X} - \mu}{\sigma / \sqrt{n}} \sim N(0, 1)$,因此在 σ^2 已知时,有

$$\begin{aligned}
P(|\overline{X} - \mu| < 2) &= P\left(\left|\frac{\overline{X} - \mu}{\sigma / \sqrt{n}}\right| < \frac{2}{\sigma / \sqrt{n}}\right) \\
&= P\left(\left|\frac{\overline{X} - \mu}{5/4}\right| < \frac{2 \times 4}{5}\right) \\
&= P(|U| < 1.6) = 2\Phi(1.6) - 1 \\
&= 2 \times 0.945\,2 - 1 = 0.890\,4.
\end{aligned}$$

(2)由于 σ^2 未知,但 $s^2 = 20.82$,此时

$$T = \frac{\overline{X} - \mu}{S} \sqrt{n} \sim t(n - 1),$$

因此,有

$$\begin{aligned}
P(|\overline{X} - \mu| < 2) &= P\left(\left|\frac{\overline{X} - \mu}{S / \sqrt{n}}\right| < \frac{2}{S / \sqrt{n}}\right) \\
&= P\left(\left|\frac{\overline{X} - \mu}{S / \sqrt{n}}\right| < \frac{2\sqrt{16}}{\sqrt{20.82}}\right) \\
&= P(|T| < 1.753) \\
&= 1 - P(|T| \geqslant 1.753),
\end{aligned}$$

查 t 分布表得 $t_{0.05}(16-1) = 1.753$,即 $P(t > 1.753) = 0.05$,所以有

$$P(|\overline{X} - \mu| < 2) \approx 1 - 2 \times 0.05 = 0.9.$$

数字资源 7-5 本节课件

□ 第7章习题

1. 以 X 表示产品中某种化学成分的百分比含量,且其密度函数为 $f(x,\theta)=(\theta+1)x^{\theta}(0\leqslant x\leqslant 1)$,$\theta\geqslant 0$ 未知,$X_1,X_2,\cdots,X_n$ 是来自总体 X 的简单随机样本.

   (1)求 $X_1,X_2,\cdots,X_n$ 的联合密度函数;

   (2)在 $\sum\limits_{i=1}^{n}X_i,\sum\limits_{i=1}^{n}(X_i-\overline{X})^4,\sum\limits_{i=1}^{n}(X_i-\theta)$ 中哪些是统计量?

   (3)求 $E(\overline{X})$,$D(\overline{X})$ 和 $E(S^2)$.

2. 设 $X_1,X_2,\cdots,X_n$ 是来自总体 $X\sim B(m,p)$ 的简单随机样本,其中 m 是某正整数,$0<p<1$ 未知. 试求:

   (1)$X_1,X_2,\cdots,X_n$ 的联合分布;

   (2)$E(\overline{X})$ 和 $E(S^2)$.

3. 设总体 $X\sim N(\mu,\sigma^2)$,$X_1,X_2,\cdots,X_n$ 是来自总体 X 的简单随机样本,其中 μ 未知,σ^2 已知. 试求:

   (1)$X_1,X_2,\cdots,X_n$ 的联合密度函数;

   (2)$E(\overline{X})$,$D(\overline{X})$ 和 $E(S^2)$.

4. 在总体 $N(52,6.3^2)$ 中,随机抽取一容量为 36 的简单随机样本,求样本均值 $\overline{X}$ 落在 50.8 到 53.8 之间的概率.

5. 在总体 $N(80,20^2)$ 中. 随机抽取一容量为 100 的简单随机样本,问样本均值与总体均值的差的绝对值大于 3 的概率是多少?

6. 在正态总体 $N(\mu,0.5^2)$ 中抽取简单随机样本 $X_1,X_2,\cdots,X_{10}$.

   (1) 已知 $\mu=0$,求概率 $P\left(\sum\limits_{i=1}^{10}X_i^2\geqslant 4\right)$;

   (2)μ 未知,求概率 $P\left\{\sum\limits_{i=1}^{10}(X_i-\overline{X})^2\geqslant 2.85\right\}$.

7. 在正态总体 $N(\mu,\sigma^2)$ 中抽取容量为 16 的简单随机样本,其中 μ,σ^2 未知,求

   (1)$P\left(\dfrac{S^2}{\sigma^2}\leqslant 2.041\right)$,其中 S^2 为样本方差;

   (2)$D(S^2)$.

8. 从两个独立总体 $X\sim N(\mu_1,\sigma^2)$,$Y\sim N(\mu_2,\sigma^2)$ 中分别抽样,得到下列数据:$n_1=7,\overline{x}=54,S_1^2=116.7$;$n_2=8,\overline{y}=54,S_2^2=85.7$,求 $P(0.8<\mu_1-\mu_2<7.5)$.

第 8 章

参数估计
Parameters Estimation

在实际中,在得到样本以后,我们最想知道是分布族中的哪一个分布产生出此样本,即要从样本推断总体分布或其数字特征. 英国著名统计学家费歇(Fisher)把统计推断划分为3个方面:抽样分布、参数估计和假设检验. 本章介绍参数估计,所谓参数估计就是根据样本所提供的信息,对总体的分布或分布的数字特征等进行统计推断. 本章所要讨论的这类问题是:总体所服从的分布类型是已知的,即总体的分布函数或密度函数的数学表达式是已知的,而它的某些参数却是未知. 对于这类问题,关键是采用合理的方法估计出这些未知参数. 参数估计分为点估计和区间估计.

8.1 点估计

8.1.1 点估计的概念

例 8.1.1 灯泡厂生产的灯泡,由于种种随机因素的影响,每批生产出来的灯泡中每个灯泡的使用寿命是不一致的,也就是说,灯泡使用寿命 X 是一个随机变量. 由中心极限定理和实际经验知道,灯泡使用寿命 X 服从正态分布 $N(\mu, \sigma^2)$. 但一般我们事先并不能确切知道 (μ, σ^2) 的具体数值,而只知道它们是落在某个范围中,例如是 $(0, +\infty) \times (0, +\infty)$ 或某个更小的区域内. 为了断定所生产的这批灯泡的质量,自然提出要求估计这批灯泡的平均寿命以及寿命长短的差异程度,即要求估计 μ 和 σ^2.

例 8.1.2 纺织厂细纱上的断头次数可以用泊松分布 $P(\lambda)$ 来描述,现在希望知道每只纱锭在某一时间间隔内断头次数为 k 次的概率 $(k = 0, 1, 2, \cdots)$. 也就是要求出总体的分布律. 而对于泊松分布,只要知道其数学期望 λ——平均断头次数,就可以确定分布律 $P(\lambda)$.

在统计中,为了确定总体 X 的分布,用 $F(x; \theta)$ 表示 X 的分布,称集合 $\{F(x; \theta), \theta \in \Theta\}$ 为总体的分布函数族. Θ 称为**参数空间**.

在例 8.1.1 中,灯泡寿命 X 服从 $N(\mu, \sigma^2)$ 分布,参数空间是 $\Theta = \{(\mu, \sigma^2) \mid 0 < \mu < +\infty, \sigma^2 > 0\}$,$\{N(\mu, \sigma^2), (\mu, \sigma^2) \in \Theta\}$ 就是 X 的分布函数族.

在例 8.1.2 中,断头次数 X 服从 $P(\lambda)$ 分布,参数空间 $\Theta=\{\lambda\,|\,0<\lambda<+\infty\}$,$\{P(\lambda),\lambda\in\Theta\}$ 是 X 的概率分布族.

参数估计问题就是利用样本估计总体分布所包含的未知参数 θ 或 θ 的某个函数.

由于总体分布的函数形式是已知的,未知的仅是一个或几个未知参数,而总体的真实分布也完全由这些参数决定.因此,通过估计参数就可以估计总体的真实分布.

那么如何估计未知参数呢? 以例 8.1.1 为例,为了估计灯泡的平均寿命,当然要抽取若干个灯泡做试验(即抽取样本),若它们的寿命分别是 $X_1,X_2,\cdots,X_n$,由大数定律知道,当 n 很大时,$\overline{X}=\dfrac{1}{n}\sum\limits_{i=1}^{n}X_i$ 以很大的概率与 $E(X)$ 任意接近.因而自然把样本寿命的平均值 $\overline{X}$ 作为总体平均寿命 μ 的估计量.

一般地,设总体 X 具有分布族 $\{F(x;\theta),\theta\in\Theta\}$,$X_1,X_2,\cdots,X_n$ 是它的一个样本.构造一个统计量 $\hat{\theta}(X_1,X_2,\cdots,X_n)$ 作为参数 θ 的估计($\hat{\theta}$ 的维数与 θ 的维数相同),称 $\hat{\theta}$ 为 θ 的**估计量**.如果 $x_1,x_2,\cdots,x_n$ 是样本的一组观测值,代入统计量 $\hat{\theta}$ 就得到 $\hat{\theta}$ 的具体数值,这个数值称为 θ 的估计值.以后,估计量和估计值这两个名词将不强调它们区别,统称为估计.

除了点估计问题之外,还有另一类估计问题,它要求用区间 $(\hat{\theta}_1,\hat{\theta}_2)$ 作为 θ 可能取值范围的一种估计.这类估计问题称为**区间估计问题**,在下一节中介绍.

8.1.2 矩估计

矩估计方法由卡尔·皮尔逊(Karl Pearson)在 1894 年正式提出,矩估计的理论根据是大数定律,其基本思路是用样本矩估计相应的总体矩,具体如下:

设 $\{F(x;\theta),\theta\in\Theta\}$ 是总体 X 的可能分布族,$\theta=(\theta_1,\theta_2,\cdots,\theta_k)$ 是待估计的未知参数,$X_1,X_2,\cdots,X_n$ 是来自总体 X 的一个样本,以 m_r 记总体的 r 阶原点矩,A_r 记由 $X_1,X_2,\cdots,X_n$ 得到的样本 r 阶原点矩,即

$$m_r=E(X^r),\quad A_r=\frac{1}{n}\sum_{i=1}^{n}X_i^r,$$

我们用样本矩作为总体矩的估计,即令

$$m_r(\theta_1,\theta_2,\cdots,\theta_k)=A_r=\frac{1}{n}\sum_{i=1}^{n}X_i^r,\quad r=1,2,\cdots,k, \tag{8.1.1}$$

这样,(8.1.1)式确定了包含 k 个未知参数 $\theta=(\theta_1,\theta_2,\cdots,\theta_k)$ 的 k 个方程式.解此方程组(8.1.1)就可以得到 $\theta=(\theta_1,\theta_2,\cdots,\theta_k)$ 的一组解 $(\hat{\theta}_1,\hat{\theta}_2,\cdots,\hat{\theta}_k)$.因为 A_r 是随机变量,故解得的 $\hat{\theta}=(\hat{\theta}_1,\hat{\theta}_2,\cdots,\hat{\theta}_k)$ 也是随机变量.现将 $\hat{\theta}_1,\hat{\theta}_2,\cdots,\hat{\theta}_k$ 分别作为 $\theta_1,\theta_2,\cdots,\theta_k$ 的估计,称为**矩估计**.

例 8.1.3 设总体 X 的数学期望 μ 和方差 σ^2 均存在且有限,且参数 μ 和 σ^2 均未知,$X_1,X_2,\cdots,X_n$ 是来自总体 X 的简单随机样本,求总体均值 μ 和方差 σ^2 的矩估计量.

解 由于总体的数学期望和方差均存在,则由矩方法得到方程组

$$\begin{cases} m_1 = \mu = \dfrac{1}{n}\sum_{i=1}^{n} X_i = \overline{X}, \\ m_2 = \mu^2 + \sigma^2 = \dfrac{1}{n}\sum_{i=1}^{n} X_i^2. \end{cases}$$

解得

$$\hat{\mu} = \overline{X}, \hat{\sigma}^2 = \frac{1}{n}\sum_{i=1}^{n}(X_i - \overline{X})^2 = S_n^2,$$

所以总体均值 μ 和方差 σ^2 的矩估计量分别是样本均值 $\overline{X}$ 和样本二阶中心矩 S_n^2.

由矩估计定义可知,如果某参数 θ 可以表示为总体前 k 阶矩的函数,即

$$\theta = g(m_1, m_2, \cdots, m_k),$$

则可用

$$\hat{\theta} = g(A_1, A_2, \cdots, A_k)$$

估计 θ,此时,$\hat{\theta}$ 为 θ 的矩估计量.

如例 8.1.3,由于 $\mu = m_1, \sigma^2 = m_2 - m_1^2$,可直接得到 $\hat{\mu} = \overline{X}, \hat{\sigma}^2 = \dfrac{1}{n}\sum_{i=1}^{n} X_i^2 - \overline{X}^2 = \dfrac{1}{n}\sum_{i=1}^{n}(X_i - \overline{X})^2$.

例 8.1.4 设总体 X 服从均匀分布 $U[a,b]$,其中参数 a,b 均未知,$X_1, X_2, \cdots, X_n$ 是来自总体 X 的简单随机样本,求参数 a,b 的矩估计量.

解 总体 X 的期望与方差分别为 $EX = \dfrac{a+b}{2}, DX = \dfrac{(b-a)^2}{12}$,由例 8.1.3 的结论得到下面的矩法方程组

$$\begin{cases} \dfrac{a+b}{2} = \overline{X}, \\ \dfrac{(b-a)^2}{12} = S_n^2. \end{cases}$$

化简得

$$\begin{cases} a + b = 2\overline{X}, \\ b - a = 2\sqrt{3}\,S_n. \end{cases}$$

解得

$$\hat{a} = \overline{X} - \sqrt{3}\,S_n, \hat{b} = \overline{X} + \sqrt{3}\,S_n,$$

其中,$S_n = \sqrt{\dfrac{1}{n}\sum_{i=1}^{n}(X_i - \overline{X})^2}$.

例 8.1.5 设总体 X 的密度函数为

$$f(x;\alpha)=\begin{cases}(\alpha+1)x^{\alpha}, & 0<x<1,\\ 0, & \text{其他}.\end{cases}$$

其中参数 $\alpha>-1$ 未知, $X_1,X_2,\cdots,X_n$ 是来自总体 X 的简单随机样本,求参数 α 的矩估计量.

解　总体 X 的期望为

$$E(X)=\int_0^1 x(\alpha+1)x^{\alpha}\mathrm{d}x=(\alpha+1)\int_0^1 x^{\alpha+1}\mathrm{d}x=\frac{\alpha+1}{\alpha+2},$$

由例 8.1.3 的结论得到以下矩法方程

$$\frac{\alpha+1}{\alpha+2}=\overline{X},$$

解得

$$\hat{\alpha}=\frac{2\overline{X}-1}{1-\overline{X}},$$

所以 α 的矩估计量为 $\hat{\alpha}=\dfrac{2\overline{X}-1}{1-\overline{X}}$.

8.1.3　最大似然估计

最大似然估计由德国数学家高斯(Gauss)于 1821 年提出,但未得到重视.费歇(Fisher)在 1922 年再次提出最大似然法的思想,并探讨了它 的性质,使之得到广泛的研究和应用.

数字资源 8-1　本节课件

例 8.1.6　假设有一个箱子装有白球和黑球共 100 只球,并假定黑球所占比例为 $p=0.01$ 或 $p=0.99$. 今随机从箱中抽取 1 只球,发现是黑球,那么如何估计 p?

解　设总体分布族为 $\{B(1,p),p=0.01,0.99\}$,即参数空间为 $\Theta=\{0.01,0.99\}$. 若取到容量为 1 的样本 X_1,取到黑球记 X_1 为 1,否则记为 0. 当观测到 $X_1=1$ 时,就 p 的估计值考虑应该取 0.01,0.99 中哪个值,比较 $P_{0.01}(X_1=1)=0.01$ 和 $P_{0.99}(X_1=1)=0.99$,由于 $P_{0.99}(X_1=1)=0.99$ 较 $P_{0.01}(X_1=1)=0.01$ 大,表明当 $p=0.99$ 时出现观测到的情况 $X_1=1$ 有更大的可能,因此一个自然的想法就是取参数 p 的估计值为 0.99.

上述估计参数的方法是基于如下的原则:根据观测的结果选择这样的参数值作为估计值,它使当前观测到的情况出现的可能性最大. 为了使用这个原则,就要比较不同参数值时当前观测到这个情况出现的可能性大小. 这个原则就是最大似然原理.

设总体 X 具有分布族 $\{f(x,\theta),\theta\in\Theta\}$. 当 X 是离散型随机变量时,$f(x,\theta)$ 就取为概率分布律,其中 $\theta=(\theta_1,\theta_2,\cdots,\theta_k)$ 是一个未知的 k 维参数向量,需待估计. 又设 $(x_1,x_2,\cdots,x_n)$ 是样本 $X_1,X_2,\cdots,X_n$ 的一个观测值,那么样本 $(X_1,X_2,\cdots,X_n)$ 落在点 $(x_1,x_2,\cdots,x_n)$ 的邻域里的概率为 $\prod_{i=1}^{n}f(x_i,\theta)\mathrm{d}x_i$. 由此可见,$\theta$ 的变化会影响到 $\prod_{i=1}^{n}f(x_i,\theta)\mathrm{d}x_i$ 大小的变

化. 也就是说, 概率 $\prod\limits_{i=1}^{n} f(x_i, \theta) \mathrm{d}x_i$ 是 θ 的函数. 最大似然法就是选取样本落在观测值$(x_1,$ $x_2, \cdots, x_n)$ 的领域里的概率 $\prod\limits_{i=1}^{n} f(x_i, \theta) \mathrm{d}x_i$ 达到最大的参数值 $\hat{\theta}$ 作为 θ 的估计值. 即对固定的$(x_1, x_2, \cdots, x_n)$, 选取 $\hat{\theta}$ 使得

$$\prod_{i=1}^{n} f(x_i, \hat{\theta}) = \max_{\theta \in \Theta} \prod_{i=1}^{n} f(x_i, \theta).$$

从直观上讲, 既然在一次试验中得到了观测值$(x_1, x_2, \cdots, x_n)$, 那么我们认为样本落在观测值$(x_1, x_2, \cdots, x_n)$的邻域里这一事件是较容易发生的, 具有较大的概率. 所以就应该选取使这一概率达到最大的参数值作为真参数值的估计. 为了方便起见, 记

$$L(x_1, x_2, \cdots, x_n; \theta) = \prod_{i=1}^{n} f(x_i, \theta).$$

它看作 θ 的函数, 称为 θ 的**似然函数**.

如果选取使

$$L(x_1, x_2, \cdots, x_n; \hat{\theta}) = \max_{\theta \in \Theta} L(x_1, x_2, \cdots x_n; \theta) \tag{8.1.2}$$

成立的 $\hat{\theta}$ 作为 θ 的估计, 则称 $\hat{\theta}(x_1, x_2, \cdots, x_n)$ 为 θ 的**最大似然估计值**(Maximum Likelihood Estimate, **MLE**), 相应的估计量 $\hat{\theta}(X_1, X_2, \cdots, X_n)$ 称为 θ 的**最大似然估计量**.

由于概率密度函数大多具有指数函数形式, 若采用似然函数的对数, 通常更为简便, 称

$$l(\theta) = \ln L(x_1, x_2, \cdots, x_n; \theta)$$

为 θ 的对数似然函数. 由于对数变换是严格单调增的, 故 $l(\theta)$ 与 $L(x_1, x_2, \cdots, x_n; \theta)$ 在寻求极大值时是等价的.

在 **MLE** 存在时, 寻找 MLE 最常用的方法是求导数, 如果 Θ 是开集, 且 $f(x; \theta)$ 关于 θ 可微, 则 $\hat{\theta}$ 是下列似然方程:

$$\frac{\partial l(\theta)}{\partial \theta_i} = 0, i = 1, 2, \cdots, k \tag{8.1.3}$$

的解.

例 8.1.7 设总体 X 服从两点分布 $B(1, p)$, 参数 $0 < p < 1$ 未知, 若 $X_1, X_2, \cdots, X_n$ 是来自总体 X 的简单随机样本, 求参数 p 的最大似然估计量.

解 令 $x_1, x_2, \cdots, x_n$ 为样本观测值, 此时, 参数 p 的似然函数为

$$L(x_1, x_2, \cdots, x_n; p) = \prod_{i=1}^{n} p^{x_i} (1-p)^{1-x_i} = p^{\sum\limits_{i=1}^{n} x_i} (1-p)^{n - \sum\limits_{i=1}^{n} x_i}.$$

于是, 对数似然函数为

$$l(p) = \sum_{i=1}^{n} x_i \ln p + \left(n - \sum_{i=1}^{n} x_i\right) \ln (1-p).$$

由(8.1.3)式

$$\frac{\partial l(p)}{\partial p}=\frac{\sum\limits_{i=1}^{n}x_i}{p}-\frac{n-\sum\limits_{i=1}^{n}x_i}{1-p}=0$$

解得

$$\hat{p}=\frac{1}{n}\sum_{i=1}^{n}x_i=\overline{x},$$

即 $\hat{p}=\overline{X}$. 容易验证, $\overline{X}$ 是 p 的最大似然估计量.

例 8.1.8　设总体 X 服从正态分布 $N(\mu,\sigma^2)$,参数 μ,σ^2 均未知,若 $X_1,X_2,\cdots,X_n$ 是来自总体 X 的简单随机样本,求参数 μ,σ^2 的最大似然估计量.

解　令 $x_1,x_2,\cdots,x_n$ 为样本观测值,此时,参数 μ,σ^2 的似然函数为

$$L(x_1,x_2,\cdots,x_n;\mu,\sigma^2)=(2\pi\sigma^2)^{-\frac{n}{2}}\exp\left\{-\frac{1}{2\sigma^2}\sum_{i=1}^{n}(x_i-\mu)^2\right\},$$

于是,对数似然函数为

$$l(\mu,\sigma^2)=-\frac{n}{2}\ln(2\pi)-\frac{n}{2}\ln\sigma^2-\frac{1}{2\sigma^2}\sum_{i=1}^{n}(x_i-\mu)^2.$$

由(8.1.3)式得到

$$\begin{cases}\dfrac{\partial l}{\partial\mu}=\dfrac{1}{2\sigma^2}(\sum_{i=1}^{n}x_i-n\mu)=0,\\[3mm]\dfrac{\partial l}{\partial\sigma^2}=-\dfrac{n}{2\sigma^2}+\dfrac{1}{2\sigma^4}\sum_{i=1}^{n}(x_i-\mu)^2=0.\end{cases}$$

解得

$$\hat{\mu}=\frac{1}{n}\sum_{i=1}^{n}x_i=\overline{x},$$

$$\hat{\sigma}^2=\frac{1}{n}\sum_{i=1}^{n}(x_i-\overline{x})^2=S_n^2.$$

即 $\hat{\mu}=\overline{X}$, $\hat{\sigma}^2=S_n^2$. 可以直接验证, $\overline{X}$ 和 S_n^2 分别是 μ 和 σ^2 的最大似然估计量.

例 8.1.9　设 $X_1,X_2,\cdots,X_n$ 是来自均匀分布 $U[0,\theta]$ 的简单随机样本,其中 $\theta>0$,其密度函数为

$$f(x;\theta)=\begin{cases}\dfrac{1}{\theta},&0\leqslant x\leqslant\theta,\\[2mm]0,&\text{其他}.\end{cases}$$

求 θ 的最大似然估计量.

解 令 $x_1, x_2, \cdots, x_n$ 为样本观测值,根据题意有 $0 \leqslant x_1, x_2, \cdots, x_n \leqslant \theta$,等价于 $0 \leqslant \max\limits_{1 \leqslant i \leqslant n} x_i \leqslant \theta$. 此时,参数 θ 的似然函数为

$$L(x_1, x_2, \cdots, x_n; \theta) = \prod_{i=1}^{n} f(x_i; \theta) = \theta^{-n}.$$

容易看出似然函数 $L(x_1, x_2, \cdots, x_n; \theta)$ 与 θ 成反比,显然,当 $\theta = \max\limits_{1 \leqslant i \leqslant n} x_i$ 时,$L(x_1, x_2, \cdots, x_n; \theta)$ 取得最大值,所以

$$\hat{\theta} = \max_{1 \leqslant i \leqslant n} X_i$$

是 θ 的最大似然估计量.

例 8.1.10 根据遗传学原理,在一个群体中基因 AA, Aa, aa 发生的概率为:

$$p_1 = (1-\theta)^2, \quad p_2 = 2\theta(1-\theta), \quad p_3 = \theta^2.$$

在 1937 年某地区对 1 029 份血型检查结果中,可得 3 种基因的频数分别为 $x_1 = 342, x_2 = 500, x_3 = 187$. 试求参数 θ 的最大似然估计值.

解 若 X_1, X_2, X_3 表示血型检查结果得到的 3 种基因的频数,此时,参数 θ 的似然函数为

$$L(x_1, x_2, x_3; \theta) = \frac{(x_1 + x_2 + x_3)!}{x_1! \ x_2! \ x_3!} [(1-\theta)^2]^{x_1} [2\theta(1-\theta)]^{x_2} [\theta^2]^{x_3}$$

$$= \frac{(x_1 + x_2 + x_3)!}{x_1! \ x_2! \ x_3!} 2^{x_2} (1-\theta)^{2x_1 + x_2} \theta^{x_2 + 2x_3},$$

于是,对数似然函数为

$$l(\theta) = \ln\left(\frac{(x_1 + x_2 + x_3)!}{x_1! \ x_2! \ x_3!} 2^{x_2}\right) + (2x_1 + x_2)\ln(1-\theta) + (x_2 + 2x_3)\ln\theta.$$

由(8.1.3)式得到

$$\frac{\partial l}{\partial \theta} = -\frac{2x_1 + x_2}{1-\theta} + \frac{x_2 + 2x_3}{\theta} = 0,$$

数字资源 8-2
最大似然估计

解得

$$\hat{\theta} = \frac{x_2 + 2x_3}{2(x_1 + x_2 + x_3)}.$$

数字资源 8-3
本节课件

将观测值代入上式可得 θ 的最大似然估计值为 $\hat{\theta} = 0.424\ 7$.

8.1.4 估计的优良性

由前面可以看出,估计的概念相当广泛,对于同一个未知参数,可以有多种方法进行估计,即使同一种方法,也可以得到多个估计量. 如果不对估计的好坏加以明确,估计是没有多少意义的. 因此,需要有一些评价估计优劣的标准. 下面我

们就来讨论一些常用的评价标准.

由问题的提法可见,树立估计量优劣标准总的想法是:希望未知参数 θ 与它的估计在某种意义下最为接近. 首先,我们给出无偏性这一标准.

定义 8.1.1 设 $X_1,X_2,\cdots,X_n$ 是来自总体 X 的简单随机样本,$\theta\in\Theta$ 为总体的未知参数,$\hat{\theta}$ 为 θ 的一个估计量. 若

$$E(\hat{\theta})=\theta \qquad\qquad (8.1.4)$$

则称 $\hat{\theta}$ 为 θ 的一个**无偏估计量**,如果 $E(\hat{\theta})\neq\theta$,称 $\hat{\theta}$ 为**有偏**的,并称 $E(\hat{\theta})-\theta$ 为 $\hat{\theta}$ 的**偏差**.

定义 8.1.2 设 $\hat{\theta}$ 是未知参数 θ 的一个估计量,若

$$\lim_{n\to\infty}E(\hat{\theta})=\theta,$$

则称 $\hat{\theta}$ 是 θ 的**渐近无偏估计量**.

无偏性体现了一种频率思想. 只有在大量重复地使用时,无偏性才有意义(有时还需视具体问题而论). 例如. 某一工厂要估计某批产品的合格率 θ,从中抽取 n 个产品进行检查,发现有 X 个产品合格. 显然,$X\sim B(n,\theta)$,容易验证,$\dfrac{X}{n}$ 是 θ 的无偏估计. 然而对一次具体观测值 x 来说,$\dfrac{x}{n}$ 要么等于 θ 要么不等于 θ,此时,无偏性显得没什么意义. 不过,如果问题改为每天都对其生产的产品进行抽检,若假定生产过程相对稳定,则估计的无偏性要求便是合理的. 若用 $\dfrac{X}{n}$ 估计 θ,对每一天来说,该估计可能偏大也可能偏小,但在一段较长的时期内,$\dfrac{X}{n}$ 的平均值应在 θ 的周围波动的.

例 8.1.11 设总体 X 的数学期望 μ 和方差 σ^2 均存在且有限,且参数 μ 和 σ^2 均未知,$X_1,X_2,\cdots,X_n$ 是来自总体 X 的简单随机样本,则

(1) $\overline{X}=\dfrac{1}{n}\sum\limits_{i=1}^{n}X_i$ 是总体均值 μ 的无偏估计量;

(2) $S^2=\dfrac{1}{n-1}\sum\limits_{i=1}^{n}(X_i-\overline{X})^2$ 是总体方差 σ^2 的无偏估计量;

(3) $S_n^2=\dfrac{1}{n}\sum\limits_{i=1}^{n}(X_i-\overline{X})^2$ 是总体方差 σ^2 的渐近无偏估计量.

解 (1)因为 $E(X_i)=\mu,i=1,2,\cdots,n$,所以

$$E(\overline{X})=\frac{1}{n}E\Big(\sum_{i=1}^{n}X_i\Big)=\frac{1}{n}\sum_{i=1}^{n}E(X_i)=\mu.$$

由无偏估计量的定义可知,$\overline{X}$ 是 μ 的无偏估计量.

(2)因为 $D(X_i)=\sigma^2,i=1,2,\cdots,n,D(\overline{X})=\dfrac{\sigma^2}{n}$,所以

$$E(X_i^2) = D(X_i) + [E(X_i)]^2 = \sigma^2 + \mu^2, i = 1, 2, \cdots, n,$$

$$E(\overline{X}^2) = D(\overline{X}) + [E(\overline{X})]^2 = \frac{\sigma^2}{n} + \mu^2.$$

因此

$$E(S^2) = \frac{1}{n-1} E\left(\sum_{i=1}^{n} X_i^2 - n\overline{X}^2 \right) = \frac{1}{n-1} \left(\sum_{i=1}^{n} E(X_i^2) - nE(\overline{X}^2) \right)$$

$$= \frac{1}{n-1} \left[n(\sigma^2 + \mu^2) - n\left(\frac{\sigma^2}{n} + \mu^2 \right) \right] = \frac{1}{n-1} \left(n\sigma^2 - n\frac{\sigma^2}{n} \right)$$

$$= \sigma^2.$$

由无偏估计量的定义可知，S^2 是 σ^2 的无偏估计量.

(3) 因为 $S_n^2 = \frac{n-1}{n} S^2$，$E(S_n^2) = \frac{n-1}{n} E(S^2) = \frac{n-1}{n} \sigma^2$，所以

$$\lim_{n \to \infty} E(S_n^2) = \sigma^2.$$

由渐近无偏估计量的定义可知，S_n^2 是 σ^2 的渐近无偏估计量.

例 8.1.12 设 $X_1, X_2, \cdots, X_n$ 是来自均匀分布 $U[0, \theta]$ 的简单随机样本，其中 $\theta > 0$，其密度函数为

$$f(x; \theta) = \begin{cases} \dfrac{1}{\theta}, & 0 \leqslant x \leqslant \theta, \\ 0, & \text{其他}. \end{cases}$$

θ 的矩估计量为 $\hat{\theta}_1 = 2\overline{X}$，由前面例题知：$\theta$ 的最大似然估计量为 $\hat{\theta}_2 = \max\{X_1, X_2, \cdots, X_n\}$，问：$\hat{\theta}_1$ 和 $\hat{\theta}_2$ 是否都是 θ 的无偏估计量? 如果不是，是否可以修正为无偏估计量.

解 $E(\hat{\theta}_1) = 2E(\overline{X}) = 2 \cdot \frac{\theta}{2} = \theta$，故 $\hat{\theta}_1$ 是 θ 的无偏估计量，而 $\hat{\theta}_2$ 的密度函数为

$$f_{\hat{\theta}_2}(x) = \begin{cases} \dfrac{nx^{n-1}}{\theta^n}, & 0 \leqslant x \leqslant \theta, \\ 0, & \text{其他}. \end{cases}$$

于是

$$E(\hat{\theta}_2) = \int_0^\theta x \frac{nx^{n-1}}{\theta^n} \mathrm{d}x = \frac{n}{n+1}\theta \neq \theta,$$

故 $\hat{\theta}_2$ 不是 θ 的无偏估计量. 取 $\hat{\theta}_3 = \frac{n+1}{n} \hat{\theta}_2$，则 $\hat{\theta}_3$ 是 θ 的无偏估计量.

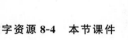
数字资源 8-4　本节课件　　　　　　　　　　　数字资源 8-5　点估计的拓展知识

8.2 区间估计

8.2.1 区间估计的概念

在上一节中,得到了参数 θ 的点估计 $\hat{\theta}=\hat{\theta}(X_1,X_2,\cdots,X_n)$ 后,可用均方误差 $E(\hat{\theta}-\theta)^2$ 表示估计的精度. 特别地,当 $\hat{\theta}$ 是 θ 的无偏估计时,均方误差就是 $\hat{\theta}$ 的方差. 本节将给出精度的另一种方法,我们可以构造一个随机区间 $[\hat{\theta}_L,\hat{\theta}_U]$,使得区间 $[\hat{\theta}_L,\hat{\theta}_U]$ 包含 θ 的可能性相当大. 这个区间 $[\hat{\theta}_L,\hat{\theta}_U]$ 也是对参数 θ 的一种估计,称为 θ 的**区间估计**.

定义 8.2.1 设 $X_1,X_2,\cdots,X_n$ 是来自总体 X 的一个样本,θ 是总体的未知参数,若由样本确定的两个统计量 $\hat{\theta}_L$ 和 $\hat{\theta}_U$,对于给定的 $\alpha(0<\alpha<1)$,满足

$$P(\hat{\theta}_L \leqslant \theta \leqslant \hat{\theta}_U)=1-\alpha, \forall \theta \in \Theta, \qquad (8.2.1)$$

则称 $[\hat{\theta}_L,\hat{\theta}_U]$ 为 θ 的**置信水平**为 $1-\alpha$ 的**置信区间**,$\hat{\theta}_L$ 和 $\hat{\theta}_U$ 分别称为**置信下限**和**置信上限**,$1-\alpha$ 称为**置信水平**.

定义 8.2.2 设 $\hat{\theta}_L$ 为一统计量,如果对给定的 $\alpha(0<\alpha<1)$,满足

$$P(\theta \geqslant \hat{\theta}_L)=1-\alpha, \forall \theta \in \Theta,$$

则称 $\hat{\theta}_U$ 为 θ 的置信水平为 $1-\alpha$ 的**单侧置信下限**.

数字资源 8-6 置信区间概念解析

类似地,如果统计量 $\hat{\theta}_U$ 满足

$$P(\theta \leqslant \hat{\theta}_U)=1-\alpha, \forall \theta \in \Theta,$$

则称 $\hat{\theta}_U$ 为 θ 的置信水平为 $1-\alpha$ 的**单侧置信上限**.

根据 Neyman 的区间估计的基本思想,寻找一个好的置信下限(或置信上限),就是对选定的一个较小的数 $\alpha(0<\alpha<1)$,在置信水平为 $1-\alpha$ 置信下限(或置信上限)中,寻找精度尽可能高的置信下限(或置信上限).

下面通过具体例子给出构造置信区间的方法和步骤.

例 8.2.1 设 $X_1,X_2,\cdots,X_n$ 是来自正态总体 $N(\mu,\sigma^2)$ 的简单随机样本,其中 μ 未知,σ^2 已知,试求 μ 的置信水平为 $1-\alpha$ 的置信区间.

解 考虑到 μ 的最大似然估计是样本均值 $\overline{X}=\dfrac{1}{n}\sum_{i=1}^{n}X_i$,且 $\overline{X} \sim N\left(\mu,\dfrac{\sigma^2}{n}\right)$,所以随机变量

$$U=\frac{\overline{X}-\mu}{\sigma/\sqrt{n}} \sim N(0,1).$$

再由正态分布 $N(0,1)$ 的双侧 α 分位点的定义可知

$$P(-u_{\frac{\alpha}{2}} \leqslant U \leqslant u_{\frac{\alpha}{2}}) = 1 - \alpha,$$

即

$$P\left(-u_{\frac{\alpha}{2}} \leqslant \frac{\overline{X} - \mu}{\sigma/\sqrt{n}} \leqslant u_{\frac{\alpha}{2}}\right)$$

$$= P\left(\overline{X} - u_{\frac{\alpha}{2}} \frac{\sigma}{\sqrt{n}} \leqslant \mu \leqslant \overline{X} + u_{\frac{\alpha}{2}} \frac{\sigma}{\sqrt{n}}\right)$$

$$= 1 - \alpha,$$

故由置信区间的定义知,$\left[\overline{X} - u_{\frac{\alpha}{2}} \dfrac{\sigma}{\sqrt{n}}, \overline{X} + u_{\frac{\alpha}{2}} \dfrac{\sigma}{\sqrt{n}}\right]$ 是 μ 的置信水平为 $1 - \alpha$ 的置信区间.

数字资源 8-7　本节课件

在该例中,我们注意到变量 U 在置信区间的构造中起着重要作用,它具有以下特点:

(1)U 是样本和未知参数 μ 的函数,且不含其他未知参数;

(2)U 的分布已知,且与未知参数 μ 无关.

我们把满足上述两条性质的量 U 称为**枢轴量**.

8.2.2　单个正态总体均值与方差的区间估计

设 $X_1, X_2, \cdots, X_n$ 是来自正态总体 $N(\mu, \sigma^2)$ 的简单随机样本,下面就几种情况分别讨论总体均值 μ 和方差 σ^2 的区间估计问题.

(1)当 σ^2 已知时,总体均值 μ 的置信区间

由例 8.2.1 知,可考虑下列枢轴量

$$U = \frac{\overline{X} - \mu}{\sigma/\sqrt{n}} \sim N(0,1),$$

则总体均值 μ 的置信水平为 $1 - \alpha$ 的置信区间为

$$\left[\overline{X} - u_{\frac{\alpha}{2}} \frac{\sigma}{\sqrt{n}}, \overline{X} + u_{\frac{\alpha}{2}} \frac{\sigma}{\sqrt{n}}\right] \tag{8.2.2}$$

由于 α 是事先选定的,人们常取 $0.1, 0.05, 0.01$ 等作为 α 的值,相应的 $u_{\frac{\alpha}{2}}$ 可查附表得到.

(2)当 σ^2 未知时,总体均值 μ 的置信区间

由推论 7.2.3 知,取关于 μ 的枢轴量

$$T = \frac{\overline{X} - \mu}{S/\sqrt{n}} \sim t(n-1).$$

则总体均值 μ 的置信水平为 $1 - \alpha$ 的置信区间为

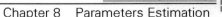

$$\left[\overline{X} - t_{\frac{\alpha}{2}}(n-1)\frac{S}{\sqrt{n}}, \overline{X} + t_{\frac{\alpha}{2}}(n-1)\frac{S}{\sqrt{n}}\right] \tag{8.2.3}$$

(3)当 μ 未知时,总体方差 σ^2 的置信区间

由定理 7.2.3 知,取关于 σ^2 的枢轴量为

$$Q = \frac{(n-1)S^2}{\sigma^2} \sim \chi^2(n-1).$$

类似可得,总体方差 σ^2 的置信水平为 $1-\alpha$ 的置信区间为

$$\left[\frac{(n-1)S^2}{\chi^2_{\frac{\alpha}{2}}(n-1)}, \frac{(n-1)S^2}{\chi^2_{1-\frac{\alpha}{2}}(n-1)}\right] \tag{8.2.4}$$

例 8.2.2 已知某树种的木材横纹抗压力服从正态分布,随机抽取该种木材的试件 10 个,做横纹抗压力试验,获得以下数据(单位:kg/cm²):482,493,457,471,510,446,435,418,394,469,试求该种木材平均横纹抗压力的置信水平为 0.95 的置信区间.

解 设某树种的木材横纹抗压力 X 服从正态分布 $N(\mu,\sigma^2)$,μ 表示该种木材平均横纹抗压力.由于总体方差 σ^2 未知,关于 μ 的枢轴量取为

$$T = \frac{\overline{X} - \mu}{S/\sqrt{n}} \sim t(n-1).$$

由 $1-\alpha=0.95$,得 $\alpha=0.05$,当 $n=10$ 时,查 t 分布表得 $t_{0.025}(9)=2.2622$.再由样本算得 $\overline{x}=457.5,S=35.2156$.

所以,该种木材平均横纹抗压力的置信水平为 0.95 的置信区间为

$$\left[\overline{x} - t_{0.025}(9)\frac{S}{\sqrt{10}}, \overline{x} + t_{0.025}(9)\frac{S}{\sqrt{10}}\right] = [432.31, 482.69].$$

例 8.2.3 为确定某种溶液中的甲醛浓度,取样得 4 个独立测定值的平均值 $\overline{x}=8.34\%$,样本标准差 $S=0.03\%$,并设被测总体近似的服从正态分布,求总体方差 σ^2 的置信水平为 0.95 的置信区间.

解 依据题意,某种溶液中的甲醛浓度 X 服从正态分布 $N(\mu,\sigma^2)$,由于 μ 未知,关于 σ^2 的枢轴量取为

$$Q = \frac{(n-1)S^2}{\sigma^2} \sim \chi^2(n-1).$$

因为 $1-\alpha=0.95,\alpha=0.05$,当 $n=4$ 时,查 χ^2 分布表得 $\chi^2_{0.025}(3)=9.348,\chi^2_{0.975}(3)=0.216$.再由样本算得 $S^2=0.0009$.

所以,总体方差 σ^2 的置信水平为 0.95 的置信区间为

$$\left[\frac{(4-1)S^2}{\chi^2_{0.975}(3)}, \frac{(4-1)S^2}{\chi^2_{0.025}(3)}\right] = [0.00029, 0.0125].$$

8.2.3　两个正态总体均值差的区间估计

在实际问题中,有时会遇到这样的问题.已知某产品的质量指标服从正态分布,但由于工艺改变、原料不同,设备条件或操作人员不同等因素,导致该总体的均值或方差有所改变.因此,我们需要知道这些改变有多大,通常就归结为考虑两个正态总体均值差或方差比的区间估计问题.

设 $X_1,X_2,\cdots,X_{n_1}$ 是来自正态总体 $N(\mu_1,\sigma_1^2)$ 的简单随机样本,$Y_1,Y_2,\cdots,Y_{n_2}$ 是来自正态总体 $N(\mu_2,\sigma_2^2)$ 的简单随机样本,且这两个总体相互独立,又

$$\overline{X}=\frac{1}{n_1}\sum_{i=1}^{n_1}X_i,\quad \overline{Y}=\frac{1}{n_2}\sum_{j=1}^{n_2}Y_j,$$

$$S_1^2=\frac{1}{n_1-1}\sum_{i=1}^{n_1}(X_i-\overline{X})^2,\quad S_2^2=\frac{1}{n_2-1}\sum_{j=1}^{n_2}(Y_j-\overline{Y})^2.$$

(1)σ_1^2,σ_2^2 已知,均值差 $\mu_1-\mu_2$ 的置信区间

由推论 7.2.5 知

$$U=\frac{\overline{X}-\overline{Y}-(\mu_1-\mu_2)}{\sqrt{\dfrac{\sigma_1^2}{n_1}+\dfrac{\sigma_2^2}{n_2}}}\sim N(0,1),$$

所以可取 U 作为枢轴量.由此可得 $\mu_1-\mu_2$ 的置信水平为 $1-\alpha$ 的置信区间为

$$\left[\overline{X}-\overline{Y}-u_{\frac{\alpha}{2}}\sqrt{\frac{\sigma_1^2}{n_1}+\frac{\sigma_2^2}{n_2}},\ \overline{X}-\overline{Y}+u_{\frac{\alpha}{2}}\sqrt{\frac{\sigma_1^2}{n_1}+\frac{\sigma_2^2}{n_2}}\right] \qquad (8.2.5)$$

(2)σ_1^2,σ_2^2 未知,但 $\sigma_1^2=\sigma_2^2$ 时,均值差 $\mu_1-\mu_2$ 的置信区间

由推论 7.2.5 知

$$T=\frac{\overline{X}-\overline{Y}-(\mu_1-\mu_2)}{S_w\sqrt{\dfrac{1}{n_1}+\dfrac{1}{n_2}}}\sim t(n_1+n_2-2),$$

其中

$$S_w^2=\frac{\displaystyle\sum_{i=1}^{n_1}(X_i-\overline{X})^2+\sum_{i=1}^{n_2}(Y_i-\overline{Y})^2}{n_1+n_2-2}$$

$$=\frac{(n_1-1)S_1^2+(n_2-1)S_2^2}{n_1+n_2-2},$$

所以可取 T 作为枢轴量,由此可得 $\mu_1-\mu_2$ 的置信水平为 $1-\alpha$ 的置信区间为

$$\left[\overline{X}-\overline{Y}-t_{\frac{\alpha}{2}}(n_1+n_2-2)S_w\sqrt{\frac{1}{n_1}+\frac{1}{n_2}},\ \overline{X}-\overline{Y}+t_{\frac{\alpha}{2}}(n_1+n_2-2)S_w\sqrt{\frac{1}{n_1}+\frac{1}{n_2}}\right].$$

$$(8.2.6)$$

例 8.2.4 为了比较 A、B 两种型号灯泡的寿命,随机抽取 A 型灯泡 5 只,测得寿命的样本均值 $\bar{x}=1\,000$(小时)和样本标准差 $S_1=28$(小时),又随机抽取 B 型灯泡 7 只,测得寿命的样本均值 $\bar{y}=980$(小时)和样本标准差 $S_2=32$(小时).设两个总体均为正态分布,并且由生产过程知两个总体方差相等,求两总体均值差 $\mu_1-\mu_2$ 的置信水平为 0.99 的置信区间.

解 设 A 型灯泡的寿命 $X\sim N(\mu_1,\sigma_1^2)$,B 型灯泡的寿命 $Y\sim N(\mu_2,\sigma_2^2)$,两个总体 X 与 Y 相互独立,且 $\sigma_1^2=\sigma_2^2$.由于参数均未知,关于 $\mu_1-\mu_2$ 的枢轴量取为

$$T=\frac{\bar{X}-\bar{Y}-(\mu_1-\mu_2)}{S_{\text{w}}\sqrt{\dfrac{1}{n_1}+\dfrac{1}{n_2}}}\sim t(n_1+n_2-2).$$

因为 $1-\alpha=0.99,\alpha/2=0.005,n_1+n_2-2=10$,查 t 分布表得 $t_{0.005}(10)=3.169\,3$.再由样本算得 $S_{\text{w}}^2=\dfrac{1}{10}\big[(5-1)\cdot28^2+(7-1)\cdot32^2\big]=928$.

所以,$\mu_1-\mu_2$ 的置信水平为 0.99 的置信区间为

$$\left[\bar{x}-\bar{y}-t_{0.005}(10)S_{\text{w}}\sqrt{\frac{1}{5}+\frac{1}{7}},\bar{x}-\bar{y}+t_{0.005}(10)S_{\text{w}}\sqrt{\frac{1}{5}+\frac{1}{7}}\right]=[-36.5,76.5].$$

8.2.4 两个正态总体方差比的区间估计

设两个正态总体 $N(\mu_1,\sigma_1^2),N(\mu_2,\sigma_2^2)$ 的参数均未知,$\bar{X}$,$\bar{Y}$,S_1^2,S_2^2 如前所述,现在求两总体方差比 $\dfrac{\sigma_1^2}{\sigma_2^2}$ 的置信水平为 $1-\alpha$ 的置信区间.

由推论 7.2.5 知

$$F=\frac{S_1^2/S_2^2}{\sigma_1^2/\sigma_2^2}\sim F(n_1-1,n_2-1),$$

所以可取 F 作为枢轴量.由此得

$$P\left(F_{1-\frac{\alpha}{2}}(n_1-1,n_2-1)\leqslant\frac{S_1^2/S_2^2}{\sigma_1^2/\sigma_2^2}\leqslant F_{\frac{\alpha}{2}}(n_1-1,n_2-1)\right)=1-\alpha.$$

所以,当 μ_1,μ_2 未知时,两总体方差比 $\dfrac{\sigma_1^2}{\sigma_2^2}$ 的置信水平为 $1-\alpha$ 的置信区间为

$$\left[\frac{S_1^2}{S_2^2}\frac{1}{F_{\frac{\alpha}{2}}(n_1-1,n_2-1)},\frac{S_1^2}{S_2^2}\frac{1}{F_{1-\frac{\alpha}{2}}(n_1-1,n_2-1)}\right]\tag{8.2.7}$$

例 8.2.5 两个正态总体 $N(\mu_1,\sigma_1^2),N(\mu_2,\sigma_2^2)$ 的参数均未知,依次取两个相互独立的容量为 25、15 的简单随机样本,算得 $S_1^2=6.38$ 和 $S_2^2=5.15$,求两总体方差比 $\dfrac{\sigma_1^2}{\sigma_2^2}$ 的置信水平为 0.90 的置信区间.

解 依据题意,关于 $\dfrac{\sigma_1^2}{\sigma_2^2}$ 的枢轴量取为

$$F = \frac{S_1^2/S_2^2}{\sigma_1^2/\sigma_2^2} \sim F(n_1 - 1, n_2 - 1).$$

因为 $1-\alpha = 0.90, \alpha = 0.10$,得到 $\alpha/2 = 0.05, 1-\alpha/2 = 0.95$,当 $n_1 - 1 = 24, n_2 - 1 = 14$ 时,查 F 分布表得 $F_{0.05}(24, 14) = 2.35, F_{0.95}(24, 14) = \dfrac{1}{F_{0.95}(14, 24)} = \dfrac{1}{2.13}$.

所以,两总体方差比 $\dfrac{\sigma_1^2}{\sigma_2^2}$ 的置信水平为 0.90 的置信区间为

$$\left[\frac{S_1^2}{S_2^2} \frac{1}{F_{0.05}(14, 24)}, \frac{S_1^2}{S_2^2} \frac{1}{F_{0.95}(24, 14)} \right] = [0.528, 2.64].$$

8.2.5 单侧置信限

如前所述,实际中的有些问题只需要估计未知参数的置信下限或置信上限,即估计单侧置信限(或单侧置信区间),由定义 8.2.1 知,单侧置信限的求法和双侧置信限的求法是类似的,只需注意要用单侧分位点即可,先举例如下:

例 8.2.6 设 $X_1, X_2, \cdots, X_n$ 是来自正态总体 $N(\mu, \sigma^2)$ 的简单随机样本,σ^2 未知,试求均值 μ 的置信水平为 $1-\alpha$ 的单侧置信下限.

解 类似于 8.2.1 中单个总体的问题(2),关于均值 μ 的枢轴量取为

$$T = \frac{\overline{X} - \mu}{S/\sqrt{n}} \sim t(n-1).$$

对给定的 α,有

$$P\left(\frac{\overline{X} - \mu}{S/\sqrt{n}} \leqslant t_\alpha(n-1) \right) = 1 - \alpha,$$

所以,μ 的置信水平为 $1-\alpha$ 的单侧置信下限为

$$\hat{\mu}_L = \overline{X} - \frac{S}{\sqrt{n}} t_\alpha(n-1), \tag{8.2.8}$$

或称 μ 的置信水平为 $1-\alpha$ 的单侧置信区间为 $\left[\overline{X} - \dfrac{S}{\sqrt{n}} t_\alpha(n-1), +\infty \right)$.

类似可得,在例 8.2.6 的条件下,μ 的置信水平为 $1-\alpha$ 的单侧置信上限为

$$\hat{\mu}_U = \overline{X} + \frac{S}{\sqrt{n}} t_\alpha(n-1) \tag{8.2.9}$$

数字资源 8-8　本节课件　　　　　　　　数字资源 8-9　区间估计的拓展知识

□ 第 8 章习题

1. 设总体 X 服从均匀分布 $U[0,\theta]$，$X_1,X_2,\cdots,X_n$ 是来自总体 X 的简单随机样本，试求 θ 的矩估计量.

2. 设总体 X 服从正态分布 $N(\mu,\sigma^2)$，若样本观测值为 $x_1,x_2,\cdots,x_n$，试求参数 μ 及 σ^2 的矩估计值.

3. 电话总机在某一段时间内接到呼唤次数 X 服从泊松分布 $P(\lambda)$，观察一分钟内街道的呼唤次数，获得观测数据如下：

每分钟接到呼唤次数	0	1	2	3	4	5
观测次数	5	10	12	8	3	2

求未知参数 λ 的矩估计值.

4. 设 $X_1,X_2,\cdots,X_n$ 是来自总体 X 的简单随机样本，X 的密度函数为

$$f(x;\theta)=\begin{cases}\theta x^{\theta-1}, & 0<x<1,\\ 0, & \text{其他}.\end{cases}$$

试求未知参数 θ 的矩估计量.

5. 设总体 X 的密度函数为

$$f(x;\alpha)=\begin{cases}\dfrac{2}{\alpha^2}(\alpha-x), & 0<x<\alpha,\\ 0, & \text{其他}.\end{cases}$$

$X_1,X_2,\cdots,X_n$ 是来自总体 X 的简单随机样本，求参数 α 的矩估计量.

6. 设总体 X 的密度函数为 $f(x;\theta)$，$X_1,X_2,\cdots,X_n$ 是来自总体 X 的简单随机样本，试求参数 θ 的矩估计和最大似然估计，其中

(1) $f(x;\theta)=\begin{cases}\dfrac{1}{\theta}\mathrm{e}^{-\frac{x}{\theta}}, & x>0,\\ 0, & x\leqslant 0.\end{cases}$

(2) $f(x;\theta)=\begin{cases}\sqrt{\theta}\,x^{\sqrt{\theta}-1}, & 0\leqslant x\leqslant 1,\\ 0, & \text{其他}.\end{cases}$ $(\theta>0)$

(3) $f(x;\theta)=(\theta+1)x^{\theta}, 0<x<1.$

7. 设总体 X 服从二项分布 $B(n,p)$，其中 n 为已知. $X_1,X_2,\cdots,X_n$ 是来自总体 X 的简单随机样本，试求总体参数 p 的矩估计和最大似然估计.

8. 设总体 X 服从正态分布 $N(\mu, \sigma^2)$，$X_1, X_2, \cdots, X_n$ 是来自总体 X 的简单随机样本，试适当选择常数 C，使得 $\hat{\sigma}^2 = C \sum\limits_{i=1}^{n-1} (X_{i+1} - X_i)^2$ 为 σ^2 的无偏估计.

9. 设总体 X 服从正态分布 $N(\mu, 0.9^2)$，当样本容量 $n = 9$ 时，测得 $\bar{x} = 5$，求未知参数 μ 的置信水平为 0.95 的置信区间.

10. 某工厂生产的一批滚珠，其直径服从正态分布 $N(\mu, \sigma^2)$，并且 $\sigma^2 = 0.05$，今从中抽取 8 个，测得其直径（单位：mm）分别为

$$14.7 \quad 15.1 \quad 14.8 \quad 14.9 \quad 15.2 \quad 14.2 \quad 14.6 \quad 15.1$$

求其直径均值的置信水平为 0.95 的置信区间.

11. 设总体 X 服从正态分布 $N(\mu, \sigma^2)$，其中参数 μ 未知，σ^2 已知，从 X 得到容量为 n 的样本 $X_1, X_2, \cdots, X_n$，问 n 为多大时，才能使总体均值 μ 的置信水平为 $1 - \alpha$ 的置信区间长度不大于 L？

12. 随机地从一批钉子中抽取 16 枚，测得的长度（单位：kg）分别为

$$2.14 \quad 2.10 \quad 2.13 \quad 2.15 \quad 2.13 \quad 2.12 \quad 2.13 \quad 2.10$$
$$2.15 \quad 2.12 \quad 2.14 \quad 2.10 \quad 2.13 \quad 2.11 \quad 2.14 \quad 2.11$$

设钉长服从正态分布，试求总体均值 μ 的置信水平为 0.90 的置信区间：

(1) 若 $\sigma = 0.01$；

(2) 若 σ 未知.

13. 冷抽铜丝的折断力服从正态分布. 从一批铜丝中任取 9 根，试验折断力，所得数据分别为

$$578 \quad 572 \quad 570 \quad 568 \quad 572 \quad 570 \quad 569 \quad 584 \quad 572$$

试求总体方差 σ^2 的置信水平为 0.95 的置信区间.

14. 随机地取某种炮弹 9 发做实验，得炮口速度的样本标准差为 11(m/s). 设炮口速度是服从正态分布的，求这种炮弹的炮口速度标准差 σ 的置信水平为 0.95 的置信区间.

15. 今有一批钢材，其屈服点（单位：t/cm^2）服从正态分布 $N(\mu, \sigma^2)$，其中 μ 和 σ^2 未知. 今随机地抽取 20 个样品，经试验测得屈服点为 $x_1, x_2, \cdots, x_{20}$，且计算得 $\bar{x} = \dfrac{1}{20} \sum\limits_{i=1}^{20} x_i = 5.21$，$S^2 = \dfrac{1}{20-1} \sum\limits_{i=1}^{20} (x_i - \bar{x})^2 = 0.220\ 3^2$.

(1) 试求屈服点总体均值 μ 的置信水平为 0.95 的置信区间；

(2) 试求总体标准差 σ 的置信水平为 0.95 的置信区间.

16. 研究两种固体燃料火箭推进器的燃烧率. 设两者均服从正态分布，并且已知燃烧率的标准差均近似地 0.05(cm/s)，取样本容量为 $n_1 = n_2 = 20$，得燃烧率的样本均值分别为 $\bar{x} = 18$，$\bar{y} = 24$，求两燃烧率总体均值差 $\mu_1 - \mu_2$ 的置信水平为 0.99 的置信区间.

17. 有两位化验员 A、B，他们独立地对某种聚合物的含氯量用相同的方法各做了 10 次测定，其测定值的样本方差依次为 $S_1^2 = 0.541\ 9$，$S_2^2 = 0.606\ 5$. 设 σ_1^2, σ_2^2 分别为 A、B 所测定的测定值总体的方差，且设两个总体均为正态分布，求两个总体方差比 $\dfrac{\sigma_1^2}{\sigma_2^2}$ 的置信水平

为 0.95 的置信区间.

18. 为了研究某种汽车轮胎的磨损特性,随机地选择了 16 只轮胎,每只轮胎行驶到磨坏为止. 记录行驶的路程(km)如下:

41 250   40 187   43 175   41 010   39 265   41 872

42 654   41 287   38 970   40 200   42 550   41 095

40 680   43 500   39 775   40 400

假定这些数据来自正态总体 $N(\mu, \sigma^2)$,其中 μ, σ^2 未知,试求总体均值 μ 的置信水平为 0.95 的单侧置信下限.

数字资源 8-10   拓展练习

第 9 章
假设检验
Tests of Hypotheses

假设检验是一种应用十分广泛的统计推断方法,具有极高的理论和应用价值. 它的基本任务是:在总体分布的参数未知或总体的分布未知情况下,为了推断总体的某些性质,首先关于总体提出某些假设,然后根据样本所提供的信息,对所提的假设做出拒绝或接受的决策. 在实际中,有很多问题都能转化为假设检验问题而得以有效地解决. 本章主要介绍假设检验的基本概念和正态总体参数的假设检验问题.

9.1 假设检验的基本概念

例 9.1.1 某厂有一批产品,共 10 000 件,须经检验后方可出厂. 按规定标准,次品率不得超过 5%. 今从这批产品随机抽取 50 件产品进行检查,发现有 4 件次品,问这批产品能否出厂?

在这个例子中,我们事先对这批产品的次品率情况一无所知. 当然,从频率稳定性上说,我们可以用被检验的 50 件产品的次品率 $\frac{4}{50}$ 来估计这整批产品的次品率 p. 但我们目前所关心的问题是:如何根据抽样的次品率 $\frac{r}{n}\left(=\frac{4}{50}\right)$ 来推断整批产品的次品率 p 是否超过了 5%. 也就是说,首先我们可以对整批产品提出一种假设:次品率 p 不超过 5%,然后利用样本的次品率 $\frac{r}{n}$ 来检验该假设的正确性.

例 9.1.2 糖厂用自动包装机将糖装箱外运. 每箱的标准重量规定为 100 kg. 每天开工时,需要先检验一下包装机工作是否正常. 根据以往的经验知道,用自动包装机装箱,其各箱重量的标准差 $\sigma=1.15$ kg. 某日开工后,抽取了 9 箱,其重量如下(单位:kg):

99.3　98.7　100.5　101.2　98.3　99.7　99.5　102.1　100.5

试问此包装机工作是否正常?

在该例中,我们关心的问题是:包装机工作是否正常,即自动包装机装出的糖箱的平均

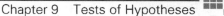

重量是否为 100 kg. 一般我们的假设为:将当日包装机装出的糖箱的重量作为一个总体,其总体分布为正态分布 $N(\mu, 1.15^2)$. 因此此例可作如下处理:先假设总体均值 $\mu = 100$,然后利用上述抽取的 9 个样本的数据,来推断我们所提这一假设的正确性. 如果 $\mu = 100$ 成立,则产品可以出厂,生产可以继续. 若 $\mu = 100$ 不成立,则产品将退回,将要调整包装机.

例 9.1.3 某种建筑材料,其抗断强度的分布以往一直符合正态分布. 今改变了配料方案,希望确定其抗断强度的分布是否仍为正态分布?

与前两例类似,先建立假设:改变配料方案后生产出的该建筑材料的抗断强度仍服从正态分布,然后通过抽取样本来推断这种假设的是与否.

上述三例的共同特点是:先对总体分布的某些参数或总体所属哪类分布提出某种假设,然后抽取样本并集中样本中的有关信息,对假设的正确性进行统计推断. 今后,我们将对总体参数真值或总体分布类型的一个判断,称为**零假设**(或称**原假设**),记为 H_0.

上面所讨论的 3 个例子,零假设分别是:$H_0: p \leqslant 0.05$;$H_0: \mu = 100$;$H_0: F(x)$(分布函数)$\in N(\cdot, \cdot)$(它表示 $F(x)$ 属于正态分布函数族).

事实上,当我们提出了零假设 H_0 时,也同时给出了与 H_0 相对立的假设,即提供给我们选择的**备择假设**,记为 H_1,H_0 与 H_1 是互不相容的. 如在例 9.1.1 中,$H_1: p > 0.05$. 它和 $H_0: p \leqslant 0.05$ 是成对出现的. 拒绝 H_0 就意味着接受 H_1,反之亦然. 当然,在同一个零假设 H_0 下,可以选择多个备择假设中的一个. 如在例 9.1.2 中,$H_0: \mu = 100$,而 H_1 可以根据实际情况选择 $H_1: \mu \neq 100$;$H_1: \mu > 100$;$H_1: \mu < 100$ 中的一种.

从上例中还可以看出,例 9.1.1 与例 9.1.2 给出了总体分布的形式,统计假设 H_0 是对未知参数作出的,而例 9.1.3 与这两例不同,它的统计假设 H_0 是直接对总体的分布函数给出的. 产生这一不同主要是由于我们事先对于总体分布函数的知识具有差异. 在例 9.1.1 与例 9.1.2 中对总体的真分布了解较多. 已知它的函数形式,未知的仅是一个或几个参数,一旦知道这些未知参数,总体的真分布就完全已知了. 如在例 9.1.2 中,若知道总体的均值 $\mu = 100$,那么总体的真分布就是 $N(100, 1.15^2)$. 如果总体的真分布完全被几个未知参数所决定,则任何一个关于总体未知分布的假设总可以等价地给出它的参数. 这种仅涉及总体分布中所包含的几个未知参数的假设检验称为**参数检验**.

但对一些实际问题,人们事先对总体分布的知识了解不多,如例 9.1.3 中只知道改变配方后材料抗断强度服从于连续型分布,而不知道它的分布所具有的函数形式. 因此统计假设只能直接给出在分布函数的形式或是它的某些特征上,这种统计假设显然不同于前述的参数假设,我们称这种统计假设为非参数假设. 在例 9.1.3 中,$H_0: F(x) \in N(\cdot, \cdot)$,就是**一种非参数检验**.

对于一个假设检验问题,首先是根据实际问题的要求提出假设 H_0,但这仅是第一步,提出统计假设的目的是进一步推断所提出的统计假设 H_0 是否正确. 这就要求建立推断统计假设 H_0 是否正确的方法. 在统计学上,称判断给定零假设 H_0 的方法为**假设检验**.

对于零假设 H_0,如果它只含有一个元素,则称该假设为简单零假设,否则称为复合(复杂)零假设. 如在例 9.1.2 中,$H_0: \mu = 100$ 和备择假设 $H_1: \mu \neq 100$,则 H_0 是简单假设,而 H_1 就是复合假设. 另外,在有些实际问题中,只提出一个统计假设,如例 9.1.1~例 9.1.3 那样. 在另一些实际问题中,往往需要提出两个甚至多个统计假设,而且统计假设的目的也需要同时判断多个假设哪一个正确。如果一个统计问题仅提出一个统计假设,而我们的目的也仅仅是判断这一个统计假设是否成立,且不同时研究其他统计假设,这类检验问题称为**显著性检验(test of significance)**。

本章主要讨论显著性检验方法,尤其是正态总体参数的显著性检验问题。

当给定 H_0 和 H_1,就等于给定了一个检验问题,通常记为检验问题 (H_0, H_1)。在检验问题 (H_0, H_1) 中,所谓**检验法则**(简称为**检验**),就是设法将样本空间 Ω 划分成互不相交的两个部分

$$\Omega = W + \overline{W},$$

并作如下规定:

当样本观测值 $x = (x_1, \cdots, x_n) \in W$ 时,就拒绝零假设 H_0,认为备择假设 H_1 成立;当样本观测值 $x = (x_1, \cdots, x_n) \notin W$(即 $x \in \overline{W}$)时,就不能拒绝(接受)零假设 H_0。

这里的 W 称为该检验法的拒绝域,而 $\overline{W}$ 就称为检验的接受域。

为了确定拒绝域 W,往往首先从问题的直观背景出发,寻找一个统计量,使得在零假设 H_0 成立时和在备择假设 H_1 成立时,该统计量的值存在差异,从而我们能够根据这个统计量的值的大小选定拒绝域。这个能从样本空间中划分出拒绝域的统计量为**检验统计量**。

在进行检验时我们做出判断的依据是样本,由于样本的随机性,我们可能做出正确的判断,也可能做出错误的判断。

正确的判断是零假设 H_0 成立时接受 H_0,或零假设 H_0 不成立时拒绝 H_0;错误的判断是零假设 H_0 成立时但被拒绝,或零假设 H_0 不成立时但被接受。当零假设 H_0 成立时,样本观测值却落在拒绝域 W 中,从而拒绝了 H_0("弃真"),这种错误称为**第一类错误**;当零假设 H_0 不成立时,样本观测值却没有落在拒绝域 W 中,从而没有拒绝零假设 H_0("纳伪"),这种错误称为**第二类错误**,如表 9.1.1 所示。

表 9.1.1

假设	H_0 为真	H_0 不真
接受 H_0	正确	第二类错误
拒绝 H_0	第一类错误	正确

需注意:无论是接受或拒绝零假设 H_0,都不是在逻辑上绝对证明了 H_0 是否正确,它是当事人在现有的样本证据下,对零假设正确与否所采取的一种态度、倾向性以至某种必须或自愿采取的行动。此外,犯两类不同错误所导致的后果往往很不一样。例如,检验某人是否患有某病可作零假设 H_0:该人患有此病,从而第一类错误是视有病为无病则可能导致病人死亡;第二类错误则为视无病为有病,也引起该人精神痛苦和一定的经济损失,犯第一类错误的概率为 P(拒绝 $H_0 \mid H_0$ 为真),而犯第二类错误的概率为 P(接受 $H_0 \mid H_0$ 不真)。主观上,我们希望所给的检验能使犯两类错误的概率同时都小,这在实际中很难办到,犯两类错误的概率不好同时控制,减少两者之一,另一个就会增大(除非样本容量充分大)。在实际问题中,一般总是控制犯第一类错误的概率,在此前提下尽量让犯第二类错误的概率减小。这是因为:在客观上,我们总是对弃真采取谨慎的态度,或是因为实际中也无法排除犯这类错

误的可能性;但在处理实际问题中,可以根据问题的重要性来选择什么是零假设 H_0.

由于犯两类错误的概率大小决定着相应的检验法则的优劣,而在样本容量固定的条件下,两者又不可能同时达到很小,人们于是采取了控制犯第一类错误的方法,即给定一个小概率 $\alpha(0<\alpha<1)$,构造一个检验的拒绝域,使得犯第一类错误的概率.

$$P(拒绝\ H_0 \mid H_0\ 为真) \leqslant \alpha.$$

这个临界概率在假设检验里是重要的,通常称为检验的 **显著性水平** 或 **检验水平**(简称 **水平**). 对于各种不同的问题,显著性水平 α 可以选取的不一样,但一般应为一个较小的数. 同时为查表方便通常取 α 为一些标准值,如 $\alpha=0.05$ 或 0.01 等. 这表明当零假设 H_0 为真时,出现这种事件的可能性大约在 100 次中不超过 5 次($\alpha=0.05$)或 1 次($\alpha=0.01$),这是一个小概率事件. 根据小概率事件在一次试验(观察)中几乎不可能发生的实际推断原理,如果出现了这事件我们就有理由怀疑 H_0 不真,因为它超出了在 H_0 成立条件下能以随机波动来解释的范围,因而作出拒绝 H_0 的判断,这实际上是假设检验基本思想的根据.

有了以上这些概念后,关键就在于建立一个客观、科学的检验方法. 下面通过例子来说明假设检验的整个步骤.

例 9.1.4 检验例 9.1.2 中自动包装机的工作是否正常.

解 对糖厂的自动包装机,我们认为其装箱的重量 X 服从正态分布. 由于 X 的标准差 $\sigma_0=1.15$ 是已知常数,此时自动包装机生产是否正常的标志应是装出糖箱的重量的平均值是否为 100 kg,因此该实际问题的零假设 H_0 针对备择假设 H_1 的假设检验可表述为

$$H_0 : \mu=100 \leftrightarrow H_1 : \mu \neq 100.$$

上述问题可归结为对正态总体 $N(\mu, \sigma_0^2)$ 的总体均值 μ 提出的假设检验问题,即要判断总体均值 μ 是否等于 μ_0,而样本均值 $\overline{X}$ 是 μ 的无偏估计,它的大小在一定程度上反映了 μ 的大小,所以使用 $\overline{X}$ 这一统计量来进行判断. 当 H_0 为真,即 $\mu=\mu_0$ 时,样本均值 $\overline{X}$ 与 μ_0 的偏差 $|\overline{X}-\mu_0|$ 一般应集中在 0 点附近,否则 $\overline{X}$ 就有偏离 μ_0 点的趋势. 再由抽样分布知 $\overline{X} \sim N\left(\mu, \dfrac{\sigma_0^2}{n}\right)$,因此当假设 H_0 成立时,有

$$\frac{\overline{X}-\mu_0}{\sigma_0/\sqrt{n}} \sim N(0,1),$$

且 $|\overline{X}-\mu_0|$ 的大小可衡量统计量 $\dfrac{\overline{X}-\mu_0}{\sigma_0/\sqrt{n}}$ 的大小.

基于以上做法,我们可适当选定一正数 k,使得当 $\overline{X}$ 满足不等式 $\dfrac{|\overline{X}-\mu_0|}{\sigma_0/\sqrt{n}}>k$ 时,拒绝 H_0;反之,若 $\dfrac{|\overline{X}-\mu_0|}{\sigma_0/\sqrt{n}} \leqslant k$ 时,接受 H_0. 根据假设检验的基本思想(小概率原理),现给定小概率 α,利用 $N(0,1)$ 的双侧 α 分位点 $u_{\frac{\alpha}{2}}$ 的性质,我们有

$$P\left(\frac{|\overline{X}-\mu_0|}{\sigma_0/\sqrt{n}}>u_{\frac{\alpha}{2}}\mid H_0\text{ 为真}\right)$$

$$=P\left(\frac{|\overline{X}-\mu_0|}{\sigma_0/\sqrt{n}}>u_{\frac{\alpha}{2}}\mid \mu=\mu_0\right)$$

$$=P\left(\frac{|\overline{X}-\mu_0|}{\sigma_0/\sqrt{n}}>u_{\frac{\alpha}{2}}\right)=\alpha.$$

因为 α 是小概率,当将一次的样本观测值 $x_1,\cdots,x_n$ 代入统计量 $\dfrac{\overline{X}-\mu_0}{\sigma_0/\sqrt{n}}$ 后,得到的统计量的观测值的绝对值 $\dfrac{|\overline{x}-\mu_0|}{\sigma_0/\sqrt{n}}>u_{\frac{\alpha}{2}}$ 时,就拒绝 H_0,否则接受 H_0.

在本例中,$\mu_0=100,\sigma_0=1.15,n=9$,计算得 $\overline{x}=99.98$,代入检验统计量 $U=\dfrac{\overline{X}-\mu_0}{\sigma_0/\sqrt{n}}$ 中,得检验统计量的值为

$$u=\frac{\overline{x}-\mu_0}{\sigma_0/\sqrt{n}}=\frac{99.98-100}{1.15/\sqrt{9}}\approx-0.052$$

若给定 $\alpha=0.05$,查附表得 $u_{\frac{\alpha}{2}}=1.96$,这时因为

$$|u|=0.052<1.96=u_{\frac{\alpha}{2}},$$

数字资源 9-1 双侧与单侧检验的解释

所以不能拒绝 H_0,故可认为此时自动包装机工作正常.

由以上讨论可见假设检验问题的处理步骤是:

(1)根据实际问题的要求,合理地提出零假设 H_0 和备择假设 H_1;若零假设为 $H_0:\mu=\mu_0$,则备择假设 H_1 可根据需要选择,如果选择 $H_1:\mu\neq\mu_0$,则称为**双边检验**;如果选择 $H_1:\mu>\mu_0$ 或 $H_1:\mu<\mu_0$,则称为**单边检验**.

数字资源 9-2 假设检验的基本概念课件

(2)构造一个合适的检验统计量 T,并尽量使得 T 的分布在 H_0 为真时,它的精确分布是确定和已知的(一般检验问题也按样本容量大小分为小样本和大样本两类问题. 小样本检验问题要求 T 的精确分布已知,至于大样本问题可利用 T 的极限分布作为近似分布).

(3)规定一个显著性水平 α,并由 H_0(和 H_1)确定出检验的拒绝域 W.

(4)根据样本观测值计算出检验统计量 T 的值,然后确定接受还是拒绝假设 H_0.

9.2 正态总体参数的检验

现在利用 7.3 节所讨论的抽样分布,讨论正态总体参数的假设检验问题.

9.2.1 单个正态总体均值 μ 的检验

设 $X_1,\cdots,X_n$ 是来自正态总体 $N(\mu,\sigma^2)$ 的简单随 机样本,今欲检验 μ 是否等于 μ_0.

数字资源 9-3 假设
检验步骤视频

1. σ^2 已知,零假设 $H_0:\mu=\mu_0$

此时备择假设 H_1 可根据具体问题选择:

$(1)\mu\neq\mu_0$;$(2)\mu<\mu_0$;$(3)\mu>\mu_0$

中的一种.对于情形(1),如例 9.1.4 的分析,检验统计量取为:

$$U=\frac{\overline{X}-\mu_0}{\sigma/\sqrt{n}}.$$

在 H_0 成立的条件下,U 服从标准正态分布 $N(0,1)$,结合备择假设 H_1,可得在显著性 水平为 α 下检验的拒绝域为:

$$W=\left\{(x_1,\cdots,x_n)\mid\frac{\mid\overline{x}-\mu_0\mid}{\sigma/\sqrt{n}}>u_{\frac{\alpha}{2}}\right\}.$$

如果按检验统计量的取值确定拒绝域,那么在显著性水平为 α 下检验的拒绝域可等价 地表示为:

$$W=(-\infty,-u_{\frac{\alpha}{2}})\bigcup(u_{\frac{\alpha}{2}},+\infty).$$

为了表述的简化,下面仅用检验统计量的取值确定拒绝域,类似于情形(1)的分析,若 H_1: $\mu<\mu_0$,则检验的拒绝域为:

$$W=(-\infty,-u_\alpha).$$

若 $H_1:\mu>\mu_0$,则检验的拒绝域为:

$$W=(u_\alpha,+\infty),$$

其中 u_α 是标准正态分布 $N(0,1)$ 的上 α 分位点.

因为检验统计量 $\dfrac{\overline{X}-\mu_0}{\sigma/\sqrt{n}}$ 服从正态分布 $N(0,1)$,故称为 **U 检验法**.

此外,若由实际问题提出的假设是:

$$H_0:\mu\leqslant\mu_0\leftrightarrow H_1:\mu>\mu_0,$$

则类似可得在显著性水平为 α 下检验的拒绝域为:

$$W=(u_\alpha,+\infty).$$

读者可给出 $H_0:\mu\geqslant\mu_0\leftrightarrow H_1:\mu<\mu_0$ 情况下检验的拒绝域.

例 9.2.1 设某厂有一车床生产的纽扣,其直径根据经验服从正态分布 $X\sim N(\mu,\sigma_0^2)$, $\sigma_0=5.2$,如果总体均值等于 $\mu_0=26$,则产品是合格的,为了检验这一车床生产是否正常,现

抽取容量为 $n=100$ 的简单随机样本,测得样本均值 $\bar{x}=26.56$,问:在显著性水平 0.05 下检验生产是否正常?

解 根据题意,待检验假设为

$$H_0:\mu=\mu_0 \leftrightarrow H_1:\mu \neq \mu_0.$$

在 H_0 成立的条件下,该问题的检验统计量为

$$U=\frac{\overline{X}-\mu_0}{\sigma/\sqrt{n}} \sim N(0,1).$$

由 $\alpha=0.05$ 得 $1-\frac{\alpha}{2}=0.975$,查正态分布表得 $u_{0.975}=1.96$. 此时,检验的拒绝域为

$$W=(-\infty,-1.96) \bigcup (1.96,+\infty).$$

再计算 U 检验统计量的值为

$$u=\frac{\bar{x}-\mu_0}{\sigma_0/\sqrt{n}}=\frac{26.56-26}{5.2/10}=1.08 \notin W.$$

故不能拒绝零假设 H_0,即在显著性水平 $\alpha=0.05$ 下认为生产是正常的.

2.σ^2 未知,检验假设 $H_0:\mu=\mu_0$

因为这时 σ 未知,$\dfrac{\overline{X}-\mu_0}{\sigma/\sqrt{n}}$ 已不能作为检验统计量. 考虑到

$$S^2=\frac{1}{n-1}\sum_{i=1}^{n}(X_i-\overline{X})^2$$

是 σ^2 的无偏估计,故以 S 代替 σ 可得 T 检验统计量

$$T=\frac{\overline{X}-\mu_0}{S/\sqrt{n}}.$$

在 $H_0(\mu=\mu_0)$ 成立的条件下,统计量 $T \sim t(n-1)$.
当给定 α 时,若 $H_1:\mu \neq \mu_0$,则有

$$P\left(\frac{|\overline{X}-\mu_0|}{S/\sqrt{n}} > t_{\frac{\alpha}{2}}(n-1) \mid H_0 \text{ 为真}\right)$$

$$=P\left(\frac{|\overline{X}-\mu|}{S/\sqrt{n}} > t_{\frac{\alpha}{2}}(n-1)\right)=\alpha,$$

所以,检验的拒绝域为

$$W=(-\infty,-t_{\frac{\alpha}{2}}(n-1)) \bigcup (t_{\frac{\alpha}{2}}(n-1),+\infty)$$

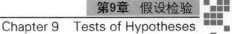
这种检验法称为 **T 检验法**,其中 $t_{\frac{\alpha}{2}}(n-1)$ 是自由度为 $n-1$ 的 t 分布的上 $\frac{\alpha}{2}$ 分位点.

若检验问题 (H_0, H_1) 是 $H_0: \mu = \mu_0 \leftrightarrow H_1: \mu > \mu_0$,类似可得显著性水平为 α 的单侧检验的拒绝域为

$$W = (t_\alpha(n-1), +\infty).$$

例 9.2.2 某地小麦良种在 8 个小区种植,测得千粒重的平均值 $\bar{x} = 35.2$ g,样本标准差 $S = 1.640\ 1$ g. 若千粒重服从正态分布,问该小麦良种的千粒重与 $\mu_0 = 33$ g 有无显著性差异?($\alpha = 0.05$).

解 由题意知小麦良种千粒重总体 $X \sim N(\mu, \sigma^2)$,且 σ^2 未知. 待检验假设为

$$H_0: \mu = \mu_0 \leftrightarrow H_1: \mu \neq \mu_0.$$

在 H_0 成立的条件下,该问题的检验统计量为

$$T = \frac{\bar{X} - \mu_0}{S/\sqrt{n}} \sim t(n-1).$$

因为 $n = 8, \alpha = 0.05$,查 t 分布表得 $t_{0.025}(7) = 2.364\ 6$. 此时,检验的拒绝域为

$$W = (-\infty, -2.364\ 6) \bigcup (2.364\ 6, +\infty).$$

再计算 T 检验统计量的值为

$$T = \frac{\bar{x} - \mu_0}{s/\sqrt{n}} = \frac{35.2 - 33}{1.640\ 1/\sqrt{8}} \approx 3.794 \in W.$$

故拒绝零假设 H_0,即在显著性水平为 0.05 下认为该小麦良种的千粒重与 33 g 有显著性差异.

9.2.2 单个正态总体方差的检验

设 $X_1, \cdots, X_n$ 是从正态总体 $N(\mu, \sigma^2)$ 中抽取的一个样本,欲检验假设

$$H_0: \sigma^2 = \sigma_0^2 \leftrightarrow H_1: \sigma^2 \neq \sigma_0^2.$$

可知,$S^2 = \dfrac{1}{n-1} \sum\limits_{i=1}^{n} (X_i - \bar{X})^2$ 是总体方差 σ^2 的无偏估计,且与均值 μ 无关. 所以在 $H_0(\sigma^2 = \sigma_0^2)$ 成立的条件下,S^2 应较集中在 σ_0^2 周围波动,否则将偏离 σ_0^2. 因此,S^2 是构造检验假设 $H_0(\sigma^2 = \sigma_0^2)$ 的合适统计量. 为了查表方便起见,将它标准化得到

$$\chi^2 = \frac{(n-1)S^2}{\sigma_0^2} = \frac{\sum\limits_{i=1}^{n}(X_i - \bar{X})^2}{\sigma_0^2}.$$

由 7.3.5 中定理 7.3.5 知道,上式定义的检验统计量 χ^2 在假设 $H_0: \sigma^2 = \sigma_0^2$ 成立时,服从自由度为 $n-1$ 的 χ^2 分布.

对给定的显著性水平 α,我们选取 $C_{1\alpha}$ 和 $C_{2\alpha}$,使得

$$P\{(\chi^2 < C_{1\alpha}) \bigcup (\chi^2 > C_{2\alpha})\} = \alpha.$$

这样的 $C_{1\alpha}$ 和 $C_{2\alpha}$ 是不唯一的. 为了便于实际应用,通常取

$$C_{1\alpha} = \chi^2_{1-\frac{\alpha}{2}}(n-1), C_{2\alpha} = \chi^2_{\frac{\alpha}{2}}(n-1).$$

因此,在显著性水平为 α 下检验的拒绝域为

$$W = (0, \chi^2_{1-\frac{\alpha}{2}}(n-1)) \bigcup (\chi^2_{\frac{\alpha}{2}}(n-1), +\infty).$$

由于该检验统计量服从 χ^2 分布,这种检验法称为 χ^2 **检验法**.
上述检验法无论在总体均值 μ 已知还是未知时均可使用来检验假设

$$H_0: \sigma^2 = \sigma_0^2 \leftrightarrow H_1: \sigma^2 \neq \sigma_0^2.$$

但当 μ 已知时,通常取检验统计量为

$$\chi^2 = \frac{\sum_{i=1}^n (X_i - \mu)^2}{\sigma_0^2}.$$

在 H_0 成立的条件下,有 $\chi^2 \sim \chi^2(n)$. 此时,在显著性水平为 α 下检验的拒绝域为

$$W = (0, \chi^2_{1-\frac{\alpha}{2}}(n)) \bigcup (\chi^2_{\frac{\alpha}{2}}(n), +\infty).$$

两者比较,在 μ 已知时,犯第二类错误的概率更小,因而较为合理.

例 9.2.3 某厂商生产出一种新型的饮料产品,按设计要求,该产品装一瓶 $500(\mathrm{mL})$ 的饮料误差上下不超过 $\sigma_0 = 1(\mathrm{mL})$. 如果达到设计要求,表明产品的稳定性非常好. 现从装完的产品中随机抽取 15 瓶,分别进行测定,计算得到 $S^2 = 3.98$. 问:在显著性水平为 0.05 下判断该饮料厂这批产品的质量是否合格.

解 根据题意,待检验假设为

$$H_0: \sigma^2 = \sigma_0^2 \leftrightarrow H_1: \sigma^2 \neq \sigma_0^2.$$

在 H_0 成立的条件下,该问题的检验统计量为

$$\chi^2 = \frac{(n-1)S^2}{\sigma_0^2} \sim \chi^2(n-1).$$

因为 $n = 15, \alpha = 0.05$. 查 χ^2 分布表得 $\chi^2_{0.975}(14) = 5.629, \chi^2_{0.025}(14) = 26.119$. 此时,检验的拒绝域为

$$W = (0, 5.629) \bigcup (26.119, +\infty).$$

已知 $S^2 = 3.98$,计算 χ^2 检验统计量的值为

$$\chi^2 = \frac{(n-1)S^2}{\sigma_0^2} = \frac{(15-1) \times 3.98}{1} = 55.79 \in W.$$

故拒绝零假设 H_0,即在显著性水平为 0.05 下认为这批产品的重量没有达到标准.

例 9.2.4 某厂生产的某种型号电池,其寿命(h)长期以来服从方差 $\sigma_0^2 = 5\,000$ 的正态分布. 今有一批这种电池,从它的生产情况来看,寿命波动性较大. 为判断这种想法是否合乎实际,随机抽取了 26 只电池,测出其寿命的样本方差 $S^2 = \dfrac{1}{n-1} \cdot \sum\limits_{i=1}^{n} (x_i - \bar{x})^2 = 7\,200$. 问根据这个数字能否断定这批电池的波动性较以往有无显著性变化($\alpha = 0.02$)?

解 方差的稳定性是生产稳定性的一个重要反映,因此,实际中需要对方差是否稳定进行检验. 由题意知:某种型号电池寿命总体 $X \sim N(\mu, \sigma^2)$,且 μ 未知. 待检验假设为

$$H_0 : \sigma^2 = \sigma_0^2 \leftrightarrow H_1 : \sigma^2 \neq \sigma_0^2.$$

在 H_0 成立的条件下,该问题的检验统计量为

$$\chi^2 = \frac{(n-1)S^2}{\sigma_0^2} \sim \chi^2(n-1).$$

因为 $\alpha = 0.02, n = 26$,查 χ^2 分布表得 $\chi_{1-\frac{\alpha}{2}}^2(n-1) = 11.524, \chi_{\frac{\alpha}{2}}^2(n-1) = 44.314$. 此时,检验的拒绝域为

$$W = (0, 11.524) \bigcup (44.314, +\infty).$$

再计算 χ^2 统计量的值为

$$\chi^2 = \frac{(n-1)S^2}{\sigma_0^2} = \frac{(26-1)}{5\,000} \cdot 7\,200 = 36 \notin W.$$

故不能拒绝零假设 H_0,即在水平 0.02 下认为这批电池寿命的波动性较以往无显著性变化.

9.2.3 两个正态总体均值差的检验

设总体 $X \sim N(\mu_1, \sigma_1^2)$,另一总体 $Y \sim N(\mu_2, \sigma_2^2)$,样本 $X_1, X_2, \cdots, X_{n_1}$ 和 $Y_1, Y_2, \cdots, Y_{n_2}$ 分别是来自总体 X 与 Y,且两个样本相互独立,记

$$\bar{X} = \frac{1}{n_1} \sum_{i=1}^{n_1} X_i, \quad \bar{Y} = \frac{1}{n_2} \sum_{j=1}^{n_2} Y_j,$$

$$S_1^2 = \frac{1}{n_1 - 1} \sum_{i=1}^{n_1} (X_i - \bar{X})^2, \quad S_2^2 = \frac{1}{n_2 - 1} \sum_{j=1}^{n_2} (Y_j - \bar{Y})^2.$$

考虑假设 $H_0 : \mu_1 - \mu_2 = \delta \leftrightarrow H_1 : \mu_1 - \mu_2 \neq \delta, \delta$ 为已知常数($\delta = 0$ 时,即为 $H_0 : \mu_1 = \mu_2 \leftrightarrow H_1 : \mu_1 \neq \mu_2$).

下面就两种情况来讨论检验问题(H_0, H_1).

1. σ_1^2, σ_2^2 已知

在 σ_1^2, σ_2^2 已知时,$\mu_1 - \mu_2$ 的无偏估计量 $\bar{X} - \bar{Y}$,在 H_0 成立的条件下,有

$$\bar{X} - \bar{Y} \sim N\left(\delta, \frac{\sigma_1^2}{n_1} + \frac{\sigma_2^2}{n_2}\right).$$

对 $\overline{X} - \overline{Y}$ 进行标准化后,得到

$$U = \frac{\overline{X} - \overline{Y} - \delta}{\sqrt{\dfrac{\sigma_1^2}{n_1} + \dfrac{\sigma_2^2}{n_2}}}$$

作为检验统计量. 显然,$U \sim N(0,1)$. 则在显著性水平为 α 下检验的拒绝域为

$$W = (-\infty, -u_{\frac{\alpha}{2}}) \bigcup (u_{\frac{\alpha}{2}}, +\infty).$$

2. σ_1^2, σ_2^2 未知,但 $\sigma_1^2 = \sigma_2^2$

此时,可取检验统计量为

$$T = \frac{\overline{X} - \overline{Y} - \delta}{S_w \sqrt{\dfrac{1}{n_1} + \dfrac{1}{n_2}}}.$$

在 H_0 成立的条件下,T 服从 $t(n_1 + n_2 - 2)$,其中

$$S_w^2 = \frac{(n_1 - 1)S_1^2 + (n_2 - 1)S_2^2}{n_1 + n_2 - 2}.$$

于是,在显著性水平为 α 下检验的拒绝域为

$$W = (-\infty, t_{\frac{\alpha}{2}}(n_1 + n_2 - 2)) \bigcup (t_{\frac{\alpha}{2}}(n_1 + n_2 - 2), +\infty).$$

例 9.2.5 自动车床采用新旧两种工艺加工同种零件,测量的加工偏差(单位:μm)分别为

旧工艺: 2.7　2.4　2.5　3.1　2.7　3.5　2.9　2.7　3.5　3.3
新工艺: 2.6　2.1　2.7　2.8　2.3　3.1　2.4　2.4　2.7　2.3

设测量值服从正态分布,所得的两个样本相互独立,且两个总体的方差相等. 试问自动车床在新旧两种工艺下的加工精度有无显著差异($\alpha = 0.01$)?

解 由题意,待检验假设为

$$H_0 : \mu_1 = \mu_2 \leftrightarrow H_1 : \mu_1 \neq \mu_2$$

该题属于 σ_1^2, σ_2^2 未知,但 $\sigma_1^2 = \sigma_2^2$ 情形下均值差的检验,且 $\delta = 0$.

在 H_0 成立的条件下,该问题的检验统计量为

$$T = \frac{\overline{X} - \overline{Y}}{S_w \sqrt{\dfrac{1}{n_1} + \dfrac{1}{n_2}}} \sim t(n_1 + n_2 - 2).$$

因为 $n_1 = n_2 = 10, \alpha = 0.01$,查 t 分布表得 $t_{\frac{\alpha}{2}}(n_1 + n_2 - 2) = t_{0.005}(18) = 2.878\,4$. 此时,检验的拒绝域为

$$W = (-\infty, -2.878\,4) \bigcup (2.878\,4, +\infty).$$

由样本计算得 $\overline{x}=2.93, \overline{y}=2.54, S_w^2=0.125$. 再计算 T 检验统计量的值为

$$t=\frac{\overline{x}-\overline{y}}{S_w\sqrt{\dfrac{1}{n_1}+\dfrac{1}{n_2}}}=\frac{2.93-2.54}{\sqrt{\dfrac{0.125}{5}}}\approx 2.47 \notin W.$$

故不能拒绝零假设 H_0, 即在显著性水平 0.01 下认为新旧工艺对零件的加工精度无显著差异.

在此例中, 如果显著性水平取为 0.05, 查表得 $t_{\frac{a}{2}}(n_1+n_2-2)=t_{0.025}(18)=2.1009$. 此时, 检验的拒绝域为

$$W=(-\infty,-2.1009)\bigcup(2.1009,+\infty).$$

此时 $t\approx 2.47\in W$. 故拒绝零假设 H_0, 即在显著性水平 0.05 下认为新旧工艺对零件的加工精度有显著差异.

这是由于前者在题设中假定了 $\sigma_1^2=\sigma_2^2$. 如对该假设产生怀疑, 可以先检验方差齐性问题(即方差是否相等). 若经检验 $\sigma_1^2=\sigma_2^2$ 是合理的, 仍可采用前者的结论.

9.2.4　两个正态总体方差比的检验

如例 9.2.5 中所讨论的问题, 在实际中, 需要考察两个总体的方差是否相等, 也就是要检验假设

$$H_0:\sigma_1^2=\sigma_2^2 \leftrightarrow H_1:\sigma_1^2\neq\sigma_2^2.$$

设

$$S_1^2=\frac{1}{n_1-1}\sum_{i=1}^{n_1}(X_i-\overline{X})^2, S_2^2=\frac{1}{n_2-1}\sum_{j=1}^{n_2}(Y_j-\overline{Y})^2.$$

它们分别是 σ_1^2 和 σ_2^2 的无偏估计. 因此, 在 H_0 为真时, $\dfrac{S_1^2}{S_2^2}$ 应在 1 附近波动, 而当此比值较大或较小时, $\sigma_1^2=\sigma_2^2$ 的假设便值得怀疑. 因此, 可取检验统计量为

$$F=\frac{S_1^2}{S_2^2}.$$

在 H_0 成立的条件下, 有

$$F=\frac{S_1^2}{S_2^2}=\frac{S_1^2/\sigma_1^2}{S_2^2/\sigma_2^2}\sim F(n_1-1,n_2-1).$$

当给定显著性水平 α, 可得检验的拒绝域为

$$W=(0,F_{1-\frac{a}{2}}(n_1-1,n_2-1))\bigcup(F_{\frac{a}{2}}(n_1-1,n_2-1),+\infty).$$

例 9.2.6　某一橡胶配方中, 原用氧化锌 5 g, 现减为 1 g. 今分别对两种配方做一批试验, 分别测得橡胶伸长率如下:

氧化锌 1 g:565　577　580　575　556　542　560　532　570　561

氧化锌 5 g:540　533　525　520　545　531　541　529　534

假定橡胶伸长率服从正态分布,问这两种配方对橡胶伸长率的总体方差有无显著差异($\alpha = 0.10$)?

解　根据题意,待检验假设为

$$H_0:\sigma_1^2 = \sigma_2^2 \leftrightarrow H_1:\sigma_1^2 \neq \sigma_2^2.$$

在 H_0 成立的条件下,该问题的检验统计量为

$$F = \frac{S_1^2}{S_2^2} \sim F(n_1 - 1, n_2 - 1).$$

因为 $n_1 = 10, n_2 = 9, \alpha = 0.10$,查 F 分布表得 $F_{\frac{\alpha}{2}}(n_1 - 1, n_2 - 1) = F_{0.05}(9, 8) = 3.39$,

$F_{1-\frac{\alpha}{2}}(n_1 - 1, n_2 - 2) = F_{0.95}(9, 8) = \dfrac{1}{F_{0.05}(8, 9)} = \dfrac{1}{3.23}$. 此时,检验的拒绝域为

$$W = \left(0, \frac{1}{3.23}\right) \cup (3.39, +\infty).$$

由样本算得 $S_1^2 = 236.8, S_2^2 = 63.86$,计算 F 检验统计量的值为

$$F = \frac{S_1^2}{S_2^2} = \frac{236.8}{63.86} \approx 3.7 \in W.$$

故拒绝零假设 H_0,即在显著性水平 0.10 下认为这两种配方对橡胶伸长率的总体方差有显著差异.

由于检验统计量 $F = \dfrac{S_1^2}{S_2^2}$ 在 H_0 为真时服从 F 分布,这种检验法称为 **F 检验法**.

对于方差比的 F 检验,也可以进行单边检验,读者可参见表 9.2.1.

例 9.2.7　测定东方红 3 号小麦的蛋白质含量 10 次,得样本方差 $S_1^2 = 1.621$,又测定农大 139 小麦的蛋白质含量 5 次,得样本方差 $S_2^2 = 0.135$. 试测验东方红 3 号小麦蛋白质含量的变异是否比农大 139 大($\alpha = 0.05$)?

解　根据题意,待检验假设为

$$H_0:\sigma_1^2 = \sigma_2^2 \leftrightarrow H_1:\sigma_1^2 > \sigma_2^2.$$

在 H_0 成立的条件下,该问题的检验统计量为

$$F = \frac{S_1^2}{S_2^2} \sim F(n_1 - 1, n_2 - 1).$$

因为 $\alpha = 0.05, n_1 = 10, n_2 = 5$,查 F 分布表得 $F_\alpha(n_1 - 1, n_2 - 1) = F_{0.05}(9, 4) = 6.00$. 此时,检验的拒绝域为 $W = (6.00, +\infty)$.

再计算 F 检验统计量的值为

$$F = \frac{S_1^2}{S_2^2} = \frac{1.621}{0.135} \approx 12.01 \in W.$$

故拒绝零假设 H_0,即在显著性水平 0.05 下认为东方红 3 号小麦蛋白质含量的变异大于农大 139 小麦.

9.2.5　区间估计和假设检验

假设检验和区间估计这两个统计推断问题看似完全不同,而实际上两者之间有着非常密切的联系. 正因如此,奈曼才将奈曼和皮尔逊的假设检验理论的基本思想推广到区间估计.

由参数假设检验问题的水平为 α 的检验,可得到该参数的置信水平为 $1-\alpha$ 的置信区间,反之亦然.

例如,设 $X_1,\cdots,X_n$ 来自正态总体 $N(\mu,\sigma^2)$ 的简单随机样本,$x_1,\cdots,x_n$ 是相应的样本值,考虑双边检验问题 $H_0:\mu=\mu_0 \leftrightarrow H_1:\mu\neq\mu_0$. 我们知道,它的显著性水平为 α 的检验的拒绝域为

$$W=\left\{(x_1,\cdots,x_n)\mid \frac{|\bar{x}-\mu_0|}{S/\sqrt{n}}>t_{\frac{\alpha}{2}}(n-1)\right\}.$$

我们是在 $|\bar{x}-\mu_0|<\frac{S}{\sqrt{n}}t_{\frac{\alpha}{2}}(n-1)$,也就是当

$$\bar{x}-\frac{S}{\sqrt{n}}t_{\frac{\alpha}{2}}(n-1)\leqslant\mu_0\leqslant\bar{x}+\frac{S}{\sqrt{n}}t_{\frac{\alpha}{2}}(n-1)$$

时接受零假设 H_0,考虑到样本的随机性,可得

$$P\left(\bar{X}-t_{\frac{\alpha}{2}}(n-1)\frac{S}{\sqrt{n}}\leqslant\mu_0\leqslant\bar{X}+t_{\frac{\alpha}{2}}(n-1)\frac{S}{\sqrt{n}}\right)$$

$$=1-P\left(\frac{|\bar{X}-\mu_0|}{S/\sqrt{n}}>t_{\frac{\alpha}{2}}(n-1)\right)=1-\alpha.$$

再由 μ_0 的任意性,得到的随机区间

$$\left[\bar{X}-t_{\frac{\alpha}{2}}(n-1)\frac{S}{\sqrt{n}},\bar{X}+t_{\frac{\alpha}{2}}(n-1)\frac{S}{\sqrt{n}}\right]$$

就是 μ 的置信水平为 $1-\alpha$ 的置信区间,这个结论与 8.2.2 中的(8.2.2)式是一致的.

类似地,由单边假设检验问题就能得到相应参数的置信上限或置信区间,就可获得该参数的单边或双边检验问题的拒绝域,这里不再讨论.

数字资源 9-4　教材配套课件

表 9.2.1　正态总体参数的检验表

名称	零假设 H_0	条件	检验统计量在 H_0 为真时的分布	备择假设	水平为 α 的拒绝域
U 检验	$\mu = \mu_0$	σ^2 已知	$U = \dfrac{\overline{X} - \mu_0}{\sigma/\sqrt{n}} \sim N(0,1)$	$\mu > \mu_0$ $\mu < \mu_0$ $\mu \neq \mu_0$	$U > u_\alpha$ $U < -u_\alpha$ $\lvert U \rvert > u_{\frac{\alpha}{2}}$
	$\mu_1 - \mu_2 = \delta$	σ_1^2, σ_2^2 均已知	$U = \dfrac{\overline{X} - \overline{Y} - \delta}{\sqrt{\dfrac{\sigma_1^2}{n_1} + \dfrac{\sigma_2^2}{n_2}}} \sim N(0,1)$	$\mu_1 - \mu_2 > \delta$ $\mu_1 - \mu_2 < \delta$ $\mu_1 - \mu_2 \neq \delta$	$U > u_\alpha$ $U < -u_\alpha$ $\lvert U \rvert > u_{\frac{\alpha}{2}}$
T 检验	$\mu = \mu_0$	σ^2 未知	$T = \dfrac{\overline{X} - \mu_0}{S/\sqrt{n}} \sim t(n-1)$	$\mu > \mu_0$ $\mu < \mu_0$ $\mu \neq \mu_0$	$t > t_\alpha(n-1)$ $t < -t_\alpha(n-1)$ $\lvert t \rvert > t_{\frac{\alpha}{2}}(n-1)$
	$\mu_1 - \mu_2 = \delta$	σ_1^2, σ_2^2 均未知，但 $\sigma_1^2 = \sigma_2^2$	$T = \dfrac{\overline{X} - \overline{Y} - \delta}{S_w\sqrt{\dfrac{1}{n_1} + \dfrac{1}{n_2}}} \sim$ $t(n_1 + n_2 - 2)$ $S_w^2 = \dfrac{(n_1 - 1)S_1^2 + (n_2 - 1)S_2^2}{n_1 + n_2 - 2}$	$\mu_1 - \mu_2 > \delta$ $\mu_1 - \mu_2 < \delta$ $\mu_1 - \mu_2 \neq \delta$	$t > t_\alpha(n_1 + n_2 - 2)$ $t < -t_\alpha(n_1 + n_2 - 2)$ $\lvert t \rvert > t_{\frac{\alpha}{2}}(n_1 + n_2 - 2)$
	$\mu_1 - \mu_2 = \delta$	σ_1^2, σ_2^2 均未知，但 $n_1 = n_2 = n$	$T = \dfrac{\overline{Z} - \delta}{S_z/\sqrt{n}} \sim t(n-1)$ $Z_i = X_i - Y_i, i = 1, \cdots, n$ $\overline{Z} = \overline{X} - \overline{Y}$ $S_z^2 = \dfrac{1}{n-1}\sum_{i=1}^{n}(Z_i - \overline{Z})^2$	$\mu_1 - \mu_2 > \delta$ $\mu_1 - \mu_2 < \delta$ $\mu_1 - \mu_2 \neq \delta$	$t > t_\alpha(n-1)$ $t < -t_\alpha(n-1)$ $\lvert t \rvert > t_{\frac{\alpha}{2}}(n-1)$
χ^2 检验	$\sigma^2 = \sigma_0^2$	μ 已知	$\chi^2 = \dfrac{\sum\limits_{i=1}^{n}(X_i - \mu)^2}{\sigma_0^2} \sim$ $\chi^2(n)$	$\sigma^2 > \sigma_0^2$ $\sigma^2 < \sigma_0^2$ $\sigma^2 \neq \sigma_0^2$	$\chi^2 > \chi_\alpha^2(n)$ $\chi^2 < \chi_{1-\alpha}^2(n)$ $\chi^2 > \chi_{\frac{\alpha}{2}}^2(n)$ 或 $\chi^2 < \chi_{1-\frac{\alpha}{2}}^2(n)$
	$\sigma^2 = \sigma_0^2$	μ 未知	$\chi^2 = \dfrac{\sum\limits_{i=1}^{n}(X_i - \overline{X})^2}{\sigma_0^2} \sim$ $\chi^2(n-1)$	$\sigma^2 > \sigma_0^2$ $\sigma^2 < \sigma_0^2$ $\sigma^2 \neq \sigma_0^2$	$\chi^2 > \chi_\alpha^2(n-1)$ $\chi^2 < \chi_{1-\alpha}^2(n-1)$ $\chi^2 > \chi_{\frac{\alpha}{2}}^2(n-1)$ 或 $\chi^2 < \chi_{1-\frac{\alpha}{2}}^2(n-1)$

续表 9.2.1

名称	零假设 H_0	条件	检验统计量在 H_0 为真时的分布	备择假设	水平为 α 的拒绝域
F 检验	$\sigma_1^2 = \sigma_2^2$	μ_1, μ_2 均未知	$F = \dfrac{S_1^2}{S_2^2} \sim F(n_1-1, n_2-1)$	$\sigma_1^2 > \sigma_2^2$ $\sigma_1^2 < \sigma_2^2$ $\sigma_1^2 \neq \sigma_2^2$	$F > F_\alpha(n_1-1, n_2-1)$ $F < F_{1-\alpha}(n_1-1, n_2-1)$ $F > F_{\frac{\alpha}{2}}(n_1-1, n_2-1)$ 或 $F < F_{1-\frac{\alpha}{2}}(n_1-1, n_2-1)$
	$\sigma_1^2 = \sigma_2^2$	μ_1, μ_2 均已知	$F = \dfrac{n_2 \sum\limits_{i=1}^{n}(X_i-\mu_1)^2}{n_1 \sum\limits_{j=1}^{n}(Y_j-\mu_2)^2}$ $\sim F(n_1, n_2)$	$\sigma_1^2 > \sigma_2^2$ $\sigma_1^2 < \sigma_2^2$ $\sigma_1^2 \neq \sigma_2^2$	$F > F_\alpha(n_1, n_2)$ $F < F_{1-\alpha}(n_1, n_2)$ $F > F_{\frac{\alpha}{2}}(n_1, n_2)$ 或 $F < F_{1-\frac{\alpha}{2}}(n_1, n_2)$

数字资源 9-5　非参数检验课件

数字资源 9-6　数学家小传

第 9 章习题

1. 设 $X_1, \cdots, X_n$ 是来自正态总体 $N(\mu, 9)$ 的容量为 n 的简单随机样本,问 n 不超过多少才能在 $\bar{x} = 21$ 的条件下接受假设 $H_0: \mu = 21.5(H_1: \mu \neq 21.5)$,取显著性水平 $\alpha = 0.05$.

2. 某产品的指标服从正态分布,它的标准差 σ 已知为 150,今抽取了一个容量为 26 的样本,计算得平均值 1 637. 问在 5% 的显著性水平下,能否认为这批产品指标的期望值 μ 为 1 600?

3. 某纺织厂在正常的运转条件下,平均每台布机每小时经纱断头数为 0.973 根,各台布机断头数的标准差为 0.162 根. 该厂进行工艺改革,减少经纱上浆率,在 200 台布机上进行试验,结果平均每台每小时经纱断头数为 0.994 根. 问新工艺上浆率能否推广($\alpha = 0.05$)?

4. 某电器零件的平均电阻一直保持在 2.64 Ω,改变加工工艺后,测得 100 个零件的平均电阻为 2.62 Ω,如改变工艺前后电阻的标准差 σ 保持在 0.06 Ω,问新工艺对零件的电阻有无显著影响($\alpha = 0.01$)?

5. 某批矿砂的 5 个样品的镍含量经测定分别为 3.25%、3.27%、3.24%、3.26%、3.24%. 设测定值服从正态分布,问在 $\alpha = 0.01$ 下能否接受假设 H_0:这批矿砂的镍含量为 3.25%.

6. 规定毛白杨插条育苗一年生平均高达 160 cm 以上可以出圃,今在圃地随机抽取 65 株做调查得平均高为 156 cm,标准差为 24 cm,问这批毛白杨能否出圃(假设树高服从正态分布,$\alpha = 0.05$)?

7. 为防治某种害虫而将某种农药粉末施入土中,但规定经三年后土壤中如有 5 mg/kg 以上浓度时认为有残效. 现在施药区内分别抽取了 10 个土样(施药三年后)进行分析,它们的

浓度(mg/kg)分别为

4.8　3.2　2.6　6.0　5.4　7.6　2.1　2.5　3.1　3.5

试问该农场经三年后是否有残效($\alpha=0.05$)?

8. 某厂生产的一种合金线,其抗拉强度的均值为 10 620. 改进工艺后重新生产了一批合金线,从中抽取 10 根,测得抗拉强度为

10 776　10 554　10 668　10 512　10 623

10 557　10 581　10 707　10 670　10 666

若抗拉强度服从正态分布,问新生产的合金线的抗拉强度要高($\alpha=0.05$)?

9. 有一种新安眠药,据说在一定计量下,能比某种旧安眠药平均增加睡眠时间 3 h. 根据资料用某种旧安眠药时,平均睡眠时间为 20.8 h,标准差为 1.6 h,为了检验这个说法是否正确,收集到一组使用新安眠药的睡眠时间为 26.7、22.0、24.1、21.0、27.2、25.0、23.4. 试问:从这组数据能否说明新安眠药已达到了新的疗效(假定睡眠时间服从正态分布,$\alpha=0.05$)?

10. 测定某种溶液中的水分,其 10 个测定值给出 $\bar{x}=0.452\%$,$S^2=\dfrac{1}{n-1}\sum\limits_{i=1}^{n}(x_i-\bar{x})^2=0.037\%$,设测定值总体服从正态分布,$\mu$ 为总体均值,σ^2 为总体方差,试在 5% 显著性水平下,分别检验假设:

(1)$H_0:\mu=0.5\% \leftrightarrow H_1:\mu\neq0.5\%$;

(2)$H_0:\sigma=0.04\% \leftrightarrow H_1:\sigma\neq0.04\%$;

11. 一细纱车间纺出的某种细纱支数的标准差为 1.2,某日从纺出的一批纱中,随机抽取 15 缕进行支数测量,测得样本标准差 $S=\sqrt{\dfrac{1}{n-1}\sum\limits_{i=1}^{n}(x_i-\bar{x})^2}=2.1$,若总体为正态分布,问纱的均匀度有无显著变化($\alpha=0.05$)?

12. 某种导线,要求其电阻的均方差不得超过 0.005 Ω. 今在一批导线中取样 9 根,测得 $S=0.007\ \Omega$,设总体为正态分布,问在 $\alpha=0.05$ 下能否认为这批导线的标准差显著地偏大吗?

13. 在正常情况下,维尼纶纤度服从正态分布,方差不大于 0.048^2. 某日从生产的维尼纶中随机地抽取 5 根纤维,测得纤度如下:1.32、1.55、1.36、1.40、1.44,试判断该日生产的维尼纶纤度的方差是否正常($\alpha=0.01$)?

14. 无线电厂生产某型号的高频管,其中一项指标服从正态分布 $N(\mu,\sigma^2)$. 现从该厂生产的一批高频管中任取 9 个,测得该项指标的数据如下:

58　72　68　70　65　55　46　56　64

(1)若已知 $\mu=60$,检验假设($\alpha=0.05$)

$$H_0:\sigma^2=48\leftrightarrow H_1:\sigma^2\neq48;$$

(2)若 μ 未知,检验假设($\alpha=0.05$)

$$H_0:\sigma^2=48\leftrightarrow H_1:\sigma^2\neq48.$$

15. 比较甲、乙两种安眠药的疗效. 将 20 个患者分成两组,每组 10 人. 甲组病人服用甲种

安眠药,乙组病人服用乙种安眠药.设服药后延长的睡眠时间均服从正态分布,两组病人服药的数据如下:

甲组:　1.6　　4.6　　3.4　　4.4　　5.5　　−0.1　　1.1　　0.1　　0.8　　1.9
乙组:−1.2　−0.1　−0.2　−1.6　　0.7　　3.4　　3.7　　0　　0.2　　0.8

16. 某化工研究所要考虑温度对产品断裂力的影响,在 70℃、80℃ 两种条件下分别做了 8 次重复试验,测得的断裂力分别为(单位:kg)

70℃:20.9　19.8　18.8　20.5　21.5　19.5　21.0　21.2
80℃:20.1　20.0　17.7　20.2　19.0　18.8　19.1　20.3

由过去知识知断裂力服从正态分布.

(1)若已知两种温度下试验的方差相等,问在 $\alpha = 0.05$ 时,两总体的均值是否可认为相等?

(2)若不知道两种温度试验的方差是否相等,则在水平 $\alpha = 0.05$ 下,两总体的均值是否可认为相等?

17. 杨树育苗试验,一种株距为 20 cm,一种株距为 15 cm,除株距不同外,其他条件相同.经过一定生长阶段后,从株距 20 cm 的苗木中随机抽取 11 株,对株距为 15 cm 的苗木中随机抽取了 10 株分别调查它们的苗高,所得数据如下:

株距 20 cm:221　244　243　288　233　220　210　258　245　264　200
株距 15 cm:147　141　208　230　203　206　180　179　207　235

设苗高服从正态分布,且两种株距苗高的方差相等,试问这两种株距不同对杨树苗高生长有无显著影响($\alpha = 0.05$)?

18. 某厂使用两种不同的原料 A、B 生产同一类型产品.各在一星期的产品中取样进行分析比较.取使用原料 A 生产的样品 220 件,测得平均重量为 2.46 kg,标准差为 0.57 kg;取使用原料 B 生产的样品 205 件,测得平均重量为 2.55 kg,标准差为 0.48 kg.设这两个总体均服从正态分布,且方差相同.问在 $\alpha = 0.05$ 下能否认为使用原料 B 的产品平均重量要比使用原料 A 的大?

19. 两位化验员 A、B 对一种矿砂的含铁量各独立的用统一方法做了 5 次分析,得到的样本方差分布为 0.432 2 与 0.500 6.若 A、B 测定值的总体都是正态分布,其方差分布为 σ_A^2 与 σ_B^2,试问在水平 0.05 下检验方差齐性假设

$$H_0 : \sigma_A^2 = \sigma_B^2$$

数字资源 9-7　拓展练习

Chapter 10 *第 10 章
方差分析与回归分析
Analysis of Variance and Regression Analysis

在科学试验中,方差分析和回归分析是十分重要的方法.方差分析用于试验结果数据变动的分析,检验哪些因素对指标产生显著影响.回归分析用于处理科学试验和生产实践中变量之间的关系,从而解决预测、控制和生产工艺优化等问题.本章介绍单因素方差分析和一元线性回归分析.

10.1　单因素方差分析

10.1.1　基本概念

对于一项试验来说,衡量试验效果的量称为**试验指标**,简称为**指标**,用 μ 表示.指标有两类:**定量指标和定性指标**.可以用一个数或一组数来表示的指标,称为定量指标;而按性质划分的指标称为定性指标,如产品质量的"好、坏"等.

完成一项试验后,所得的试验结果称为指标的**观测值**,用 X 表示.$\varepsilon = X - \mu$ 称为**随机误差**,简称**误差**,或表示为 $X = \mu + \varepsilon$.

影响试验指标的条件称为**因素**.因素可分为两类:一类是可控因素;另一类是不可控因素.例如,化学反应中的温度、原料剂量是可以控制的,而测量误差、农作物生长期的平均日温等一般是难以控制的.以下我们所讨论的因素都是指可控因素.

因素在试验中所处的状态称为**因素的水平**.例如在一项试验中,温度选取 80℃、85℃ 和 90℃ 三种状态,这里的 80℃、85℃ 和 90℃ 都称为温度水平.因此在这个试验方案中,温度是三种水平的因素.为方便起见,今后用大写字母 A,B,C 等表示因素,用大写字母加下标表示该因素的水平,如 $A_1,A_2,\cdots$.

根据所考虑的影响指标的因素多少,可把试验分为**单因素试验**和**多因素试验**.单因素试验就是在一项试验的过程中只有一个因素在改变;如果多于一个因素在改变,则称为多因素试验.

数字资源 10-1　Fisher 小传

10.1.2　单因素方差分析

单因素试验的目的在于比较因素各水平上试验指标值之间的差异. 我们先看一个实例.

例 10.1.1(饲料对比试验)　为了发展我国机械化养鸡,某研究所根据我国的资源情况,研究用槐树粉、苜蓿粉等原料代替国外用鱼粉做鸡饲料的办法,共研究了 3 种饲料配方:第一种,以鱼粉为主的鸡饲料;第二种,以槐树粉、苜蓿粉为主加少量鱼粉;第三种,以槐树粉、苜蓿粉为主加少量化学药品. 后两种是研制的新配方. 为比较 3 种饲料在养鸡增肥上的效果,各喂养 10 只母雏鸡,于 60 天后观察它们的重量如下:

饲料种类	鸡重量/g									
第一种	1 073	1 058	1 071	1 037	1 066	1 026	1 053	1 049	1 065	1 051
第二种	1 016	1 058	1 038	1 042	1 020	1 045	1 044	1 061	1 034	1 049
第三种	1 084	1 069	1 106	1 078	1 075	1 090	1 079	1 094	1 111	1 092

在该例中,试验的指标是鸡重量,饲料为因素,不同的 3 种饲料就是这个因素的 3 个不同的水平. 这是一个单因素试验,试验的目的是比较 3 种饲料在养鸡增肥上的效果是否存在显著差异. 这是一个单因素方差分析问题.

1. 模型的结构

设因素 A 有 s 个水平 $A_1,A_2,\cdots,A_s$,在水平 $A_i(i=1,2,\cdots,s)$ 下,进行 $n_i(n_i \geqslant 2)$ 次重复试验,则整个方案的总试验次数 $n=\sum\limits_{i=1}^{s} n_i$. $(s,n_1,\cdots,n_s)$ 是一组设计参数. 若所有的 $n_1=n_2=\cdots=n_s$,则称为**等重复试验**. 在例 10.1.1 中,设计参数 $s=3,n_1=n_2=n_3=10$.

我们假设在各个水平 $A_i(i=1,2,\cdots,s)$ 下,$X_{i1},X_{i2},\cdots,X_{in_i}$ 是来自同方差的正态总体 $N(\mu_i,\sigma^2)(i=1,2,\cdots,s)$ 的简单随机样本,其中 $\mu_i(i=1,2,\cdots,s)$ 和 σ^2 未知,且设不同水平 $A_i(i=1,2,\cdots,s)$ 下的样本之间相互独立. 具体的试验数据见表 10.1.1.

表 10.1.1

水平	观　测　值				重复数
A_1	X_{11}	X_{12}	$\cdots$	X_{1n_1}	n_1
A_2	X_{21}	X_{22}	$\cdots$	X_{2n_2}	n_2
$\vdots$	$\vdots$	$\vdots$		$\vdots$	$\vdots$
A_s	X_{s1}	X_{s2}	$\cdots$	X_{sn_s}	n_s

由于 $X_{ij}-\mu_i \sim N(0,\sigma^2)$,故 $X_{ij}-\mu_i$ 可视为随机误差,记作 $X_{ij}-\mu_i=\varepsilon_{ij}$. 则得

$$\begin{cases} X_{ij}=\mu_i+\varepsilon_{ij}, \\ \varepsilon_{ij} \sim N(0,\sigma^2), \\ i=1,2,\cdots,s; j=1,2,\cdots,n_i. \end{cases} \tag{10.1.1}$$

称(10.1.1)式为**单因素试验方差分析**的数学模型.

如前所述,单因素试验的目的是要比较因素 A 在各水平 A_i 上的指标值 μ_i 是否存在显

著差异,待检验假设为

$$H_0:\mu_1=\mu_2=\cdots=\mu_s \leftrightarrow H_1:\mu_1,\mu_2,\cdots,\mu_s \text{ 不全相等}.$$

2. 平方和分解与方差分析表

方差分析中,通常利用平方和分解的方法进行假设检验. 为此引入**总偏差平方和**

$$S_T = \sum_{i=1}^{s} \sum_{j=1}^{n_i} (X_{ij} - \overline{X})^2,$$

其中, $\overline{X} = \dfrac{1}{n} \sum_{i=1}^{s} \sum_{j=1}^{n_i} X_{ij}$ 是数据的**总平均**. S_T 能反映全部试验数据之间的差异,因此 S_T 又称为**总变差**. S_T 可分解为

$$S_T = S_A + S_E,$$

其中

$$S_A = \sum_{i=1}^{s} n_i (\overline{X}_i - \overline{X})^2, S_E = \sum_{i=1}^{s} \sum_{j=1}^{n_i} (X_{ij} - \overline{X}_i)^2.$$

上述 S_E 的各项 $(X_{ij} - \overline{X}_i)^2$ 表示在水平 A_i 下,样本观测值与样本均值的差异,这是由随机误差引起的. S_E 叫作**误差平方和**. S_A 的各项表示在水平 A_i 下的样本均值与数据总平均的差异,这是由水平 A_i 的效应的差异以及随机误差引起的,故称 S_A 为因素 A 的**效应平方和**.

由试验数据特性与 χ^2 分布的可加性,可以证明在 H_0 成立的条件下, S_E 和 S_A 的统计特性:

(1) $\dfrac{S_E}{\sigma^2} \sim \chi^2(n-s)$, $\dfrac{S_A}{\sigma^2} \sim \chi^2(s-1)$, 且 S_E 与 S_A 相互独立,其中 $n = \sum_{i=1}^{s} n_i$.

(2) $MS_A = \dfrac{S_A}{s-1}$ 和 $MS_E = \dfrac{S_E}{n-s}$ 都是 σ^2 的无偏估计. 这里 MS_A 和 MS_E 分别称为因素 A 的**模型均方**和**误差均方**.

(3) $\dfrac{S_A/(s-1)}{S_E/(n-s)} \sim F(s-1, n-s)$.

下面以 S_T 为例解释一下各平方和的自由度, S_T 的平方项的变量共有 n 个,且满足下面关系式

$$\sum_{i=1}^{s} \sum_{j=1}^{n_i} (X_{ij} - \overline{X}) = 0.$$

从而独立的变量只有 $n-1$ 个. 因此, S_T 的自由度为 $f_T = n-1$.

类似地,可得到 S_E 和 S_A 的自由度分别为 $f_E = n-s$ 和 $f_A = s-1$.

于是可利用(3)来确定检验 H_0 的临界值,若

$$F = \frac{S_A/(s-1)}{S_E/(n-s)} > F_\alpha(s-1, n-s),$$

则在水平 α 下拒绝 H_0,否则,接受 H_0.

若 $F > F_\alpha(s-1, n-s)$,可在相应栏中标上"＊"或"＊＊",以说明其显著程度. 可列成方差分析表 10.1.2.

表 10.1.2

方差来源	平方和	自由度	均方	F 值	表值 F_α
因素	S_A	$s-1$	$MS_A = \dfrac{S_A}{s-1}$	$\dfrac{MS_A}{MS_E}$	$F_\alpha(s-1, n-s)$
误差	S_E	$n-s$	$MS_E = \dfrac{S_E}{n-s}$		
总和	$S_T = S_A + S_E$	$n-1$			

例 10.1.2 检验例 10.1.1 的 3 种饲料在养鸡的增肥效果上是否有显著差异($\alpha = 0.05$).

解 根据题意,假定 3 个总体满足单因素试验方差分析的假设条件,待假设检验为

数字资源 10-2　平方和
分解与方差分析表

$H_0 : \mu_1 = \mu_2 = \mu_3$(3 种饲料对养鸡的增肥效果无显著差异).

$H_1 : \mu_1, \mu_2, \mu_3$ 不全相等(3 种饲料对养鸡的增肥效果有显著差异).

现在,$s = 3, n_1 = n_2 = n_3 = 10, n = \sum n_i = 30$,

$$T_1 = 10\,549, T_2 = 10\,407, T_3 = 10\,878, \sum_{i=1}^{3} T_i^2 = 33\,791\,793.4,$$

$$T = T_1 + T_2 + T_3 = 31\,834, \sum_{i=1}^{3} \sum_{j=1}^{10} x_{ij}^2 = 33\,797\,362,$$

$$S_T = \sum_{i=1}^{s} \sum_{j=1}^{n_i} x_{ij}^2 - \frac{T^2}{n} = 33\,797\,362 - \frac{31\,834^2}{30} = 17\,243.47,$$

$$S_A = \sum_{i=1}^{s} \frac{T_i^2}{n_i} - \frac{T^2}{n} = \frac{33\,791\,793.4}{10} - \frac{31\,834^2}{30} = 11\,674.87,$$

$$S_E = S_T - S_A = 17\,243.47 - 11\,674.87 = 5\,568.6.$$

S_T、S_A 和 S_E 的自由度依次为 $n-1 = 29$、$s-1 = 2$ 和 $n-s = 27$,得方差分析表如下:

方差来源	平方和	自由度	均方	F 值	表值 $F_{0.05}$	注
因素	11 674.87	2	5 837.44	28.30	3.35	＊
误差	5 568.6	27	206.24			
总和	17 243.47	29				

因为 $F = 28.30 > 3.35 = F_{0.05}$,故在 0.05 水平下拒绝 H_0,认为 3 种饲料在养鸡的增肥效果上有显著差异.

数字资源 10-3　本节课件

10.2 回归分析

在实际中,变量间的相互依赖关系是大量存在的,回归分析是处理变量间相互依赖关系的一种有效的统计方法.

数字资源 10-4　高尔顿小传

1870 年,高尔顿(Galton)在研究人类身高的遗传问题时,首创了回归直线、相关系数的概念和回归分析.在回归分析中,我们要预测的变量叫作**因变量**,用来预测的一组变量叫作**自变量**.如果只考查某一变量与另一个变量的相互依赖关系,我们称为**一元线性回归**问题.

10.2.1　一元线性回归

一元线性回归是描述两个变量之间相关关系的最简单的回归模型.

1. 回归方程的建立

首先通过一个例子来说明如何建立一元线性回归方程.

例 10.2.1　为了估计山上积雪融化后对下游灌溉的影响,在山上建立了一个观察站,测量了最大积雪深度(X)与当年灌溉面积(Y),得到连续 10 年的数据如下表:

年序	最大积雪深度 X	灌溉面积 Y	年序	最大积雪深度 X	灌溉面积 Y
1	15.2	28.6	6	23.4	45.0
2	10.4	19.3	7	13.5	29.2
3	21.2	40.5	8	16.7	34.1
4	18.6	35.6	9	24.0	46.7
5	26.4	48.9	10	19.1	37.4

为了研究这些数据所蕴含的规律性,我们将各年最大积雪深度作为横坐标,相应的灌溉面积为纵坐标,将这些数据点标在平面直角坐标图上,这个图称为**散点图**,如图 10.2.1 所示.

从图 10.2.1 可以看出,数据点大致落在一条直线附近.可用线性函数表示为

$$y_i = \alpha + \beta x_i \qquad (10.2.1)$$

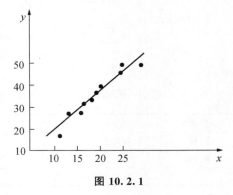

图 10.2.1

式中,y_i 表示灌溉面积,x_i 表示最大积雪深度,下标表示年序,α 表示没有积雪深度的灌溉面积,β 表示边际灌溉面积.事实上,灌溉面积还受到降水量、径流量等自然条件的影响,这时将这些不确定的因素归并到随机误差项 ε_i 中,建立灌溉面积和最大积雪深度的回归模型:

$$y_i = \alpha + \beta x_i + \varepsilon_i \qquad (10.2.2)$$

在(10.2.2)式中,只有一个解释变量,变量之间的关系又是线性关系,故(10.2.2)式为**一元线性回归模型**.

一元线性回归模型(10.2.2)中,$y_i = \alpha + \beta x_i$ 部分是一条直线,称为**总体回归方程**. 直线的斜率是 β,它表示 X 每变化一个单位导致 Y 变化的平均值,Y 的截距是 α,表示当 $x = 0$ 时,Y 的平均值. ε 表示其他随机因素对 Y 的影响,称为**随机误差**.

在实际中,ε_i 通常满足以下条件:

(1)$E(\varepsilon_i | x_i) = 0, i = 1, 2, \cdots n$;

(2)$D(\varepsilon_i | x_i) = \sigma^2, i = 1, 2, \cdots n$;

(3)$\mathrm{Cov}(\varepsilon_i, x_j) = 0, i \neq j, i, j = 1, 2, \cdots n$;

(4)$\varepsilon_i \sim N(0, \sigma^2), i = 1, 2, \cdots n$.

以上关于随机误差的假设是由德国数学家高斯(Gauss)最早提出的,称为高斯假设或古典假设.

由于 α, β 未知,需要通过 n 组样本观测值$(x_1, y_1), (x_2, y_2), \cdots, (x_n, y_n)$ 来估计 α 与 β. α 与 β 的估计分别记为 a 与 b. 我们称

$$\hat{y}_i = a + b x_i \tag{10.2.3}$$

为**样本回归方程**,其图形称为**回归直线**.

2. 最小二乘估计

对线性回归模型参数的估计方法通常有最小二乘法、最大似然法和矩估计方法,其中比较常见的是最小二乘法. 总体回归方程只能通过样本信息去近似,使样本回归方程尽可能地接近于总体的回归方程. 这需要样本回归方程的因变量的估计值与因变量的真值之间的误差尽可能地小,即残差项

$$e_i = y_i - \hat{y}_i, i = 1. 2, \cdots, n.$$

越小越好. 但残差项有正有负,简单相加会造成互相抵消而趋于零. 为此考虑**残差平方和**

$$Q = \sum_{i=1}^{n} e_i^2 = \sum_{i=1}^{n} (y_i - \hat{y}_i)^2 = \sum_{i=1}^{n} (y_i - a - b x_i)^2,$$

寻找一组参数估计值 a, b 使残差平方和 Q 达到极小值,这就是**最小二乘法**. 我们将最小二乘法获得的 a 和 b 称为 α 和 β 的**最小二乘估计**(LSE, least square estimate).

由于 Q 是关于 a 和 b 的二次函数,根据微积分中求极值的方法,a 和 b 应满足下列**正规方程组**:

$$\begin{cases} \dfrac{\partial Q}{\partial a} = -2 \sum_{i=1}^{n} (y_i - a - b x_i) = 0, \\ \dfrac{\partial Q}{\partial b} = -2 \sum_{i=1}^{n} (y_i - a - b x_i) x_i = 0. \end{cases}$$

解得

$$b = \frac{L_{xy}}{L_{xx}}, a = \bar{y} - b\bar{x}, \tag{10.2.4}$$

其中

$$\bar{x} = \frac{1}{n}\sum_{i=1}^{n} x_i, \bar{y} = \frac{1}{n}\sum_{i=1}^{n} y_i,$$

$$L_{xx} = \sum_{i=1}^{n}(x_i - \bar{x})^2, L_{xy} = \sum_{i=1}^{n}(x_i - \bar{x})(y_i - \bar{y}).$$

若将(10.2.4)式代入(10.2.3)式,得到样本回归方程为

$$\hat{y}_i = a + bx_i. \tag{10.2.5}$$

由(10.2.4)式和(10.2.5)式可得

$$\hat{y}_i - \bar{y} = b(x_i - \bar{x}). \tag{10.2.6}$$

这是回归方程的另一种形式.(10.2.6)式表明:样本回归直线(10.2.3)通过样本均值点$(\bar{x}, \bar{y})$.

例 10.2.2 求例 10.2.1 中灌溉面积 Y 对于最大积雪深度 X 的一元线性回归方程.

解 由表中的数据计算得

$$\bar{x} = 18.85, \bar{y} = 36.53, L_{xx} = 227.845, L_{xy} = 413.065.$$

代入(10.2.4)式得

$$b = \frac{L_{xy}}{L_{xx}} = \frac{413.065}{227.845} = 1.813,$$

$$a = \bar{y} - b\bar{x} = 36.53 - 1.813 \times 18.85 = 2.355.$$

所以,所求一元线性回归方程为

$$\hat{y}_i = 2.355 + 1.813x_i.$$

若在图 10.2.1 上画出这条回归直线,可以看出它与所有数据点都很接近.

数字资源 10-5　最大似然估计

数字资源 10-6　最小二乘估计

3. 回归方程的显著性检验

由上一节可知,即使 n 组样本观测值$(x_1, y_1),(x_2, y_2),\cdots,(x_n, y_n)$不能充分接近于一条直线,这时仍可以通过最小二乘法得到一条回归直线,此时这条直线并不能很好地反映变量 X 与 Y 的实际关系,因此没有什么实际应用价值.所以说,一方面要建立从经验上认为是有意义的方程;另一方面要对方程的显著性进行检验.

为了对回归方程的显著性进行检验.我们引入**总偏差平方和**

$$\text{TSS} = \sum_{i=1}^{n}(y_i - \bar{y})^2.$$

TSS 可分解为

$$TSS = MSS + ESS,$$

其中

$$MSS = \sum_{i=1}^{n} (\hat{y}_i - \overline{y})^2, ESS = \sum_{i=1}^{n} (y_i - \hat{y}_i)^2.$$

也就是说,变量 Y 与它的平均值 $\overline{Y}$ 之间的总偏离平方和可以分解为两部分. MSS 是回归直线与 $\overline{Y}$ 之间的偏差平方和,称为**回归平方和**;ESS 代表除了线性回归模型而引起的偏差以外的其他因素所造成的偏差平方和,称为**残差平方和**. 由方差分析的理论,可知它们的自由度分别为

$$f_T = n-1, f_M = 1, f_E = n-2.$$

显然,若 ESS 愈小,就说明线性回归的拟合效果愈好. 因此,我们可以用**均方误差**

$$\hat{\sigma}^2 = ESS/(n-2)$$

来衡量回归效果的好坏. 并称 $\hat{\sigma} = \sqrt{ESS/(n-2)}$ 为**剩余标准差**.

为了检验回归效果的显著性,在零假设 $H_0: \beta = 0$ 成立的条件下,构造检验统计量

$$F = \frac{MSS}{ESS/(n-2)}.$$

在高斯假定下,$F \sim F(1, n-2)$. 因此,若 $F < F_{0.05}(1, n-2)$,则称 X 与 Y 没有显著的线性关系;若 $F_{0.05}(1, n-2) < F < F_{0.01}(1, n-2)$,则称 X 与 Y 有显著的线性关系;若 $F > F_{0.01}(1, n-2)$,则称 X 与 Y 有十分显著的线性关系.

上述结果可汇总为一元线性回归模型的方差分析表:

表 10.2.1

来源	平方和	自由度	均方	F 值	表值 F_α	注
模型 误差	MSS ESS	1 $n-2$	$MMS = MSS$ $MSE = \dfrac{ESS}{n-2}$	$F = \dfrac{MMS}{MSE}$	$F_\alpha(1, n-2)$	
总和	TSS	$n-1$				

下面对例 10.2.1 中 X 与 Y 的线性相关关系进行 F 检验.

$$MSS = bL_{xy} = 1.813 \times 413.065 = 748.887,$$

$$TSS = L_{yy} = 746.961,$$

$$ESS = TSS - MSS = 764.961 - 748.887 = 16.074.$$

从而

$$F = \frac{MMS}{MSE} = \frac{748.887}{16.074/(10-2)} = \frac{748.887}{2.009} = 372.766.$$

查表得 $F_{0.01}(1, 8) = 11.26 < F$,结果表明,$X$ 与 Y 之间有十分显著的线性相关关系. 可将上

述结果列成表 10.2.2.

表 10.2.2

来源	平方和	自由度	均方	F 值	表值 F_α	注
模型	748.887	1	748.887	372.766	$F_{0.01}(1,8)=11.26$	＊＊
误差	16.074	8	2.009			
总 和	764.961	9				

4. 预测和控制

在模型(10.2.2)的假定下,由观测值求得参数 α 和 β 的估计值,从而得到样本回归方程为

$$\hat{Y} = a + bX, \tag{10.2.7}$$

并经过检验.

(1)预测问题

设给定点 x_0 处 Y 的观测值 y_0 是随机变量,它满足

$$y_0 = \alpha + \beta x_0 + \varepsilon_0.$$

但 y_0 未知,我们将 x_0 代入(10.2.7)式得到 Y 的预测值

$$\hat{y}_0 = a + b x_0$$

作为 y_0 的估计值. 它是 y_0 的最小方差线性无偏估计.

但由回归方程只能得到 y_0 的点估计 $\hat{y}_0$,并没有给出估计的精度. 下面的定理讨论了 y_0 的区间估计问题.

定理 10.2.1 设给定点 x_0 处因变量 Y 的观测值为 y_0 及样本 $(x_i, y_i), i = 1, 2, \cdots, n$ 满足模型:

$$\begin{cases} y_i = \alpha + \beta x_i + \varepsilon_i (i = 1, 2, \cdots, n) \\ y_0 = \alpha + \beta x_0 + \varepsilon_0, \\ \varepsilon_1, \varepsilon_2, \cdots, \varepsilon_n, \varepsilon_0 \sim N(0, \sigma^2), 且相互独立. \end{cases}$$

则

(1) $\hat{y}_0 = a + b x_0$ 是 y_0 的最小方差线性无偏估计,且

$$\hat{y}_0 \sim N\left(\alpha + \beta x_0, \left[\frac{1}{n} + \frac{(x_0 - \bar{x})^2}{L_{xx}}\right]\sigma^2\right);$$

(2) $y_0 - \hat{y}_0 \sim N\left(0, \left[1 + \frac{1}{n} + \frac{(x_0 - \bar{x})^2}{L_{xx}}\right]\sigma^2\right);$

(3)统计量 t 为

$$t = \frac{y_0 - \hat{y}_0}{\hat{\sigma}\sqrt{1 + \frac{1}{n} + \frac{(x_0 - \bar{x})^2}{L_{xx}}}} \sim t(n-2), 其中 \ \hat{\sigma} = \sqrt{\frac{\text{ESS}}{n-2}}.$$

利用上述定理,可得出 y_0 的预测区间. 给定置信水平 $1-\alpha$,选用定理 10.2.1 给出的统计量 t,因为 $t \sim t(n-2)$,查 t 分布表得 $t_{\frac{\alpha}{2}}(n-2)$,使

$$P(\mid t \mid \leqslant t_{\frac{\alpha}{2}}(n-2)) = 1-\alpha,$$

即

$$P\left(\mid y_0 - \hat{y}_0 \mid \leqslant \hat{\sigma} t_{\frac{\alpha}{2}}(n-2) \sqrt{1+\frac{1}{n}+\frac{(x_0-\bar{x})^2}{L_{xx}}}\right) = 1-\alpha.$$

称 $d = \hat{\sigma} t_{\frac{\alpha}{2}}(n-2) \sqrt{1+\frac{1}{n}+\frac{(x_0-\bar{x})^2}{L_{xx}}}$ 为预报半径,则 y_0 的置信水平为 $1-\alpha$ 的置信区间为 $[\hat{y}_0 - d, \hat{y}_0 + d]$. 该区间以 $\hat{y}_0$ 为中心,d 为半径. 若预测半径小,则预测精度就高. 由 d 的定义可知:

(1)若 $t_{\alpha/2}(n-2)$ 小(即 $1-\alpha$ 小),则 d 小;

(2)因为 $\hat{\sigma} = \sqrt{\dfrac{\text{ESS}}{n-2}}$,当 ESS 小时,$d$ 也小;

(3)在实际问题,常近似认为 $y_0 - \hat{y}_0 \sim N(0, \hat{\sigma}^2)$,当 $\alpha = 0.05$ 时,预测区间为 $[\hat{y}_0 - 2\hat{\sigma}, \hat{y}_0 + 2\hat{\sigma}]$;当 $\alpha = 0.01$ 时,预测区间为 $[\hat{y}_0 - 3\hat{\sigma}, \hat{y}_0 + 3\hat{\sigma}]$.

在例 10.2.1 中,设某年已测得最大积雪深度 $x_0 = 27.5$,要预测灌溉面积 Y,将 $x_0 = 27.5$ 代入回归方程得到

$$\hat{Y} = 2.355 + 1.813 \times 27.5 = 52.213,$$

这就是说,当年灌溉面积的预测值为 52.213.

当 $\alpha = 0.05, n = 10$ 时,查 t 分布表得 $t_{0.05}(8) = 2.306$,

$$\hat{\sigma} = \sqrt{\text{ESS}/(n-2)} = \sqrt{2.009} = 1.417$$

$$d = 1.417 \times 2.306 \sqrt{1+\frac{1}{10}+\frac{(27.5-18.85)^2}{227.845}} = 3.906,$$

则预测区间为

$$[52.213 - 3.906, 52.213 + 3.906] = [48.307, 56.119].$$

所以,当已知当年积雪的最大深度为 27.5 时,灌溉面积的置信水平为 95% 的预测区间为 $[48.307, 56.119]$.

(2)控制问题

预测问题的逆问题称为**控制问题**. 如实际问题要求 y_0 落在一定的范围内:$c_1 < y_0 < c_2$,问如何控制自变量 X 的取值,这就是控制问题.

给定置信水平 $1-\alpha$,当 $\alpha = 0.05$ 时,近似地有

$$P(\hat{y}_0 - 2\hat{\sigma} \leqslant y_0 \leqslant \hat{y}_0 + 2\hat{\sigma}) = 0.95.$$

解不等式

$$\begin{cases} \hat{y}_0 + 2\hat{\sigma} \leqslant c_2, \\ \hat{y}_0 - 2\hat{\sigma} \geqslant c_1. \end{cases}$$

如果不等式有解,即得自变量 x_0 的控制范围.

数字资源 10-7　本节课件 1　　　　　　　　　　　数字资源 10-8　本节课件 2

10.2.2　残差分析

在利用回归方程进行分析和应用之前,应该诊断数据的质量. 如何判断数据中有异常点或其他的干扰,残差分析是个有力的工具.

所谓**残差**,就是

$$e_i = y_i - \hat{y}_i, i = 1, 2, \cdots, n.$$

它是实际观测值与回归估计值的差. n 对数据产生了 n 个残差,它们能提供许多有用的信息,应用这些信息分析出数据的可靠性、周期性或其他干扰,这就是**残差分析**. 本节仅作一些简要的介绍.

所谓**异常数据**就是与其他数据产生的条件有明显的不同的这种数据. 异常数据相应的残差的绝对值会特别大. 残差具有如下性质:

性质 10.2.1　$E(e_i) = 0, i = 1, \cdots, n.$

性质 10.2.2　$D(e_i) = \left[1 - \dfrac{1}{n} - \dfrac{(x_i - \bar{x})^2}{L_{xx}} \right] \sigma^2, i = 1, \cdots, n.$

证明:

$$\begin{aligned} E(e_i) &= E(y_i - \hat{y}_i) \\ &= E\left[y_i - \bar{y} - b(x_i - \bar{x}) \right] \\ &= \alpha + \beta x_i - (\alpha + \beta \bar{x}) - \beta(x_i - \bar{x}) = 0. \end{aligned}$$

由

$$\begin{aligned} e_i &= y_i - \bar{y} - b(x_i - \bar{x}) \\ &= y_i - \bar{y} - \sum_{k=1}^{n} \frac{(x_k - \bar{x})(x_i - \bar{x})}{L_{xx}} (y_k - \bar{y}) \\ &= y_i - \bar{y} - \sum_{k=1}^{n} \frac{(x_k - \bar{x})(x_i - \bar{x})}{L_{xx}} y_k, \end{aligned}$$

从而

$$D(e_i) = \left[1 - \frac{1}{n} - \frac{(x_i - \bar{x})^2}{L_{xx}} \right] \sigma^2, i = 1, 2, \cdots, n.$$

证毕.

若用 x 代 x_i,则 $D(e) = \left[1 - \dfrac{1}{n} - \dfrac{(x-\bar{x})^2}{L_{xx}}\right]\sigma^2$.

当 n 较大,且 $(x-\bar{x})^2/L_{xx}$ 较小时,$D(e) \approx \sigma^2$,从而利用 2σ 原则有

$$P(-2\sqrt{D(e)} < Y - \hat{Y} < 2\sqrt{D(e)}) = 95\%.$$

用 $\hat{\sigma}$ 来估什 σ,则可得到残差的置信带

$$-2\hat{\sigma} < Y - \hat{Y} < 2\hat{\sigma}.$$

这就是说,e_i 落在残差置信带内的概率约为 95%. 根据这个结论,检查残差是否在置信带外. 对残差在置信带以外的数据要进行检查,辨明其是否是异常数据. 异常数据要予以剔除.

我们以例 10.2.1 来介绍残差分析的方法,将 10 个残差列为表 10.2.3.

表 10.2.3

序号	y_i	$\hat{y}_i$	$y_i - \hat{y}_i$	序号	y_i	$\hat{y}_i$	$y_i - \hat{y}_i$
1	28.6	29.91	-1.31	6	45.0	44.78	0.22
2	19.3	21.21	-1.91	7	29.2	26.83	2.37
3	40.5	40.79	-0.29	8	34.1	32.63	1.47
4	35.6	36.08	-0.48	9	46.7	45.88	0.72
5	48.9	50.22	-1.32	10	37.4	36.98	0.42

对例 10.2.1,前面计算过

$$\hat{\sigma}^2 = 2.009, \quad \hat{\sigma} = 1.417.$$

则残差置信带为 $(-2.834, 2.834)$,将表 10.2.3 的残差点做成图 10.2.2.

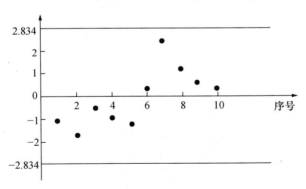

图 10.2.2

从图 10.2.2 可以看出,例 10.2.1 所有数据的残差都在置信带内,无异常数据.

在出现数据异常的情况下,还应具体问题具体分析,分析并找到产生数据异常的原因并进一步改进方法.

数字资源 10-9　本节课件 3

□ **第 10 章习题**

1. 设某苗圃对某种树木的种子制定了 5 种不同的处理方法,每种方法处理了 6 粒种子进行育苗试验. 一年后观察苗高获得资料见下表:

处理方法	苗高 X_{ij}/cm					
1	39.2	29.0	25.8	33.5	41.7	37.2
2	37.3	27.7	23.4	33.4	29.2	35.6
3	20.8	33.8	28.6	23.4	22.7	30.9
4	31.0	27.4	19.5	29.6	23.2	18.7
5	20.7	17.6	29.4	27.7	25.5	19.5

试判断不同处理方法对苗木生长是否有显著影响($\alpha = 0.05$)?

2. 下表给出了小白鼠在接种 3 种不同菌型伤寒杆菌后的存活天数:

菌型	存 活 天 数									
I	2	4	3	2	4	7	7	2	5	4
II	5	6	8	5	10	7	12	6	6	
III	7	11	6	6	7	9	5	10	6	3	10

试问 3 种菌型的平均存活天数有无显著差异($\alpha = 0.05$)?

3. 为了比较 4 种不同的肥料对小麦产量的影响,取一片土壤条件和灌溉条件差不多的土地,分成 16 块,肥料的品种记为 A_1, A_2, A_3, A_4. 每种肥料施在 4 块土地上,得亩产量见下表:

肥料品种	亩 产 量			
A_1	981	964	917	667
A_2	607	693	506	358
A_3	791	642	810	705
A_4	901	703	792	883

问施肥的品种对小麦亩产量有无显著影响($\alpha = 0.05$)?

4. 用 4 种不同型号的仪器对某种机器零件的七级光洁表面进行检查,每种仪器分别在同一表面反复测 4 次,得数据见下表:

仪器型号	测 量 结 果			
1	−0.21	−0.06	−0.17	−0.14
2	0.16	0.08	0.03	0.11
3	0.10	−0.07	0.15	−0.02
4	0.12	−0.04	−0.02	0.11

推断这 4 种型号的仪器的测量结果有无显著差异($\alpha = 0.05$)?

5. 某医院用光电比色计检验尿汞时,得尿汞含量与消光系数读数的结果见下表:

尿汞含量(X)	2	4	6	8	10
消光系数(Y)	64	138	205	285	360

（1）求 Y 关于 X 的线性回归方程；

（2）检验回归方程是否显著（$\alpha=0.05$）.

6. 某造纸厂研究纸浆的煮沸时间与纸的均匀度之间的关系，测得一组试验数据见下表：

煮沸时间 X（h）	1	2	3	4	5	6	7	8	9	10
均匀度 Y	14	20	23	28	36	46	55	66	78	86

（1）求 Y 关于 X 的线性回归方程；

（2）X 与 Y 的线性关系是否显著（$\alpha=0.05$）；

（3）求在煮沸时间 $x_0=6.5$ h 时，均匀度的置信水平为 0.95 的预测区间.

7. 某病虫测报站为了能较准确地预报第三代棉铃虫的产卵期，以便能适时采取杀虫措施，保证棉花丰收．他们统计了近 9 年的当地 6 月份平均气温和 7 月份卵见期数据见下表：

年　序	6月份平均气温 X/℃	7月份卵见期 Y/日
1	23.9	20
2	24.6	14
3	24.1	18
4	22.7	27
5	22.3	26
6	23.1	18
7	22.9	24
8	23.5	16
9	22.9	24

试根据这些数据建立线性预报方程，并检验其显著性（$\alpha=0.01$）.

8. 某地 10 个村庄养猪头数（X）与粮食产量（Y）的调查数据见下表：

村庄号	1	2	3	4	5	6	7	8	9	10
养猪头数 X	425	296	298	225	323	365	382	343	314	265
粮食平均亩产 Y	182	102	135	114	159	172	173	145	130	112

（1）求 Y 关于 X 的线性回归方程；

（2）X 与 Y 线性关系是否显著（$\alpha=0.01$）；

（3）若养猪头数发展到 300 头，给出相应粮食产量的置信水平为 0.99 的预测区间.

习题答案

Answers

第 1 章习题答案

1. (1) $A_1A_2\overline{A_3}\cup A_1\overline{A_2}A_3\cup\overline{A_1}A_2A_3$；(2) $\overline{A_1}A_2\overline{A_3}$；(3) $\overline{A_1}\ \overline{A_2}A_3$；

(4) $\overline{A_1}A_2A_3\cup A_1\overline{A_2}A_3\cup A_1A_2\overline{A_3}$；(5) $A_1A_2\overline{A_3}\cup A_1\overline{A_2}\ \overline{A_3}\cup\overline{A_1}A_2A_3\cup A_1A_2A_3$.

2. (1) $\{2,3,4,5\}$；(2) $\{1,2,3,4,5,6,7,8,9,10\}$.

3. $\dfrac{3}{8}$. **4.** 0.6. **5.** (1)0.6；(2)0.8；(3)0.1；(4)0.8；(5)0.1.

6. 0.1,0.5,0.5,0. **7.** 略. **8.** 0.8. **9.** (1)0.175；(2)0.1；(3)0.825.

10. (1) $\dfrac{1}{360}$；(2) $\dfrac{1}{15}$；(3) $\dfrac{1}{3}$. **11.** (1) $\dfrac{1}{7^6}$；(2) $\dfrac{6^6}{7^6}$；(3) $1-\dfrac{1}{7^6}$.

12. (1) $\dfrac{3}{8}$；(2) $\dfrac{9}{16}$；(3) $\dfrac{1}{16}$. **13.** 0.4. **14.** 0.2. **15.** $\dfrac{C_9^7\cdot 7!}{9^7}\approx 0.037\,9$.

16. $\dfrac{3}{8}$. **17.** $\dfrac{4}{9}$. **18.** $1-\dfrac{13^4}{C_{52}^4}$. **19.** $\dfrac{8}{15}$. **20.** $\dfrac{9}{28}$. **21.** $\dfrac{1}{6}$. **22.** $\dfrac{13}{24}$.

第 2 章习题答案

1. 1/2. **2.** 2/n. **3.** 2/3. **4.** $a(1-b)$. **5.** 0.25. **6.** 0.008 3. **7.** 3/5.

8. 4/3 或 5/3. **9.** 0.6. **10.** 31/70. **11.** 5/12. **12.** 0.935.

13. 0.145 8. **14.** 0.75. **15.** 0.998. **16.** 1 个红球. **17.** 0.104.

18. (1)0.072 9；(2)0.008 56；(3)0.999 54；(4)0.409 51.

第 3 章习题答案

1. $F(x)=\begin{cases}0, & x<0;\\[2mm]\dfrac{x^2}{4}, & 0\leqslant x<2;\\[2mm]1, & x\geqslant 2.\end{cases}$

2.

X	2	3	4	5	6	7	8	9	10	11	12
P	$\dfrac{1}{36}$	$\dfrac{2}{36}$	$\dfrac{3}{36}$	$\dfrac{4}{36}$	$\dfrac{5}{36}$	$\dfrac{6}{36}$	$\dfrac{5}{36}$	$\dfrac{4}{36}$	$\dfrac{3}{36}$	$\dfrac{2}{36}$	$\dfrac{1}{36}$

3. $P(X=k)=\left(\dfrac{1}{5}\right)^{k-1}\left(\dfrac{4}{5}\right),k=1,2,\cdots.$

4.

X	3	4	5
P	$\dfrac{1}{10}$	$\dfrac{3}{10}$	$\dfrac{6}{10}$

$$F(x)=\begin{cases} 0, & x<3; \\ \dfrac{1}{10}, & 3\leqslant x<4; \\ \dfrac{4}{10}, & 4\leqslant x<5; \\ 1, & x\geqslant5. \end{cases}$$

5. 3 条线路.   **6.** $19/27$.

7. $(1)P(X_1=k)=\left(\dfrac{10}{12}\right)^{k-1}\dfrac{2}{12},k=1,2,\cdots;$ $(2)P(X_2=k)=\dfrac{A_{10}^{k-1}C_2^1}{A_{12}^k},k=1,2,\cdots,11;$

$(3)P(X_3=k)=\begin{cases} \left(\dfrac{10}{12}\right)^{k-1}\dfrac{2}{12},k=1,2,3; \\ \left(\dfrac{10}{12}\right)^3\dfrac{2}{12}+\left(\dfrac{10}{12}\right)^4,k=4. \end{cases}$ $(4)P(X_4=k)=\begin{cases} \dfrac{A_{10}^{k-1}C_2^1}{A_{12}^k},k=1,2,3; \\ \dfrac{(A_{10}^3C_2^1+A_{10}^4)}{A_{12}^4},k=4. \end{cases}$

8. $(1)a=0,b=1;(2)P(-1<X<1)=\dfrac{e-1}{e+1};(3)f(x)=\dfrac{e^x}{(e^x+1)^2},-\infty<x<+\infty.$

9. $\mu=4.$

10. $(1)P(X\leqslant1)=\dfrac{1}{2};$ $(2)P\left(-\dfrac{1}{2}<X\leqslant\dfrac{1}{2}\right)=\dfrac{1}{8};$

$(3)P\left(\dfrac{1}{2}<X\leqslant\dfrac{3}{2}\right)=\dfrac{3}{4};$ $(4)P\left(X>\dfrac{3}{2}\right)=\dfrac{1}{8}.$

11. $(1)k=\dfrac{1}{2};$ $(2)P(0<X<1)=\dfrac{1}{2}(1-e^{-1})=0.316;$

$(3)F(x)=\begin{cases} \dfrac{1}{2}e^x,x<0; \\ 1-\dfrac{1}{2}e^{-x},x\geqslant0. \end{cases}$

12. $\dfrac{20}{27}.$ **13.** $10e^{-3}(1-e^{-1})^2.$

14. $(1)0.8849;(2)0.9545;(3)C\leqslant0.8050.$

15. 约为 16%. **16.** $\sigma \leqslant 228$.

17.

Y	-5	-3	-1	1	3	5
P	$\frac{1}{6}$	$\frac{1}{12}$	$\frac{1}{3}$	$\frac{1}{6}$	$\frac{1}{12}$	$\frac{1}{6}$

Z	1	2	5	10
P	$\frac{1}{3}$	$\frac{1}{4}$	$\frac{1}{4}$	$\frac{1}{6}$

18. $f_Y(y) = \begin{cases} \dfrac{1}{y}, & 1 < y < \mathrm{e}; \\ 0, & \text{其他}. \end{cases}$

19. $(1) a = \mathrm{e}$; $\quad (2) f_Y(y) = \begin{cases} \dfrac{1}{y-1}, & 3 < y < 2\mathrm{e}+1; \\ 0, & \text{其他}. \end{cases}$

第 4 章习题答案

1.

X \ Y	0	1	2	3	$p_{\cdot j}$
1	0	$\frac{3}{8}$	$\frac{3}{8}$	0	$\frac{3}{4}$
3	$\frac{1}{8}$	0	0	$\frac{1}{8}$	$\frac{1}{4}$
$p_{i\cdot}$	$\frac{1}{8}$	$\frac{3}{8}$	$\frac{3}{8}$	$\frac{1}{8}$	

2.

X \ Y	0	1	2	3
0	0	0	$\frac{3}{35}$	$\frac{2}{35}$
1	0	$\frac{6}{35}$	$\frac{12}{35}$	$\frac{2}{35}$
2	$\frac{1}{35}$	$\frac{6}{35}$	$\frac{3}{35}$	0

3. $P(X=m, Y=n) = p^2 q^{n-2} \ (m < n)$;

$P(X=m) = pq^{m-1} \ (m=1,2,3\cdots)$, $P(Y=n) = (n-1)p^2 q^{n-2} \ (n=2,3,\cdots)$;

$P(X=m \mid Y=n) = \dfrac{1}{n-1} \ (m=1,2,\cdots,n-1; n=2,3,\cdots)$,

$P(Y=n \mid X=m) = pq^{n-m-1} \ (m=1,2,\cdots,n-1; n=m+1,m+2,m+3,\cdots)$.

4. $(1) C = \dfrac{21}{4}$; $(2) f_X(x) = \begin{cases} \dfrac{21}{8} x^2 (1-x^4), & -1 \leqslant x \leqslant 1, \\ 0, & \text{其他}. \end{cases}$ $f_Y(y) = \begin{cases} \dfrac{7}{2} y^{\frac{5}{2}}, & 0 \leqslant y \leqslant 1, \\ 0, & \text{其他}. \end{cases}$

(3) 不独立.

5. $(1) F(x,y) = \begin{cases} 0, & x \leqslant 0 \text{ 或 } y \leqslant 0, \\ \dfrac{1}{3} x^2 y \left(x + \dfrac{y}{4}\right), & 0 < x \leqslant 1, 0 < y \leqslant 2, \\ \dfrac{1}{3} x^2 (2x+1), & 0 < x \leqslant 1, y > 2, \\ \dfrac{1}{12} y(4+y), & x > 1, 0 < y \leqslant 2, \\ 1, & x > 1, y > 2. \end{cases}$

$(2) f_X(x) = \begin{cases} 2x^2 + \dfrac{2}{3} x, & 0 \leqslant x \leqslant 1, \\ 0, & \text{其他}. \end{cases}$ $f_Y(y) = \begin{cases} \dfrac{1}{3} + \dfrac{1}{6} y, & 0 \leqslant y \leqslant 2, \\ 0, & \text{其他}. \end{cases}$

$(3) 0 \leqslant y \leqslant 2, f_{X|Y}(x|y) = \begin{cases} \dfrac{2x(3x+y)}{2+y}, & 0 \leqslant x \leqslant 1 \\ 0, & \text{其他}. \end{cases}$

$0 \leqslant x \leqslant 1, f_{Y|X}(y|x) = \begin{cases} \dfrac{3x+y}{6x+2}, & 0 \leqslant y \leqslant 2, \\ 0, & \text{其他}. \end{cases}$

6. $(1) f(x,y) = \begin{cases} \dfrac{\lambda}{b-a} e^{-\lambda y}, & a \leqslant x \leqslant b, y > 0, \\ 0, & \text{其他}. \end{cases}$ $(2) P(Y \leqslant X) = \begin{cases} \dfrac{e^{-\lambda b} + \lambda b - 1}{\lambda(b-a)}, & a \leqslant 0 \leqslant b, \\ 0, & b < 0, \\ 1 + \dfrac{e^{-\lambda b} - e^{-\lambda a}}{\lambda(b-a)}, & a > 0. \end{cases}$

7. $p = \dfrac{1}{2}$.

8.

Y \ X	1	2
0	$\dfrac{1}{3}$	$\dfrac{2}{9}$
1	$\dfrac{1}{6}$	$\dfrac{2}{9}$
2	0	$\dfrac{1}{18}$

9. $(1) f(x,y) = \begin{cases} \dfrac{1}{x}, & 0 < y < x < 1, \\ 0, & \text{其他}. \end{cases}$ $(2) f_Y(y) = \begin{cases} -\ln y, & 0 < y < 1, \\ 0, & \text{其他}. \end{cases}$

(3) $P\{X+Y>1\}=1-\ln 2.$

10. (1) $a=1$; (2) $\dfrac{1}{e}$; (3) $F(x,y)=\begin{cases} x^2(1-e^{-y}), & 0<x<1,y>0, \\ 1-e^{-y}, & x\geqslant 1,y>0, \\ 0, & \text{其他}. \end{cases}$

11. 略.   12. $f(z)=\begin{cases} \dfrac{z^3}{6}e^{-z}, & z\geqslant 0, \\ 0, & z<0. \end{cases}$ 13. $f(z)=\dfrac{1}{4}(1+|z|)e^{-|z|}, -\infty<z<+\infty.$

14. $f(z)=\begin{cases} 2z, & 0\leqslant z<1, \\ 0, & \text{其他}. \end{cases}$ 15. $f(z)=\dfrac{1}{\sqrt{2\pi}\cdot 5}e^{-\frac{z^2}{50}}, -\infty<z<+\infty.$ 16. $0.25.$

17. $f_Z(z)=\begin{cases} \dfrac{1}{(1+z)^2}, & z\geqslant 0, \\ 0, & z<0. \end{cases}$ 18. $f_Z(z)=\begin{cases} -\dfrac{1}{2}\ln|z|, & |z|\leqslant 1, \\ 0, & \text{其他}. \end{cases}$

19. (1) $F_U(u)=\begin{cases} 0, & u<0, \\ u^3, & 0\leqslant u<1, \\ 1, & u\geqslant 1. \end{cases}$ $f_U(u)=\begin{cases} 3u^2, & 0\leqslant u<1, \\ 0, & \text{其他}. \end{cases}$

(2) $F_V(v)=\begin{cases} 0, & v<0, \\ v+v^2-v^3, & 0\leqslant v<1, \\ 1, & v\geqslant 1. \end{cases}$ $f_V(v)=\begin{cases} 1+2v-3v^2, & 0\leqslant v<1, \\ 0, & \text{其他}. \end{cases}$

第 5 章习题答案

1. $8/3,5,20/9$ 2. $0.35,0.2,0.45$ 或 $0.45,0.2,0.35.$

3. $E(X)=0.3,D(X)\approx 0.319.$ 4. $7.8.$ 5. $81/64.$ 6. $1.$ 7. $0,1/6.$

8. $\dfrac{\pi}{12}(a^2+ab+b^2).$ 9. $E(X)=\dfrac{26}{3},D(X)=\dfrac{964}{45}.$ 10. $ap+\dfrac{a}{10}.$ 11. $\dfrac{1}{2},\dfrac{1}{2}\ln 3.$

12. $E(X)=E(Y)=10.7,D(X)=5.61,D(Y)=39.09$ 买乙家的股票风险大.

13. $E(X)=2,D(X)=\dfrac{4}{3}.$ 14. $400e^{-\frac{1}{4}}-300\approx 11.52.$ 15. $4.$ 16. $\sqrt{\dfrac{2}{\pi}}.$

17. $-0.02.$ 18. $E(X)=E(Y)=\dfrac{7}{6},\text{Cov}(X,Y)=-\dfrac{1}{36},\rho_{XY}=-\dfrac{1}{11},D(X+Y)=\dfrac{5}{9}.$

第 6 章习题答案

1. (1) $\dfrac{1}{9}$; (2) $\dfrac{1}{12}$; (3) 0; (4) $\dfrac{1}{3}$; (5) $\Phi(x)=\displaystyle\int_{-\infty}^{x}\dfrac{1}{\sqrt{2\pi}}e^{-\frac{t^2}{2}}\mathrm{d}t.$

2. $0.975.$ 3. (1) 0 (2) $0.995\ 2$ (3) $60\ 000.$ 4. $2\ 110.$ 5. $121.$ 6. $233\ 957.4.$

7. 0.273 8. $n=170.$ 9. $0.999\ 5.$ 10. 142 千瓦.   11. $0.006\ 2.$

12. $0.012\ 4$;925 与 $1\ 075$ 之间.   13. $0.5.$ 14. $\geqslant 537$ 个.

第7章习题答案

1. $(1)f(x_1,x_2,\cdots,x_n;\theta)=(\theta+1)^n\left(\prod\limits_{i=1}^{n}x_i\right)^{\theta}$；$(2)$ 统计量 $\sum\limits_{i=1}^{n}X_i,\sum\limits_{i=1}^{n}(X_i-\overline{X})^4$；

$(3)E(\overline{X})=\dfrac{\theta+1}{\theta+2},D(\overline{X})=\dfrac{\theta+1}{n(\theta+2)^2(\theta+3)},E(S^2)=\dfrac{\theta+1}{(\theta+2)^2(\theta+3)}.$

2. $(1)P(X_1=x_1,X_2=x_2,\cdots,X_n=x_n)=\prod\limits_{i=1}^{n}C_m^{x_i}p^{x_i}(1-x_i)^{m-x_i}$；

$(2)E(\overline{X})=mp,E(S^2)=mp(1-p).$

3. $(1)f(x_1,x_2,\cdots,x_n)=\dfrac{1}{(\sqrt{2\pi}\sigma)^n}e^{-\frac{\sum\limits_{i=1}^{n}(x_i-\mu)^2}{2\sigma^2}}$；$(2)E(\overline{X})=\mu,D(\overline{X})=\dfrac{\sigma^2}{n},E(S^2)=\sigma^2.$

4. $0.8293.$　　**5.** $0.1336.$　　**6.** $(1)0.10$；$(2)0.25.$

7. $(1)0.99$；$(2)\dfrac{2}{15}\sigma^4.$　　**8.** $0.175.$

第8章习题答案

1. $\hat{\theta}=2\overline{X}.$　　**2.** $\hat{\mu}=\overline{x}=\dfrac{1}{n}\sum\limits_{i=1}^{n}x_i,\hat{\sigma}^2=\dfrac{1}{n}\sum\limits_{i=1}^{n}(x_i-\overline{x})^2.$

3. $\hat{\lambda}=2.$　　**4.** $\hat{\theta}=\dfrac{\overline{X}}{1-\overline{X}}.$　　**5.** $\hat{\alpha}=3\overline{X}.$

6. $(1)\hat{\theta}=\overline{X},\hat{\theta}=\overline{X}$；　$(2)\hat{\theta}=\left(\dfrac{\overline{X}}{1-\overline{X}}\right)^2,\hat{\theta}=\dfrac{n^2}{\left(\sum\limits_{i=1}^{n}\ln X_i\right)^2}$；

$(3)\hat{\theta}=\dfrac{2\overline{X}-1}{1-\overline{X}},\hat{\theta}=-1-\dfrac{n}{\sum\limits_{i=1}^{n}\ln X_i}.$

7. $(1)\hat{p}=\dfrac{\overline{X}}{n}=\dfrac{1}{n^2}\sum\limits_{i=1}^{n}X_i$；　$(2)\hat{p}=\dfrac{\overline{X}}{n}.$

8. $C=\dfrac{1}{2(n-1)}.$　　**9.** $[4.412,5.588].$　　**10.** $[14.67,14.98].$

11. $n\geqslant\left(\dfrac{2\sigma u_{\frac{\alpha}{2}}}{L}\right)^2.$　　**12.** $(1)[2.121,2.129]$；$(2)[2.1175,2.1325].$

13. $[11.84,95.21].$　　**14.** $[7.43,21.07].$　　**15.** $(1)[5.11,5.31]$；$(2)[0.1675,0.3218].$

16. $[-6.04,-5.96].$　　**17.** $[0.2217,3.6008].$　　**18.** 下限为 $40526.$

第9章习题答案

1. $n\leqslant138.$

2. 不能拒绝 H_0，可以认为这批产品指标的期望值为 $1600.$

3. 不能拒绝 H_0,即新工艺与旧工艺生产出的布机平均每台每小时经纱断头数没有显著差异.

4. 新工艺对零件的电阻有显著影响.

5. 不能拒绝 H_0,可以认为这批矿砂的镍含量为 3.25%.

6. 不能拒绝 H_0,可以认为一年生毛白杨平均高未达 $160\ \mathrm{cm}$. 因此,这批毛白杨不能出圃.

7. 不能拒绝 H_0,不能认为该农场三年后有残效.

8. 不能拒绝 H_0,可以认为新旧生产的合金线的抗拉强度没有显著差异.

9. 该安眠药达到了新的疗效.

10. 拒绝 $\mu=0.05\%$ 的假设;接受 $\sigma=0.04\%$ 的假设.

11. 纱的均匀度有显著变化.

12. 拒绝 H_0,可以认为这批导线的均方差显著偏大.

13. 拒绝 H_0,该日生产的维尼纶纤度的方差显著偏大.

14. (1)接受 H_0;(2)拒绝 H_0.

15. 拒绝 H_0,可以认为甲、乙两种安眠药的疗效有显著差异.

16. (1)拒绝 H_0,两总体的均值不相等;(2)拒绝 H_0,两总体的均值不相等.

17. 株距不同的两种育苗方式对杨树苗高生长有显著影响.

18. 不能拒绝 H_0,即认为使用原料 A 与使用原料 B 的产品平均重量没有显著差异.

19. 不能拒绝 H_0,可以认为 $\sigma_A^2=\sigma_B^2$.

第 10 章习题答案

1. 有显著影响.　**2.** 有显著差异.　**3.** 有显著影响　**4.** 有显著差异.

5. (1) $\hat{y}=-11.3+36.95x$;　(2)回归方程显著.

6. (1) $\hat{y}=-0.12+8.24x$;　(2)X 与 Y 有显著的线性关系;

(3)煮沸时间 $x_0=6.5\ \mathrm{h}$,均匀度的置信水平为 0.95 的预测区间为 $[43.03,63.85]$.

7. $\hat{y}=143.96-5.28x$,X 与 Y 有十分显著的线性关系.

8. (1) $\hat{y}=3.446+0.43x$;

(2)X 与 Y 有十分显著的线性关系;

(3)养猪头数发展到 300 头,则粮食产量的置信水平为 0.99 的预测区间 $[81.77,182.77]$.

Appendix 2 附录 2
排列与组合
Arrangement and Combination

组合数学是一门古老又年轻的数学学科,起源于古代的数学游戏和美学消遣,它无穷的魅力激发了许多人的聪明才智和数学兴趣.组合数学的发展受到数论、统计学与概率计算的很大影响,随着计算机科学技术的迅速发展,组合数学现在有了长足的进展,它已成为许多前沿科学的基础.组合数学的离散性和算法在计算机科学与技术、信息科学、人工智能、管理科学、电子工程和生命科学等领域有着广泛的应用.从发展计算数学、统计数学、运筹科学及一般应用数学的角度上说,组合数学的研究和教学越来越受到人们的重视.

组合数学的研究对象是组态,即集合中若干对象按照某些约束条件组成的各种状态.组态的计数与枚举是其研究的主要内容之一,排列与组合及其生成算法是计数与枚举研究中的一个重要基础.本附录列举的仅是排列与组合的基本定义和一些简单计算原理与公式.

定义 从集合 S 中有序地选取一组元素称为**排列**.从集合中选取一组元素而不计次序称为**组合**.

排列与组合数则是按该定义而产生的一切可能选取方法的数目.

两个基本计数原理

(1)加法原理 若事物 A_1 有 m_1 种选取方式,事物 A_2 有 m_2 种选取方式,事物 A_n 有 m_n 种选取方式,则事物 A_1,或事物 A_2,$\cdots$,事物 A_n 的选法总数是 $m_1 + m_2 + \cdots + m_n$.

(2)乘法原理 若事物 A_1 有 m_1 种选取方式,事物 A_2 有 m_2 种选取方式,事物 A_n 有 m_n 种选取方式,则事物 A_1,A_2,$\cdots$,A_n 依次接连选取的选法总数是 $m_1 \cdot m_2 \cdot \cdots \cdot m_n$.

加法原理中着眼于事物 A_1,A_2,$\cdots$,A_n 之间的互不相容性,即若集合 S 可分成互不相交的子集 S_1,S_2,$\cdots$,S_n,则集合 S 的元素个数等于各子集的元素个数之和.

乘法原理则是着眼于事物 A_1,A_2,$\cdots$,A_n 在选取过程中的依赖关系.

排列与组合的基本公式

(1)无重复的排列与组合

公式 1 从 n 个不同元素中任取 r 个不同元素的排列数 A_n^r 为

$$A_n^r = \frac{n!}{(n-r)!} = n(n-1)(n-2)\cdots(n-r+1).$$

A_n^r 也记为 P_n^r, $P(n,r)$ 或 $(n)_r$. 特别地,当 $r=n$ 时,称为 n 个元素的全排列,总数为 $n!$.

公式 2 从 n 个不同元素中任取 r 个不同元素的圆排列数为

$$\frac{A_n^r}{r} = \frac{n!}{r(n-r)!},$$

特别地,n 个元素中任取 n 个的圆排列数为 $K(n,n) = \frac{n!}{n} = (n-1)!$.

公式 3 从 n 个不同元素中任取 r 个不同元素的且不考虑次序的组合数 C_n^r 为

$$C_n^r = \frac{A_n^r}{r!} = \frac{n!}{r!\ (n-r)!},$$

C_n^r 也记为 $\binom{n}{r}$ 或 $C(n,r)$. 约定 $r<0$ 或 $r>n$ 时, $C_n^r = 0, 0! = 1$.

(2)有重复的排列与组合

公式 4 从 n 个不同元素中任取 r 个元素做排列,但在选取过程中任何元素允许重复出现,这种 n 个元素允许重复取 r 个的排列数为 n^r.

公式 5 若 n 个元素中有一些相同而不能区别,例如有 n_1 个 α_1, n_2 个 α_2, $\cdots$, n_k 个 α_k, $n_1 + n_2 + \cdots + n_k = n$,则由此 n 个元素的全排列总数为 $\dfrac{n!}{n_1!\ n_2!\ \cdots n_k!}$.

该公式可视 S 为重集,重集 S 中有 k 个不同元素 $\alpha_1, \alpha_2, \cdots, \alpha_k$,其中有限重复数分别为 $n_1, n_2, \cdots, n_k$,则 S 的全排列数就是公式 5 的结果.

公式 6 设 $S = \{1, 2, \cdots, n\}$,记 S 的乱序排列数目为 D_n,则

$$D_n = n!\left(1 - \frac{1}{1!} + \frac{1}{2!} - \frac{1}{3!} + \cdots + (-1)\frac{1}{n!}\right).$$

例如,7 名司机开 7 辆轿车,若使每个司机都不开原来的轿车,问有多少种分派方案?又若有 2 名司机开原来的轿车,又有多少种分派方案?显然第一个问题等价于 7 名司机的乱序排列,故共有

$$D_7 = 7!\left(1 - \frac{1}{1!} + \frac{1}{2!} - \frac{1}{3!} + \frac{1}{4!} - \frac{1}{5!} + \frac{1}{6!} - \frac{1}{7!}\right) = 1\ 854\ \text{种};$$

第二个问题为,2 名司机开原来轿车的方案有 C_7^2 种,而其他 5 名司机的乱序排列数是

$$D_5 = 5!\left(1 - \frac{1}{1!} + \frac{1}{2!} - \frac{1}{3!} + \frac{1}{4!} - \frac{1}{5!}\right) = 44\ \text{种},$$

故共有 $C_7^2 \cdot D_5 = 924$ 种.

在概率论中,由于随机排列会出现乱序排列,该公式也会用到. 注意到 n 充分大时, $D_n \approx \dfrac{n!}{e}$.

组合系数与二项式的展开关系

组合系数 C_n^r 又常称为二项式系数,因为它出现在二项式展开式中:

$$(a+b)^n = \sum_{i=0}^{n} C_n^i a^i b^{n-i}.$$

由二项式展开式可以得出许多有用的组合等式．例如，令 $a=b=1$，得

$$C_n^0 + C_n^1 + \cdots + C_n^n = 2^n ;$$

令 $a=-1, b=1$，则有

$$C_n^0 - C_n^1 + C_n^2 - \cdots + (-1)^n C_n^n = 0.$$

如果比较恒等式

$$(1+x)^{m+n} = (1+x)^m (1+x)^n ,$$

两边 x^k 的系数，则有

$$C_{m+n}^k = \sum_{i=0}^{k} C_m^i C_n^{k-i}.$$

附表

Tables

附表 1   泊松分布表

$$1 - F(x-1) = \sum_{r=x}^{\infty} \frac{e^{-\lambda}\lambda^r}{r!}$$

x	$\lambda=0.2$	$\lambda=0.3$	$\lambda=0.4$	$\lambda=0.5$	$\lambda=0.6$
0	1. 000 000 0	1. 000 000 0	1. 000 000 0	1. 000 000 0	1. 000 000 0
1	0. 181 269 2	0. 259 181 8	0. 329 680 0	0. 323 469	0. 451 188
2	0. 017 523 1	0. 036 936 3	0. 061 551 9	0. 090 204	0. 121 901
3	0. 001 148 5	0. 003 599 5	0. 007 926 3	0. 014 388	0. 023 115
4	0. 000 056 8	0. 000 265 8	0. 000 776 3	0. 001 752	0. 003 358
5	0. 000 002 3	0. 000 015 8	0. 000 061 2	0. 000 172	0. 000 394
6	0. 000 000 1	0. 000 000 8	0. 000 004 0	0. 000 014	0. 000 039
7		0. 000 000 2	0. 000 001	0. 000 003	
x	$\lambda=0.7$	$\lambda=0.8$	$\lambda=0.9$	$\lambda=1.0$	$\lambda=1.2$
0	1. 000 000 0	1. 000 000 0	1. 000 000 0	1. 000 000 0	1. 000 000 0
1	0. 503 415	0. 550 671	0. 593 430	0. 632 121	0. 698 806
2	0. 155 805	0. 191 208	0. 227 518	0. 264 241	0. 337 373
3	0. 034 142	0. 047 423	0. 062 857	0. 008 301	0. 120 513
4	0. 005 753	0. 009 080	0. 013 459	0. 018 988	0. 033 769
5	0. 000 786	0. 001 411	0. 002 344	0. 003 660	0. 007 746
6	0. 000 090	0. 000 184	0. 000 343	0. 000 594	0. 001 500
7	0. 000 009	0. 000 021	0. 000 043	0. 000 083	0. 000 251
8	0. 000 001	0. 000 002	0. 000 005	0. 000 010	0. 000 037
9				0. 000 001	0. 000 005
10					0. 000 001

附表 2　标准正态分布

$$\Phi(z) = \int_{-\infty}^{z} \frac{1}{\sqrt{2\pi}} e^{-u^2/2} \mathrm{d}u = P(Z \leqslant z)$$

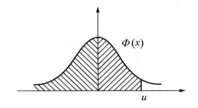

z	0	1	2	3	4	5	6	7	8	9
0.0	0.500 0	0.504 0	0.508 0	0.512 0	0.516 0	0.519 9	0.523 9	0.527 9	0.531 9	0.535 9
0.1	0.539 8	0.543 8	0.547 8	0.551 7	0.555 7	0.559 6	0.563 6	0.567 5	0.571 4	0.575 3
0.2	0.579 3	0.583 2	0.587 1	0.591 0	0.594 8	0.598 7	0.602 6	0.606 4	0.610 3	0.614 1
0.3	0.617 9	0.621 7	0.625 5	0.629 3	0.633 1	0.636 8	0.640 6	0.644 3	0.648 0	0.651 7
0.4	0.655 4	0.659 1	0.662 8	0.666 4	0.670 0	0.673 6	0.677 2	0.680 8	0.684 4	0.687 9
0.5	0.691 5	0.695 0	0.698 5	0.701 9	0.705 4	0.708 8	0.712 3	0.715 7	0.719 0	0.722 4
0.6	0.725 7	0.729 1	0.732 4	0.735 7	0.738 9	0.742 2	0.745 4	0.748 6	0.751 7	0.754 9
0.7	0.758 0	0.761 1	0.764 2	0.767 3	0.770 3	0.773 4	0.776 4	0.779 4	0.782 3	0.785 2
0.8	0.788 1	0.791 0	0.793 9	0.796 7	0.799 5	0.802 3	0.805 1	0.807 8	0.810 6	0.813 3
0.9	0.815 9	0.818 6	0.821 2	0.823 8	0.826 4	0.828 9	0.831 5	0.834 0	0.836 5	0.838 9
1.0	0.841 3	0.843 8	0.846 1	0.848 5	0.850 8	0.853 1	0.855 4	0.857 7	0.859 9	0.862 1
1.1	0.864 3	0.866 5	0.868 6	0.870 8	0.872 9	0.874 9	0.877 0	0.879 0	0.881 0	0.883 0
1.2	0.884 9	0.886 9	0.888 8	0.890 7	0.892 5	0.894 4	0.896 2	0.898 0	0.899 7	0.901 5
1.3	0.903 2	0.904 9	0.906 6	0.908 2	0.909 9	0.911 5	0.913 1	0.914 7	0.916 2	0.917 7
1.4	0.919 2	0.920 7	0.922 2	0.923 6	0.925 1	0.926 5	0.927 8	0.929 2	0.930 6	0.931 9
1.5	0.933 2	0.934 5	0.935 7	0.937 0	0.938 2	0.939 4	0.940 6	0.941 8	0.943 0	0.944 1
1.6	0.945 2	0.946 3	0.947 4	0.948 4	0.949 5	0.950 5	0.951 5	0.952 5	0.953 5	0.954 5
1.7	0.955 4	0.956 4	0.957 3	0.958 2	0.959 1	0.959 9	0.960 8	0.961 6	0.962 5	0.963 3
1.8	0.964 1	0.964 8	0.965 6	0.966 4	0.967 1	0.967 8	0.968 6	0.969 3	0.970 0	0.970 6
1.9	0.971 3	0.971 9	0.972 6	0.973 2	0.973 8	0.974 4	0.975 0	0.975 6	0.976 2	0.976 7
2.0	0.977 2	0.977 8	0.978 3	0.978 8	0.979 3	0.979 8	0.980 3	0.980 8	0.981 2	0.981 7
2.1	0.982 1	0.982 6	0.983 0	0.983 2	0.983 8	0.984 2	0.984 6	0.985 0	0.985 4	0.985 7
2.2	0.986 1	0.986 4	0.986 8	0.987 1	0.987 4	0.987 8	0.988 1	0.988 4	0.988 7	0.989 0
2.3	0.989 3	0.989 6	0.989 8	0.990 1	0.990 4	0.990 6	0.990 9	0.991 1	0.991 3	0.991 6
2.4	0.991 8	0.992 0	0.992 2	0.992 5	0.992 7	0.992 9	0.993 1	0.993 2	0.993 4	0.993 6
2.5	0.993 8	0.994 0	0.994 1	0.994 3	0.994 5	0.994 6	0.994 8	0.994 9	0.995 1	0.995 2
2.6	0.995 3	0.995 5	0.995 6	0.995 7	0.995 9	0.996 0	0.996 1	0.996 2	0.996 3	0.996 4
2.7	0.996 5	0.996 6	0.996 7	0.996 8	0.996 9	0.997 0	0.997 1	0.997 2	0.997 3	0.997 4
2.8	0.997 4	0.997 5	0.997 6	0.997 7	0.997 7	0.997 8	0.997 9	0.997 9	0.998 0	0.998 1
2.9	0.998 1	0.998 2	0.998 2	0.998 3	0.998 4	0.998 4	0.998 5	0.998 5	0.998 6	0.998 6
3.0	0.998 7	0.999 0	0.999 3	0.999 5	0.999 7	0.999 8	0.999 8	0.999 9	0.999 9	1.000 0

注:表中末行系函数值 $\Phi(3.0)$, $\Phi(3.1)$, …, $\Phi(3.9)$

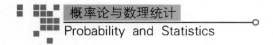

附表3　t 分布表

$$P\{t(n) > t_\alpha(n)\} = \alpha$$

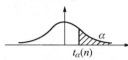

n	$\alpha = 0.25$	$\alpha = 0.10$	$\alpha = 0.05$	$\alpha = 0.025$	$\alpha = 0.01$	$\alpha = 0.005$
1	1.000 0	3.077 7	6.313 8	12.706 2	31.820 7	63.657 4
2	0.816 5	1.885 6	2.920 0	4.320 7	6.964 6	9.924 8
3	0.764 9	1.637 7	2.353 4	3.182 4	4.540 7	5.840 9
4	0.740 7	1.533 2	2.131 8	2.776 4	3.746 9	4.604 1
5	0.726 7	1.475 9	2.015 0	2.570 6	3.364 9	4.032 2
6	0.717 6	1.439 8	1.943 2	2.446 9	3.142 7	3.707 4
7	0.711 1	1.414 9	1.894 6	2.364 6	2.998 0	3.499 5
8	0.706 4	1.396 8	1.859 5	2.306 0	2.896 5	3.355 4
9	0.702 7	1.383 0	1.833 1	2.262 2	2.821 4	3.249 8
10	0.699 8	1.372 2	1.812 5	2.228 1	2.763 8	3.169 3
11	0.697 4	1.363 4	1.795 9	2.201 0	2.718 1	3.105 8
12	0.695 5	1.356 2	1.782 3	2.178 8	2.681 0	3.054 5
13	0.693 8	1.350 2	1.770 9	2.160 4	2.650 3	3.012 3
14	0.692 4	1.345 0	1.761 3	2.144 8	2.624 5	2.976 8
15	0.691 2	1.340 6	1.753 1	2.131 5	2.602 5	2.946 7
16	0.690 1	1.336 8	1.745 9	2.119 9	2.583 5	2.902 8
17	0.689 2	1.333 4	1.739 6	2.109 8	2.566 9	2.898 2
18	0.688 4	1.330 4	1.734 1	2.100 9	2.552 4	2.878 4
19	0.687 6	1.327 7	1.729 1	2.093 0	2.539 5	2.860 9
20	0.687 0	1.325 3	1.724 7	2.086 0	2.528 0	2.845 3
21	0.686 4	1.323 2	1.720 7	2.079 6	2.517 7	2.831 4
22	0.685 8	1.321 2	1.717 1	2.073 9	2.508 3	2.818 8
23	0.685 3	1.319 5	1.713 9	2.068 7	2.499 9	2.807 3
24	0.684 8	1.317 8	1.710 9	2.063 9	2.492 2	2.796 9
25	0.684 4	1.316 3	1.708 1	2.059 5	2.485 1	2.787 4
26	0.684 0	1.315 0	1.705 6	2.055 5	2.478 6	2.778 7
27	0.683 7	1.313 7	1.703 3	2.051 8	2.472 7	2.770 7
28	0.683 4	1.312 5	1.701 1	2.048 4	2.467 1	2.763 3
29	0.683 0	1.311 4	1.699 1	2.045 2	2.462 0	2.756 4
30	0.682 8	1.310 4	1.697 3	2.042 3	2.457 3	2.750 0
31	0.682 5	1.309 5	1.695 5	2.039 5	2.452 8	2.744 0
32	0.682 2	1.308 6	1.693 9	2.036 9	2.448 7	2.738 5
33	0.682 0	1.307 7	1.692 4	2.034 5	2.444 8	2.733 3
34	0.681 8	1.307 0	1.690 9	2.032 2	2.441 1	2.728 4
35	0.681 6	1.306 2	1.689 6	2.030 1	2.437 7	2.723 8
36	0.681 4	1.305 5	1.688 3	2.028 1	2.434 5	2.719 5
37	0.681 2	1.304 9	1.687 1	2.026 2	2.431 4	2.715 4
38	0.681 0	1.304 2	1.686 0	2.024 4	2.428 6	2.711 6
39	0.680 8	1.303 6	1.684 9	2.022 7	2.425 8	2.707 9
40	0.680 7	1.303 1	1.683 9	2.021 1	2.423 3	2.704 5
41	0.680 5	1.302 5	1.682 9	2.019 5	2.420 8	2.701 2
42	0.680 4	1.302 0	1.682 0	2.018 1	2.418 5	2.698 1
43	0.680 2	1.301 6	1.681 1	2.016 7	2.416 3	2.695 1
44	0.680 1	1.301 1	1.680 2	2.015 4	2.414 1	2.692 3
45	0.680 0	1.300 6	1.679 4	2.014 1	2.412 1	2.689 6

附表 4 χ^2 分布表

$$P\{\chi^2(n) > \chi^2_\alpha(n)\} = \alpha$$

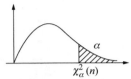

n $\alpha=$0.995	0.99	0.975	0.95	0.90	0.75	0.25	0.10	0.05	0.025	0.01	0.005
1 —	—	0.001	0.004	0.016	0.102	1.323	2.706	3.841	5.024	6.635	7.879
2 0.010	0.020	0.051	0.103	0.211	0.575	2.773	4.605	5.991	7.378	9.210	10.597
3 0.072	0.115	0.216	0.352	0.584	1.213	4.108	6.251	7.815	9.348	11.345	12.838
4 0.207	0.297	0.484	0.711	1.064	1.923	5.385	7.779	9.488	11.143	13.277	14.860
5 0.412	0.554	0.831	1.145	1.610	2.675	6.626	9.236	11.071	12.833	15.086	16.750
6 0.676	0.872	1.237	1.635	2.204	3.455	7.841	10.645	12.592	14.449	16.812	18.548
7 0.989	1.239	1.690	2.167	2.833	4.255	9.037	12.017	14.067	16.013	18.475	20.278
8 1.344	1.646	2.180	2.733	3.49	5.071	10.219	13.362	15.507	17.535	20.090	21.955
9 1.735	2.088	2.700	3.325	4.168	5.899	11.389	14.684	16.919	19.023	21.666	23.589
10 2.156	2.558	3.247	3.940	4.865	6.737	12.549	15.987	18.307	20.483	23.209	25.188
11 2.603	3.053	3.816	4.575	5.578	7.584	13.701	17.275	19.675	21.920	24.725	26.757
12 3.074	3.571	4.404	5.226	6.304	8.438	14.845	18.549	21.026	23.337	26.217	28.299
13 3.565	4.107	5.009	5.892	7.042	9.299	15.984	19.812	22.362	24.736	27.688	29.819
14 4.075	4.660	5.629	6.571	7.790	10.165	17.117	21.064	23.685	26.119	29.141	31.319
15 4.601	5.229	6.262	7.261	8.547	11.037	18.245	22.307	24.996	27.488	30.578	32.801
16 5.142	5.812	6.908	7.962	9.312	11.912	19.369	23.542	26.296	28.845	32.000	34.267
17 5.697	6.408	7.564	8.672	10.085	12.792	20.489	24.769	27.587	30.191	33.409	35.718
18 6.265	7.015	8.231	9.390	10.865	13.675	21.605	25.989	28.869	31.526	34.805	37.156
19 6.844	7.633	8.907	10.117	11.651	14.562	22.718	27.204	30.144	32.852	36.191	38.582
20 7.434	8.260	9.591	10.851	12.443	15.452	23.828	28.412	31.410	34.170	37.566	39.997
21 8.034	8.897	10.283	11.591	13.240	16.344	24.935	29.615	32.671	35.479	38.932	41.401
22 8.643	9.542	10.982	12.338	14.042	17.240	26.039	30.813	33.924	36.781	40.289	42.796
23 9.260	10.196	11.689	13.091	14.848	18.137	27.141	32.007	35.172	38.076	41.638	44.181
24 9.886	10.856	12.401	13.848	15.659	19.037	28.141	33.196	36.415	39.364	42.980	45.559
25 10.520	11.524	13.120	14.611	16.443	19.939	29.339	34.382	37.652	40.646	44.314	46.928
26 11.160	12.198	13.844	15.379	17.292	20.843	30.435	35.563	38.885	41.923	45.642	48.290
27 11.808	12.879	14.573	16.151	18.114	21.749	31.528	36.741	40.113	43.194	46.963	49.645
28 12.461	13.565	15.308	16.928	18.939	22.657	32.620	37.916	41.337	44.461	48.278	50.993
29 13.121	14.257	16.047	17.708	19.768	23.567	33.711	39.087	42.557	45.722	49.588	52.336
30 13.787	14.954	16.791	18.493	20.599	24.478	34.800	40.256	43.773	46.979	50.892	53.672
31 14.458	15.655	17.539	19.281	21.434	25.390	35.887	41.422	44.985	48.232	52.191	55.003
32 15.134	16.362	18.291	20.072	22.271	26.304	36.973	42.585	46.194	49.480	53.486	56.328
33 15.815	17.074	19.047	20.867	23.110	27.219	38.058	43.745	47.400	50.725	54.776	57.648
34 16.501	17.789	19.806	21.664	23.952	28.136	39.141	44.903	48.602	51.966	56.061	58.964
35 17.192	18.509	20.569	22.465	24.797	29.054	40.223	46.059	49.802	53.203	57.342	60.275
36 17.887	19.233	21.336	23.269	25.643	29.973	41.304	47.212	50.998	54.437	58.619	61.581
37 18.586	19.960	22.106	24.075	26.492	30.893	42.383	48.363	52.192	55.668	59.892	62.883
38 19.289	20.691	22.878	24.884	27.343	31.815	43.462	49.513	53.384	56.896	61.162	64.181
39 19.996	21.426	23.654	25.695	28.196	32.737	44.539	50.660	54.572	58.120	62.428	65.476
40 20.707	22.164	24.433	26.509	29.051	33.660	45.616	51.805	55.758	59.343	63.691	66.766
41 21.421	22.906	25.215	27.326	29.907	34.585	46.692	52.949	56.942	60.561	64.950	68.053
42 22.138	23.650	25.999	28.144	30.765	35.510	47.766	54.090	58.124	61.777	66.206	69.336
43 22.859	24.398	26.785	28.965	31.625	36.436	48.840	55.230	59.304	62.990	67.459	70.616
44 23.584	25.148	27.575	29.787	32.487	37.363	49.913	56.369	60.481	64.201	68.710	71.893
45 24.311	25.901	28.366	30.612	33.350	38.291	50.985	57.505	61.656	65.410	69.757	73.166

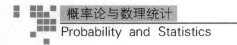

附表 5　F 分布表

$$P\{F(n_1, n_2) > F_\alpha(n_1, n_2)\} = \alpha,$$

$$\alpha = 0.10$$

$n_2 \backslash n_1$	1	2	3	4	5	6	7	8	9	10	12	15	20	24	30	40	60	120	∞
1	39.86	49.50	53.59	55.83	57.24	58.20	58.91	59.44	59.86	60.19	60.71	61.22	61.74	62.00	62.26	62.53	62.79	63.06	63.33
2	8.53	9.00	9.16	9.24	9.29	9.33	9.35	9.37	9.38	9.39	9.41	9.42	9.44	9.45	9.46	9.47	9.47	9.48	9.49
3	5.54	5.46	5.39	5.34	5.31	5.28	5.27	5.25	5.24	5.23	5.22	5.20	5.18	5.18	5.17	5.16	5.15	5.14	5.13
4	4.54	4.32	4.19	4.11	4.05	4.01	3.98	3.95	3.94	3.92	3.90	3.87	3.84	3.83	3.82	3.80	3.79	3.78	3.76
5	4.06	3.78	3.62	3.52	3.45	3.40	3.37	3.34	3.32	3.30	3.27	3.24	3.21	3.9	3.17	3.16	3.14	3.12	3.10
6	3.78	3.46	3.29	3.18	3.11	3.05	3.01	2.98	2.96	2.94	2.90	2.87	2.84	2.82	2.80	2.78	2.76	2.74	2.72
7	3.59	3.26	3.07	2.96	2.88	2.83	2.78	2.75	2.72	2.70	2.67	2.63	2.59	2.58	2.56	2.54	2.51	2.49	2.47
8	3.46	3.11	2.92	2.81	2.73	2.67	2.62	2.59	2.56	2.54	2.50	2.46	2.42	2.40	2.38	2.36	2.34	2.32	2.29
9	3.36	3.01	2.81	2.69	2.61	2.55	2.51	2.47	2.44	2.42	2.38	2.34	2.30	2.28	2.25	2.23	2.21	2.18	2.16
10	3.29	2.92	2.73	2.61	2.52	2.46	2.41	2.38	2.35	2.32	2.28	2.24	2.20	2.18	2.16	2.13	2.11	2.08	2.06
11	3.23	2.86	2.66	2.54	2.45	2.39	2.34	2.30	2.27	2.25	2.21	2.17	2.12	2.10	2.08	2.05	2.03	2.00	1.97
12	3.18	2.81	2.61	2.48	2.39	2.33	2.28	2.24	2.21	2.19	2.15	2.10	2.06	2.04	2.01	1.99	1.96	1.93	1.90
13	3.14	2.76	2.56	2.43	2.35	2.28	2.23	2.20	2.16	2.14	2.10	2.05	2.01	1.98	1.96	1.93	1.90	1.88	1.85
14	3.10	2.73	2.52	2.39	2.31	2.24	2.19	2.15	2.12	2.10	2.05	2.01	1.96	1.94	1.91	1.89	1.86	1.83	1.80
15	3.07	2.70	2.49	2.36	2.27	2.21	2.16	2.12	2.09	2.06	2.02	1.97	1.92	1.90	1.87	1.85	1.82	1.79	1.76
16	3.05	2.67	2.46	2.33	2.24	2.18	2.13	2.09	2.06	2.03	1.99	1.94	1.89	1.87	1.84	1.81	1.78	1.75	1.72
17	3.03	2.64	2.44	2.31	2.22	2.15	2.10	2.06	2.03	2.00	1.96	1.91	1.86	1.84	1.81	1.78	1.75	1.72	1.69
18	3.01	2.62	2.42	2.29	2.20	2.13	2.08	2.04	2.00	1.98	1.93	1.89	1.84	1.81	1.78	1.75	1.72	1.69	1.66
19	2.99	2.61	2.40	2.27	2.18	2.11	2.06	2.02	1.98	1.96	1.91	1.86	1.81	1.79	1.76	1.73	1.70	1.67	1.63
20	2.97	2.59	2.38	2.25	2.16	2.09	2.04	2.00	1.96	1.94	1.89	1.84	1.79	1.77	1.74	1.71	1.68	1.64	1.61
21	2.96	2.57	2.36	2.23	2.14	2.08	2.02	1.98	1.95	1.92	1.87	1.83	1.78	1.75	1.72	1.69	1.66	1.62	1.59
22	2.95	2.56	2.35	2.22	2.13	2.06	2.01	1.97	1.93	1.90	1.86	1.81	1.76	1.73	1.70	1.67	1.64	1.60	1.57
23	2.94	2.55	2.34	2.21	2.11	2.05	1.99	1.95	1.92	1.89	1.84	1.80	1.74	1.72	1.69	1.66	1.62	1.59	1.55
24	2.93	2.54	2.33	2.19	2.10	2.04	1.98	1.94	1.91	1.88	1.83	1.78	1.73	1.70	1.67	1.64	1.61	1.57	1.53
25	2.92	2.53	2.32	2.18	2.09	2.02	1.97	1.93	1.89	1.87	1.82	1.77	1.72	1.69	1.66	1.63	1.59	1.56	1.52
26	2.91	2.52	2.31	2.17	2.08	2.01	1.96	1.92	1.88	1.86	1.81	1.76	1.71	1.68	1.65	1.61	1.58	1.54	1.50
27	2.90	2.51	2.30	2.17	2.07	2.00	1.95	1.91	1.87	1.85	1.80	1.75	1.70	1.67	1.64	1.60	1.57	1.53	1.49
28	2.89	2.50	2.29	2.16	2.06	2.00	1.94	1.90	1.87	1.84	1.79	1.74	1.69	1.66	1.63	1.59	1.56	1.52	1.48
29	2.89	2.50	2.28	2.15	2.06	1.99	1.93	1.89	1.86	1.83	1.78	1.73	1.68	1.65	1.62	1.58	1.55	1.51	1.47
30	2.88	2.49	2.28	2.14	2.05	1.98	1.93	1.88	1.85	1.82	1.77	1.72	1.67	1.64	1.61	1.57	1.54	1.50	1.46
40	2.84	2.44	2.23	2.09	2.00	1.93	1.87	1.83	1.79	1.76	1.71	1.66	1.61	1.57	1.54	1.51	1.47	1.42	1.38
60	2.79	2.39	2.18	2.04	1.95	1.87	1.82	1.77	1.74	1.71	1.66	1.60	1.54	1.51	1.48	1.44	1.40	1.35	1.29
120	2.75	2.32	2.13	1.99	1.90	1.82	1.77	1.72	1.68	1.65	1.60	1.55	1.48	1.45	1.41	1.37	1.32	1.26	1.19
∞	2.71	2.30	2.08	1.94	1.85	1.77	1.72	1.67	1.63	1.60	1.55	1.49	1.42	1.38	1.34	1.30	1.24	1.17	1.00

$\alpha = 0.05$

n_2 \ n_1	1	2	3	4	5	6	7	8	9	10	12	15	20	24	30	40	60	120	∞
1	161.4	199.5	215.7	224.6	230.2	234.0	236.8	238.9	240.5	241.9	243.9	245.9	248.0	249.1	250.1	251.1	252.2	253.3	254.3
2	18.51	19.00	19.16	19.25	19.30	19.33	19.35	19.37	19.38	19.40	19.41	19.43	19.45	19.45	19.46	19.47	19.48	19.49	19.50
3	10.13	9.55	9.28	9.12	9.01	8.94	8.89	8.85	8.81	8.79	8.74	8.70	8.66	8.64	8.62	8.59	8.57	8.55	8.53
4	7.71	6.94	6.59	6.39	6.26	6.16	6.09	6.04	6.00	5.96	5.91	5.86	5.80	5.77	5.75	5.72	5.69	5.66	5.63
5	6.61	5.79	5.41	5.19	5.05	4.95	4.88	4.82	4.77	4.74	4.68	4.62	4.56	4.53	4.50	4.46	4.43	4.40	4.36
6	5.99	5.14	4.76	4.53	4.39	4.28	4.21	4.15	4.10	4.06	4.00	3.94	3.87	3.84	3.81	3.77	3.74	3.70	3.67
7	5.59	4.74	4.35	4.12	3.97	3.87	3.79	3.73	3.68	3.64	3.57	3.51	3.44	3.41	3.38	3.34	3.30	3.27	3.23
8	5.32	4.46	4.07	3.84	3.69	3.58	3.50	3.44	3.39	3.35	3.28	3.22	3.15	3.12	3.08	3.04	3.01	2.97	2.93
9	5.12	4.26	3.86	3.63	3.48	3.37	3.29	3.23	3.18	3.14	3.07	3.01	2.94	2.90	2.86	2.83	2.79	2.75	2.71
10	4.96	4.10	3.71	3.48	3.33	3.22	3.14	3.07	3.02	2.98	2.91	2.85	2.77	2.74	2.70	2.66	2.62	2.58	2.54
11	4.84	3.98	3.59	3.36	3.20	3.09	3.01	2.95	2.90	2.85	2.79	2.72	2.65	2.61	2.57	2.53	2.49	2.45	2.40
12	4.75	3.89	3.49	3.26	3.11	3.00	2.91	2.85	2.80	2.75	2.69	2.62	2.54	2.51	2.47	2.43	2.38	2.34	2.30
13	4.67	3.81	3.41	3.18	3.03	2.92	2.83	2.77	2.71	2.67	2.60	2.53	2.46	2.42	2.38	2.34	2.30	2.25	2.21
14	4.60	3.74	3.34	3.11	2.96	2.85	2.76	2.70	2.65	2.60	2.53	2.46	2.39	2.35	2.31	2.27	2.22	2.18	2.13
15	4.54	3.68	3.29	3.06	2.90	2.79	2.71	2.64	2.59	2.54	2.48	2.40	2.33	2.29	2.25	2.20	2.16	2.11	2.07
16	4.49	3.63	3.24	3.01	2.85	2.74	2.66	2.59	2.54	2.49	2.42	2.35	2.28	2.24	2.19	2.15	2.11	2.06	2.01
17	4.45	3.59	3.20	2.96	2.81	2.70	2.61	2.55	2.49	2.45	2.38	2.31	2.23	2.19	2.15	2.10	2.06	2.01	1.96
18	4.41	3.55	3.16	2.93	2.77	2.66	2.58	2.51	2.46	2.41	2.34	2.27	2.19	2.15	2.11	2.06	2.02	1.97	1.92
19	4.38	3.52	3.13	2.90	2.74	2.63	2.54	2.48	2.43	2.38	2.31	2.23	2.16	2.11	2.07	2.03	1.98	1.93	1.88
20	4.35	3.49	3.10	2.87	2.71	2.60	2.51	2.45	2.39	2.35	2.28	2.20	2.12	2.08	2.04	1.99	1.95	1.90	1.84
21	4.32	3.47	3.07	2.84	2.68	2.57	2.49	2.42	2.37	2.32	2.25	2.18	2.10	2.05	2.01	1.96	1.92	1.87	1.81
22	4.30	3.44	3.05	2.82	2.66	2.55	2.46	2.40	2.34	2.30	2.23	2.15	2.07	2.03	1.98	1.94	1.89	1.84	1.78
23	4.28	3.42	3.03	2.80	2.64	2.53	2.44	2.37	2.32	2.27	2.20	2.13	2.05	2.01	1.96	1.91	1.86	1.81	1.76
24	4.26	3.40	3.01	2.78	2.62	2.51	2.42	2.36	2.30	2.25	2.18	2.11	2.03	1.98	1.94	1.89	1.84	1.79	1.73
25	4.24	3.39	2.99	2.76	2.60	2.49	2.40	2.34	2.28	2.24	2.16	2.09	2.01	1.96	1.92	1.87	1.82	1.77	1.71
26	4.23	3.37	2.98	2.74	2.59	2.47	2.39	2.32	2.27	2.22	2.15	2.07	1.99	1.95	1.90	1.85	1.80	1.75	1.69
27	4.21	3.35	2.96	2.73	2.57	2.46	2.37	2.31	2.25	2.20	2.13	2.06	1.97	1.93	1.88	1.84	1.79	1.73	1.67
28	4.20	3.34	2.95	2.71	2.56	2.45	2.36	2.29	2.24	2.19	2.12	2.04	1.96	1.91	1.87	1.82	1.77	1.71	1.65
29	4.18	3.33	2.93	2.70	2.55	2.43	2.35	2.28	2.22	2.18	2.10	2.03	1.94	1.90	1.85	1.81	1.75	1.70	1.64
30	4.17	3.32	2.92	2.69	2.53	2.42	2.33	2.27	2.21	2.16	2.09	2.01	1.93	1.89	1.84	1.79	1.74	1.68	1.62
35	4.12	3.27	2.87	2.64	2.49	2.37	2.29	2.22	2.16	2.11	2.04	1.96	1.88	1.83	1.79	1.74	1.68	1.62	1.56
40	4.08	3.23	2.84	2.61	2.45	2.34	2.25	2.18	2.12	2.08	2.00	1.92	1.84	1.79	1.74	1.69	1.64	1.58	1.51
50	4.03	3.18	2.79	2.56	2.40	2.29	2.20	2.13	2.07	2.03	1.95	1.87	1.78	1.74	1.69	1.63	1.59	1.53	1.44
60	4.00	3.15	2.76	2.53	2.37	2.25	2.17	2.10	2.04	1.99	1.92	1.84	1.75	1.70	1.65	1.59	1.54	1.47	1.39
80	3.96	3.11	2.72	2.49	2.33	2.21	2.13	2.06	2.00	1.95	1.88	1.79	1.70	1.65	1.60	1.54	1.48	1.41	1.32
120	3.92	3.07	2.68	2.45	2.29	2.18	2.09	2.02	1.96	1.91	1.83	1.75	1.66	1.61	1.55	1.50	1.43	1.35	1.25
∞	3.84	3.00	2.60	2.37	2.21	2.10	2.01	1.94	1.88	1.83	1.75	1.67	1.57	1.52	1.46	1.39	1.32	1.22	1.00

$\alpha = 0.025$

n_2 \ n_1	1	2	3	4	5	6	7	8	9	10	12	15	20	24	30	40	60	120	∞
1	647.8	799.5	864.2	899.6	921.8	937.1	948.2	956.6	963.3	968.6	976.7	984.9	993.1	997.3	1 001	1 006	1 010	1 014	1 018
2	38.51	39.00	39.17	39.25	39.30	39.33	39.36	39.37	39.39	39.40	39.41	39.43	39.45	39.46	39.46	39.47	39.48	39.49	39.50
3	17.44	16.04	15.44	15.10	14.88	14.73	14.62	14.54	14.47	14.42	14.34	14.25	14.17	14.12	14.08	14.04	13.99	13.95	13.90
4	12.22	10.65	9.98	9.60	9.36	9.20	9.07	8.98	8.90	8.84	8.75	8.66	8.56	8.51	8.46	8.41	8.36	8.31	8.26
5	10.01	8.43	7.76	7.39	7.15	6.98	6.85	6.76	6.68	6.62	6.52	6.43	6.33	6.28	6.23	6.18	6.12	6.07	6.02
6	8.81	7.26	6.60	6.23	5.99	5.82	5.70	5.60	5.52	5.46	5.37	5.27	5.17	5.12	5.07	5.01	4.96	4.90	4.85
7	8.07	6.54	5.89	5.52	5.29	5.12	4.99	4.90	4.82	4.76	4.67	4.57	4.47	4.41	4.36	4.31	4.25	4.20	4.14
8	7.57	6.06	5.42	5.05	4.82	4.65	4.53	4.43	4.36	4.30	4.20	4.10	4.00	3.95	3.89	3.84	3.78	3.73	3.67
9	7.21	5.71	5.08	4.72	4.48	4.32	4.20	4.10	4.03	3.96	3.87	3.77	3.67	3.61	3.56	3.51	3.45	3.39	3.33
10	6.94	5.46	4.83	4.47	4.24	4.07	3.95	3.85	3.78	3.72	3.62	3.52	3.42	3.37	3.31	3.26	3.20	3.14	3.08
11	6.72	5.26	4.63	4.28	4.04	3.88	3.76	3.66	3.59	3.53	3.43	3.33	3.23	3.17	3.12	3.06	3.00	2.94	2.88
12	6.55	5.10	4.47	4.12	3.89	3.73	3.61	3.51	3.44	3.37	3.28	3.18	3.07	3.02	2.96	2.91	2.85	2.79	2.72
13	6.41	4.97	4.35	4.00	3.77	3.60	3.48	3.39	3.31	3.25	3.15	3.05	2.95	2.89	2.84	2.78	2.72	2.66	2.60
14	6.30	4.86	4.24	3.89	3.66	3.50	3.38	3.29	3.21	3.15	3.05	2.95	2.84	2.79	2.73	2.67	2.61	2.55	2.49
15	6.20	4.77	4.15	3.80	3.58	3.41	3.29	3.20	3.12	3.06	2.96	2.86	2.76	2.70	2.64	2.59	2.52	2.46	2.40
16	6.12	4.69	4.08	3.73	3.50	3.34	3.22	3.12	3.05	2.99	2.89	2.79	2.68	2.63	2.57	2.51	2.45	2.38	2.32
17	6.04	4.62	4.01	3.66	3.44	3.28	3.16	3.06	2.98	2.92	2.82	2.72	2.62	2.56	2.50	2.44	2.38	2.32	2.25
18	5.98	4.56	3.95	3.61	3.38	3.22	3.10	3.01	2.93	2.87	2.77	2.67	2.56	2.50	2.44	2.38	2.32	2.26	2.19
19	5.92	4.51	3.90	3.56	3.33	3.17	3.05	2.96	2.88	2.82	2.72	2.62	2.51	2.45	2.39	2.33	2.27	2.20	2.13
20	5.87	4.46	3.86	3.51	3.29	3.13	3.01	2.91	2.84	2.77	2.68	2.57	2.46	2.41	2.35	2.29	2.22	2.16	2.09
21	5.83	4.42	3.82	3.48	3.25	3.09	2.97	2.87	2.80	2.73	2.64	2.53	2.42	2.37	2.31	2.25	2.18	2.11	2.04
22	5.79	4.38	3.78	3.44	3.22	3.05	2.93	2.84	2.76	2.70	2.60	2.50	2.39	2.33	2.27	2.21	2.14	2.08	2.00
23	5.75	4.35	3.75	3.41	3.18	3.02	2.90	2.81	2.73	2.67	2.57	2.47	2.36	2.30	2.24	2.18	2.11	2.04	1.97
24	5.72	4.32	3.72	3.38	3.15	2.99	2.87	2.78	2.70	2.64	2.54	2.44	2.33	2.27	2.21	2.15	2.08	2.01	1.94
25	5.69	4.29	3.69	3.35	3.13	2.97	2.85	2.75	2.68	2.61	2.51	2.41	2.30	2.24	2.18	2.12	2.05	1.98	1.91
26	5.66	4.27	3.67	3.33	3.10	2.94	2.82	2.73	2.65	2.59	2.49	2.39	2.28	2.22	2.16	2.09	2.03	1.95	1.88
27	5.63	4.24	3.65	3.31	3.08	2.92	2.80	2.71	2.63	2.57	2.47	2.36	2.25	2.19	2.13	2.07	2.00	1.93	1.85
28	5.61	4.22	3.63	3.29	3.06	2.90	2.78	2.69	2.61	2.55	2.45	2.34	2.23	2.17	2.11	2.05	1.98	1.91	1.83
29	5.59	4.20	3.61	3.27	3.04	2.88	2.76	2.67	2.59	2.53	2.43	2.32	2.21	2.15	2.09	2.03	1.96	1.89	1.81
30	5.57	4.18	3.59	3.25	3.03	2.87	2.75	2.65	2.57	2.51	2.41	2.31	2.20	2.14	2.07	2.01	1.94	1.87	1.79
35	5.48	4.11	3.52	3.18	2.96	2.80	2.68	2.58	2.50	2.44	2.34	2.23	2.12	2.06	2.00	1.93	1.86	1.79	1.70
40	5.42	4.05	3.46	3.13	2.90	2.74	2.62	2.53	2.45	2.39	2.29	2.18	2.07	2.01	1.94	1.88	1.80	1.72	1.64
50	5.34	3.97	3.39	3.05	2.83	2.67	2.55	2.46	2.38	2.32	2.22	2.11	1.99	1.93	1.87	1.80	1.72	1.64	1.55
60	5.29	3.93	3.34	3.01	2.79	2.63	2.51	2.41	2.33	2.27	2.17	2.06	1.94	1.88	1.82	1.74	1.67	1.58	1.48
80	5.22	3.86	3.28	2.95	2.73	2.57	2.45	2.35	2.28	2.21	2.11	2.00	1.88	1.82	1.75	1.68	1.60	1.51	1.40
120	5.15	3.80	3.23	2.89	2.67	2.52	2.39	2.30	2.22	2.16	2.05	1.94	1.82	1.76	1.69	1.61	1.53	1.43	1.31
∞	5.02	3.69	3.12	2.79	2.57	2.41	2.29	2.19	2.11	2.05	1.94	1.83	1.71	1.64	1.57	1.48	1.39	1.27	1.00

$\alpha = 0.01$

n_1 \ n_2	1	2	3	4	5	6	7	8	9	10	12	15	20	24	30	40	60	120	∞
1	4 052	4 999.5	5 403	5 625	5 764	5 859	5 928	5 982	6 022	6 056	6 106	6 157	6 209	6 235	6 265	6 287	6 313	6 339	6 366
2	98.50	99.00	99.16	99.25	99.30	99.33	99.36	99.38	99.39	99.40	99.42	99.43	99.45	99.46	99.47	99.48	99.48	99.49	99.50
3	34.12	30.82	29.46	28.71	28.24	27.91	27.67	27.49	27.34	27.23	27.05	26.87	26.69	26.60	26.50	26.41	26.32	26.22	26.13
4	21.20	18.00	16.69	15.98	15.52	15.21	14.98	14.80	14.66	14.55	14.37	14.20	14.02	13.93	13.84	13.75	13.65	13.56	13.46
5	16.26	13.27	12.06	11.39	10.97	10.67	10.46	10.29	10.16	10.05	9.89	9.72	9.55	9.47	9.38	9.29	9.20	9.11	9.02
6	13.75	10.92	9.78	9.15	8.75	8.47	8.26	8.10	7.98	7.87	7.72	7.56	7.40	7.31	7.23	7.14	7.06	6.97	6.88
7	12.25	9.55	8.45	7.85	7.46	7.19	6.99	6.84	6.72	6.62	6.47	6.31	6.16	6.07	5.99	5.91	5.82	5.74	5.65
8	11.26	8.65	7.59	7.01	6.63	6.37	6.18	6.03	5.91	5.81	5.67	5.52	5.36	5.28	5.20	5.12	5.03	4.95	4.86
9	10.56	8.02	6.99	6.42	6.06	5.80	5.61	5.47	5.35	5.26	5.11	4.96	4.81	4.73	4.65	4.57	4.48	4.40	4.31
10	10.04	7.56	6.55	5.99	5.64	5.39	5.20	5.06	4.94	4.85	4.71	4.56	4.41	4.33	4.25	4.17	4.08	4.00	3.91
11	9.65	7.21	6.22	5.67	5.32	5.07	4.89	4.74	4.63	4.54	4.40	4.25	4.10	4.02	3.94	3.86	3.78	3.69	3.60
12	9.33	6.93	5.95	5.41	5.06	4.82	4.64	4.50	4.39	4.30	4.16	4.01	3.86	3.78	3.70	3.62	3.54	3.45	3.36
13	9.07	6.70	5.74	5.21	4.86	4.62	4.44	4.30	4.19	4.10	3.96	3.82	3.66	3.59	3.51	3.43	3.34	3.25	3.17
14	8.86	6.51	5.56	5.04	4.69	4.46	4.28	4.14	4.03	3.94	3.80	3.66	3.51	3.43	3.35	3.27	3.18	3.09	3.00
15	8.68	6.36	5.42	4.89	4.56	4.32	4.14	4.00	3.89	3.80	3.67	3.52	3.37	3.29	3.21	3.13	3.05	2.96	2.87
16	8.53	6.23	5.29	4.77	4.44	4.20	4.03	3.89	3.78	3.69	3.55	3.41	3.26	3.18	3.10	3.02	2.93	2.84	2.75
17	8.40	6.11	5.19	4.67	4.34	4.10	3.93	3.79	3.68	3.59	3.46	3.31	3.16	3.08	3.00	2.92	2.83	2.75	2.65
18	8.29	6.01	5.09	4.58	4.25	4.01	3.84	3.71	3.60	3.51	3.37	3.23	3.08	3.00	2.92	2.84	2.75	2.66	2.57
19	8.18	5.93	5.01	4.50	4.17	3.94	3.77	3.63	3.52	3.43	3.30	3.15	3.00	2.92	2.84	2.75	2.67	2.58	2.49
20	8.10	5.85	4.94	4.43	4.10	3.87	3.70	3.56	3.46	3.37	3.23	3.09	2.94	2.86	2.78	2.69	2.61	2.52	2.42
21	8.02	5.78	4.87	4.37	4.04	3.81	3.64	3.51	3.40	3.31	3.17	3.03	2.88	2.80	2.72	2.64	2.55	2.46	2.36
22	7.95	5.72	4.82	4.31	3.99	3.76	3.59	3.45	3.35	3.26	3.12	2.98	2.83	2.75	2.67	2.58	2.50	2.40	2.31
23	7.88	5.66	4.76	4.26	3.94	3.71	3.54	3.41	3.30	3.21	3.07	2.93	2.78	2.70	2.62	2.54	2.45	2.35	2.26
24	7.82	5.61	4.72	4.22	3.90	3.67	3.50	3.36	3.26	3.17	3.03	2.89	2.74	2.66	2.58	2.49	2.40	2.31	2.21
25	7.77	5.57	4.68	4.18	3.85	3.63	3.46	3.32	3.22	3.13	2.99	2.85	2.70	2.62	2.54	2.45	2.36	2.27	2.17
26	7.72	5.53	4.64	4.14	3.82	3.59	3.42	3.29	3.18	3.09	2.96	2.81	2.66	2.58	2.50	2.42	2.33	2.23	2.13
27	7.68	5.49	4.60	4.11	3.78	3.56	3.39	3.26	3.15	3.06	2.93	2.78	2.63	2.55	2.47	2.38	2.29	2.20	2.10
28	7.64	5.45	4.57	4.07	3.75	3.53	3.36	3.23	3.12	3.03	2.90	2.75	2.60	2.52	2.44	2.35	2.26	2.17	2.06
29	7.60	5.42	4.54	4.04	3.73	3.50	3.33	3.20	3.09	3.00	2.87	2.73	2.57	2.49	2.41	2.33	2.23	2.14	2.03
30	7.56	5.39	4.51	4.02	3.70	3.47	3.30	3.17	3.07	2.98	2.84	2.70	2.55	2.47	2.39	2.30	2.21	2.11	2.01
35	7.42	5.27	4.40	3.91	3.59	3.37	3.20	3.07	2.96	2.88	2.74	2.60	2.44	2.36	2.28	2.19	2.10	2.00	1.89
40	7.31	5.18	4.31	3.83	3.51	3.29	3.12	2.99	2.89	2.80	2.66	2.52	2.37	2.29	2.20	2.11	2.02	1.92	1.80
50	7.17	5.06	4.20	3.72	3.41	3.19	3.02	2.89	2.78	2.70	2.56	2.42	2.27	2.18	2.10	2.01	1.91	1.80	1.68
60	7.08	4.98	4.13	3.65	3.34	3.12	2.95	2.82	2.72	2.63	2.50	2.35	2.20	2.12	2.03	1.94	1.84	1.73	1.60
80	6.96	4.88	4.04	3.56	3.26	3.04	2.87	2.74	2.64	2.55	2.42	2.27	2.12	2.03	1.94	1.85	1.75	1.63	1.49
120	6.85	4.79	3.95	3.48	3.17	2.96	2.79	2.66	2.56	2.47	2.34	2.19	2.03	1.95	1.86	1.76	1.66	1.53	1.38
∞	6.63	4.61	3.78	3.32	3.02	2.80	2.64	2.51	2.41	2.32	2.18	2.04	1.88	1.79	1.70	1.59	1.47	1.32	1.00

$\alpha = 0.005$

n_2 \ n_1	1	2	3	4	5	6	7	8	9	10	12	15	20	24	30	40	60	120	∞
1	16 211	20 000	21 615	22 500	23 056	23 437	23 715	23 925	24 091	24 224	24 426	24 630	24 836	24 940	25 044	25 148	25 253	25 359	25 465
2	198.5	199.0	199.2	199.2	199.3	199.3	199.4	199.4	199.4	199.4	199.4	199.4	199.4	199.4	199.5	199.5	199.5	199.5	199.5
3	55.55	49.80	47.47	46.20	45.39	44.84	44.43	44.13	43.88	43.68	43.39	43.08	42.78	42.62	42.47	42.31	42.15	41.99	41.83
4	31.33	26.28	24.26	23.15	22.46	21.97	21.62	21.35	21.14	20.97	20.70	20.44	20.17	20.03	19.89	19.75	19.61	19.47	19.32
5	22.78	18.31	16.53	15.56	14.94	14.51	14.20	13.96	13.77	13.62	13.38	13.15	12.90	12.78	12.66	12.53	12.40	12.27	12.14
6	18.63	14.54	12.92	12.03	11.46	11.07	10.79	10.57	10.39	10.25	10.03	9.81	9.59	9.47	9.36	9.24	9.12	9.00	8.88
7	16.24	12.40	10.88	10.05	9.52	9.16	8.89	8.68	8.51	8.38	8.18	7.97	7.75	7.64	7.53	7.42	7.31	7.19	7.08
8	14.69	11.04	9.60	8.81	8.30	7.95	7.69	7.50	7.34	7.21	7.01	6.81	6.61	6.50	6.40	6.29	6.18	6.06	5.95
9	13.61	10.11	8.72	7.96	7.47	7.13	6.88	6.69	6.54	6.42	6.23	6.03	5.83	5.73	5.62	5.52	5.41	5.30	5.19
10	12.83	9.43	8.08	7.34	6.87	6.54	6.30	6.12	5.97	5.85	5.66	5.47	5.27	5.17	5.07	4.97	4.86	4.75	4.64
11	12.23	8.91	7.60	6.88	6.42	6.10	5.86	5.68	5.54	5.42	5.24	5.05	4.86	4.76	4.65	4.55	4.45	4.34	4.23
12	11.75	8.51	7.23	6.52	6.07	5.76	5.52	5.35	5.20	5.09	4.91	4.72	4.53	4.43	4.33	4.23	4.12	4.01	3.90
13	11.37	8.19	6.93	6.23	5.79	5.48	5.25	5.08	4.94	4.82	4.64	4.46	4.27	4.17	4.07	3.97	3.87	3.76	3.65
14	11.06	7.92	6.68	6.00	5.56	5.26	5.03	4.86	4.72	4.60	4.43	4.25	4.06	3.96	3.86	3.76	3.66	3.55	3.44
15	10.80	7.70	6.48	5.80	5.37	5.07	4.85	4.67	4.54	4.42	4.25	4.07	3.88	3.79	3.69	3.59	3.48	3.37	3.26
16	10.58	7.51	6.30	5.64	5.21	4.91	4.69	4.52	4.38	4.27	4.10	3.92	3.73	3.64	3.54	3.44	3.33	3.22	3.11
17	10.38	7.35	6.16	5.50	5.07	4.78	4.56	4.39	4.25	4.14	3.97	3.79	3.61	3.51	3.41	3.31	3.21	3.10	2.98
18	10.22	7.21	6.03	5.37	4.96	4.66	4.44	4.28	4.14	4.03	3.86	3.68	3.50	3.40	3.30	3.20	3.10	2.99	2.87
19	10.07	7.09	5.92	5.27	4.85	4.56	4.34	4.18	4.04	3.93	3.76	3.59	3.40	3.31	3.21	3.11	3.00	2.89	2.78
20	9.94	6.99	5.82	5.17	4.76	4.47	4.26	4.09	3.96	3.85	3.68	3.50	3.32	3.22	3.12	3.02	2.92	2.81	2.69
21	9.83	6.89	5.73	5.09	4.68	4.39	4.18	4.01	3.88	3.77	3.60	3.43	3.24	3.15	3.05	2.95	2.84	2.73	2.61
22	9.73	6.81	5.65	5.02	4.61	4.32	4.11	3.94	3.81	3.70	3.54	3.36	3.18	3.08	2.98	2.88	2.77	2.66	2.55
23	9.63	6.73	5.58	4.95	4.54	4.26	4.05	3.88	3.75	3.64	3.47	3.30	3.12	3.02	2.92	2.82	2.71	2.60	2.48
24	9.55	6.66	5.52	4.89	4.49	4.20	3.99	3.83	3.69	3.59	3.42	3.25	3.06	2.97	2.87	2.77	2.66	2.55	2.43
25	9.48	6.60	5.46	4.84	4.43	4.15	3.94	3.78	3.64	3.54	3.37	3.20	3.01	2.92	2.82	2.72	2.61	2.50	2.38
26	9.41	6.54	5.41	4.79	4.38	4.10	3.89	3.73	3.60	3.49	3.33	3.15	2.97	2.87	2.77	2.67	2.56	2.45	2.33
27	9.34	6.49	5.36	4.74	4.34	4.06	3.85	3.69	3.56	3.45	3.28	3.11	2.93	2.83	2.73	2.63	2.52	2.41	2.29
28	9.28	6.44	5.32	4.70	4.30	4.02	3.81	3.65	3.52	3.41	3.25	3.07	2.89	2.79	2.69	2.59	2.48	2.37	2.25
29	9.23	6.40	5.28	4.66	4.26	3.98	3.77	3.61	3.48	3.38	3.21	3.04	2.86	2.76	2.66	2.56	2.45	2.33	2.21
30	9.18	6.35	5.24	4.62	4.23	3.95	3.74	3.58	3.45	3.34	3.18	3.01	2.82	2.73	2.63	2.52	2.42	2.30	2.18
40	8.83	6.07	4.98	4.37	3.99	3.71	3.51	3.35	3.22	3.12	2.95	2.78	2.60	2.50	2.40	2.30	2.18	2.06	1.93
60	8.49	5.79	4.73	4.14	3.76	3.49	3.29	3.13	3.01	2.90	2.74	2.57	2.39	2.29	2.19	2.08	1.96	1.83	1.69
120	8.18	5.54	4.50	3.92	3.55	3.28	3.09	2.93	2.81	2.71	2.54	2.37	2.19	2.09	1.98	1.87	1.75	1.61	1.43
∞	7.88	5.30	4.28	3.72	3.35	3.09	2.90	2.74	2.62	2.52	2.36	2.19	2.00	1.90	1.79	1.67	1.53	1.36	1.00